U0249435

智慧人居环境建设丛书

世界文化遗产地
社会生态可持续发展研究
——以鼓浪屿为例

Research on Sustainable Development of Social-ecological System in World Cultural Heritage Sites: A Case Study of Kulangsu Island

全峰梅◎著

中国建筑工业出版社

图书在版编目（CIP）数据

世界文化遗产地社会生态可持续发展研究：以鼓浪屿为例=Research on Sustainable Development of Social-ecological System in World Cultural Heritage Sites: A Case Study of Kulangsu Island / 全峰梅著. --北京：中国建筑工业出版社，2024. 11.（智慧人居环境建设丛书）. --ISBN 978-7-112-30257-4

I. G127.573

中国国家版本馆CIP数据核字第20240E24L7号

本书从复杂社会生态系统理论出发，基于鼓浪屿百年生成史和遗产保护发展史，观察和研究鼓浪屿在复杂社会生态系统中的适应性发展，构建了世界文化遗产地社会生态可持续发展的理论模型，并将其应用于鼓浪屿的社会生态治理和讨论中。同时，本书还针对遗产地建成环境设计的复杂语境，提出文化遗产保护和发展的“适应性设计”方法，以期为鼓浪屿社会生态可持续发展提出创新解决方案和设计范式，在讲好鼓浪屿故事的同时，为世界文化遗产的多样性保护理论与方法提供地方探索和中国经验。本书适用于国内外高等院校、科研院所的建筑历史、城市规划、遗产保护等相关专业的学生、教师及研究人员阅读参考。

责任编辑：张华　唐旭
书籍设计：锋尚设计
责任校对：王烨

智慧人居环境建设丛书
世界文化遗产地社会生态可持续发展研究——以鼓浪屿为例
Research on Sustainable Development of Social-ecological System in World Cultural Heritage Sites:
A Case Study of Kulangsu Island
全峰梅　著

*

中国建筑工业出版社出版、发行（北京海淀三里河路9号）
各地新华书店、建筑书店经销
北京锋尚制版有限公司制版
北京中科印刷有限公司印刷

*

开本：787毫米×1092毫米　1/16　印张：17¾　字数：395千字
2024年12月第一版　2024年12月第一次印刷
定价：**78.00**元
ISBN 978-7-112-30257-4
（43644）

序

厦门鼓浪屿（Kulangsu），是著名的风景名胜区。由于历史原因，中外风格各异的建筑在此地被完好地汇集、保留，有“万国建筑博览”之称。鼓浪屿还是音乐的沃土，又得美名“钢琴之岛”，历来备受人们关注。2017年7月8日，“鼓浪屿：历史国际社区”成功列入《世界文化遗产名录》。申遗成功后，厦门市颁布实施了《厦门经济特区鼓浪屿世界文化遗产保护条例》，让这座鹭岛明珠，焕发出更加美丽璀璨的容光。

厦门大学建筑与土木工程学院历来积极参与鼓浪屿保护项目，并积极培养建筑文化遗产保护方面的人才，全峰梅便是这个方向的博士学位毕业生。她入学后参加的第一个项目是鼓浪屿建筑环境保护和提升研究，而后确定了她的博士论文方向——世界文化遗产地鼓浪屿的保护研究。全峰梅有较好的工作基础和保护研究经验，已经研究并出版了涉及广西民居、东南亚民居等内容的著作（合著），获得广西科技进步奖等省部级奖项十余项，这对研究鼓浪屿有了技术路线和研究基础的对比和支撑。对鼓浪屿的研究，她的切入点比较新颖，她从复杂的系统科学入手，讨论世界文化遗产地的社会生态可持续发展问题，选择鼓浪屿无疑是具有典型性的。

全峰梅在撰写博士论文期间，努力在理论和实践两个方面下功夫。一是拓宽理论视野。到伊朗参加国际古迹遗址理事会乡土建筑科学委员会（ICOMOS-CIAV）年会，并在年会上分享了鼓浪屿保护的一些初步研究成果，同时还前往伊朗等一些世界文化遗产地进行了踏勘考察。她积极参与我主持的国家自然科学基金项目“基于复杂系统论的现代闽台地域建筑设计方法提升研究”。二是在具体项目实践上下功夫。在我主持的有关鼓浪屿的项目中，她把自己积累的项目经验带到实际保护和研究工作中，理论联系实际，相互促进，对团队工作也有促进。“鼓浪屿音乐厅改造及环境提升设计项目”“鼓浪屿工艺美院文化提升与艺术重塑项目”等，让她能够将构建的基于复杂系统理论的“世界文化遗产地社会生态可持续发展理论模型”得以指导设计实践，对其博士论文成果起到了很好的支撑作用。

本书研究的主要特点是，创新了文化遗产保护和发展的“适应性设计”方法，运用了问卷调查等分析成果，围绕鼓浪屿作为世界文化遗产地的社会生态可持续发展要求，从理论剖析和项目实践两个层面开展研究。首先，从鼓浪屿之所以成为“鼓浪屿”的百年生成史和从风景名胜区到世界文化遗产的保护发展史，观察和研究鼓浪屿在复杂社会生态系统中的适应性发展；其次，对进入21世纪后，鼓浪屿在“社区+景区”的动态演化中得以自我修复和适应性调整进行考察，体现出世界文化遗产地鼓浪屿所具有的生命有机体的系统性特征；再次，研究构建了世界文化遗产地社会生态可持续发展的理论模型，将其应用于鼓浪屿的社会生态治理和讨论当中，并基于文化遗产保护与居民日常生活协同发展，提出鼓浪屿未来需要以寻找传统与现代、保护与发展、经济与文化、城市与社区、人与社会、物质与非物质、有形与无形等整体可持续发展和适应性平衡为目标，既要从规划管理、服务供给、韧性治理、机制保障、文化激活等方面系统构建鼓浪屿社会生态可持续发展的社会法则，又要从“环境—网络—单元—细胞”立体多维空间，整体性、系统化、分层次构建鼓浪屿社会生态可持续发展的自然法则。研究还针对遗产地建成环境设计的复杂语境，提出了鼓浪屿社会生态可持续发展的创新解决方案和设计范式。

全峰梅博士毕业后，又回到高校继续从事文化遗产保护与城乡建设发展方向的教学研究，期望她继续努力，将世界文化遗产复杂性研究持续深化，贡献出更多、更新的研究成果。

近日全峰梅博士告诉我，她的研究成果即将付梓出版，作为她的导师，欣然成序，以资鼓励！

王绍森[①]

2023年10月28日于厦门大学

---

① 王绍森：博士，厦门大学建筑与土木工程学院党委书记、教授、博士生导师。首届福建省建筑设计大师，当代百名中国建筑师，中国建筑教育奖获得者。

前言

一

自然是复杂的，社会是复杂的，世界也是复杂的。

城市也不例外。恰如简·雅各布斯所说：城市碰巧就是有组织的复杂错综的事务中的问题，它们如同生命科学一样……存在着许多变量，但并不是匆忙而混乱的；它们存在内在的相互关联性，并称为有机的整体……促成城市和区域可持续发展的是城市的复杂性和多样性。[①]

城市是21世纪最大的挑战之一，它是一个可持续的世界的起点。[②]本书中的世界文化遗产地作为城市中历史城镇景观的重要组成部分，自然而然成了城市“可持续性”特性与“可持续发展”目标的一个原点。为了迎接这一挑战，许多国家和国际社会在世界文化遗产地保护方面已经逐步构建相关保护理论，取得了丰硕的实践成果。但随着城市这一“巨系统”以及遗产地这一“复杂系统”问题的凸显，我们有必要进一步厘清城市中世界文化遗产地的系列复杂性问题。沿着沃伦·韦弗“有序复杂性”[③]这一思路，“社会生态系统”理论及其方法为本书的研究提供了一个新视角，研究得以从社会生态可持续发展角度去平衡世界文化遗产地生态—文化—社会—经济多重属性、历史—当下—未来多维空间时段等复杂性问题。

本书的研究对象“鼓浪屿”，是一个独特的世界文化遗产。亚太地区自16世纪至20世纪的不同历史阶段，持续受到西方文化的影响，鼓浪屿所处的地理区位、历史和政治背景，让来自欧美地区、东南亚地区的文化和地方传统闽南文化相互碰撞、交流、融合，在文化方面形成了罕见的多元性和杂糅的特点。而各方力量又对社区公共生活协力营造，形成了独特的社区管理方式，使其在20世纪上半叶成为亚太地区体现现代人居理念的高品质国际社区实例，是亚洲全球化早期阶段多元文化交融、碰撞与互鉴的典范，存在独特性和突出价值。2017年7月8日，“鼓浪屿：历史国际社区”成功列入《世界文化遗产名录》。然而，随着历史的变迁和现代社会的发展，鼓浪屿的社会生态同时遭受到一定程

---

① 雅各布斯. 美国大城市的死与生［M］. 金衡山，译. 南京：译林出版社，2006.

② 罗德威尔. 历史城市的保护与可持续性［M］. 陈江宁，译. 北京：电子工业出版社，2015.

③ 沃伦·韦弗（Warren Weaver）将科学思想的发展分为三个阶段：①处理简单性问题；②处理无序复杂性问题；③处理有序复杂性问题。在科学范式已经发生重大转移的今天，遗产地问题就属于沃伦所说的第三阶段“有序复杂性”问题。

度的破坏，如人口结构问题、旅游开发问题、生态承载力问题等，鼓浪屿文化遗产的持续复苏和保护利用面临挑战。如何协调遗产与居住功能的关系、遗产保护与旅游开发的关系、历史价值与未来发展定位的关系，如何摆脱特殊认知与实践的困境，如何修复历史国际社区社会生态，成了当下鼓浪屿亟待面对的难题。

二

“遗传算法之父”约翰·亨利·霍兰德提出，社会生态系统是一种复杂适应系统（Complex Adaptive System），引发了社会生态系统动态演化机制的复杂性系统研究。[①]他在《隐秩序——适应性造就复杂性》中提出了复杂适应系统的重要性质，为社会经济、生物演化、工程科学及思维研究都提供了宝贵的意见。[②]“适应性造就复杂性”也成为社会生态系统复杂性的重要机制。

社会生态复杂系统理论和方法，为世界文化遗产地的保护发展提供了一个独特的视角，是世界文化遗产地社会生态修复与可持续发展的新思路。沿着这一思路，本书的研究逻辑为：如何将社会生态复杂系统理论植入鼓浪屿的社会生态观察与适应性修复、适应性治理、适应性设计等可持续发展问题中。研究的关键问题集中在四个方面：如何认识研究本体——世界文化遗产地的复杂系统问题；如何认识研究对象——鼓浪屿的特殊性问题；如何协调研究目标——保护与发展、传统与现代、经济与文化、城市与社区、人与社会、有形与无形等多方面辩证统一、协同并进和可持续发展问题；如何落实理论成果——遗产地社会生态可持续发展的应用实践问题。

相应地，研究的主要内容也集中在四个方面：第一，认识社会生态系统的相关理论和复杂性科学研究范式，并将其应用到世界文化遗产地社会生态系统的特征识别和发展规律找寻中去；第二，系统梳理鼓浪屿的百年生成史和从风景名胜区到世界文化遗产保护发展建设史，观察和研究鼓浪屿在复杂的社会生态系统中的适应性演化；第三，构建世界文化遗产地社会生态可持续发展的理论模型，并将其应用于鼓浪屿的社会生态问题治理和讨论中；第四，将鼓浪屿社会生态可持续发展的自然法则和社会法则落实到社区单元的可持续发展实证研究中去，促进鼓浪屿有形文化遗产的保护利用和无形文化遗产的传承发展，讲好鼓浪屿故事。

三

本书分为7章，第1～3章分别阐述研究背景与意义、社会生态的地域特征与生长机制、遗产地社会生态可持续发展的模型构建；第4～7章则在第3章理论模型的指导下，分述遗产地社会生态可持续发展的社会法则、自然法则、设计探索以及研究结论。

---

① 范冬萍，何德贵．基于CAS理论的社会生态系统适应性治理进路分析［J］．学术研究，2018（12）：6-11，177.

② 霍兰．隐秩序——适应性造就复杂性［M］．周晓牧，韩晖，译．上海：上海科技教育出版社，2011.

第1章：阐述课题研究背景与意义，概述国内外研究现状及前沿理论研究方法，明确课题研究的对象范围、理论基础、研究方法、拟解决的关键问题，以及研究方法和技术路线。

第2章：梳理鼓浪屿遗产地社会生态系统动态稳定和有序演化的复杂性突显机制，揭示和把握鼓浪屿遗产地复杂系统的适应性循环等动态演化系统干预的过程，同时将研究视野扩大到东南亚建筑文化圈，进行对比借鉴研究。

第3章：提出研究的复杂系统论和社会生态学理论基础与方法，总结世界文化遗产地的复杂性与社会生态适应性，构建世界文化遗产地社会生态可持续发展理论模型。提出鼓浪屿社会生态可持续发展的自然法则和社会法则，目的在于促进鼓浪屿有形文化遗产的保护利用和无形文化遗产的传承发展，进而激发鼓浪屿文化遗产的生命活力和文化创造。

第4章：从规划管理、服务供给、韧性治理、机制保障、文化激活五个方面提出鼓浪屿社会生态可持续发展的社会法则，目的在于整合协调遗产地发展机制、修复鼓浪屿场所精神、推动社区共同缔造、重塑鼓浪屿国际人文社区。

第5章：从“环境—网络—单元—细胞”四个层面提出鼓浪屿社会生态可持续发展的自然法则，通过遗产地韧性生态空间的立体化修复、岛屿识别空间的适应性修补、社区街巷空间的渐进式整治、庭院建筑空间的多元化干预，推动遗产地品质空间的重塑。

第6章：在遗产地社会生态可持续发展理论模型基础上，进一步提出“遗产地建成环境设计的复杂系统”及其设计范型，并将其运用于鼓浪屿音乐厅片区与福州大学厦门工艺美术学院片区的保护与活化利用当中。

第7章：总结课题研究成果，客观面对研究的局限与不足，反思世界文化遗产地社会生态的系统性、复杂适应性与可持续发展性，进一步明晰世界文化遗产保护与发展的新理论、新方法及综合价值，提出未来研究设想。

四

研究理念和观点的形成是一个缓慢的过程，研究的难点不仅在于突破学界和已有成果的偏好，建立新的研究范式，还在于如何引入新思维、新方法。本书共有以下两点创新。

一是世界文化遗产地研究的视角与理念创新。研究运用社会生态系统和复杂性相关理论方法，指出世界文化遗产地是一种复杂的社会生态系统。“生长·涌现”，是文化遗产之所以成为文化遗产的内在生成机制；“再生长·再涌现”，是文化遗产在当代焕发生机、实现复兴的新发展过程；经过一而再，甚至再而三的动态演化，世界文化遗产地成为一个“增长、成熟、停滞、萎缩、修复和重生”动态发展的生命有机体，具有整体性、系统性、层次性、开放性、自组织、非线性、脆弱性及适应性循环等复杂系统特征。在遗产地社会生态的动态演化和自我修复中，遗产地往往需要通过现代化过程、适应性过程和再生过程来获得新的补充和再创造。研究同时将该理念方法运用于世界文化遗产地鼓浪屿的动态演化与适应性发展的观察当中，进一步凸显了鼓浪屿的普世价值。

二是构建了世界文化遗产地社会生态可持续发展的理论模型。研究融合社会生态复杂系统理论及遗产保护中的历史性城镇景观方法，构建了一种世界文化遗产地社会生态可持续发展的理论模型。该模型将世界文化遗产地社会生态系统置身于一个由时间轴、空间轴和状态轴构成的三维立体空间中，进一步指出遗产地的发展演进是一个动态发展的适应性过程，既具有系统发展的稳定性，又具有系统发展的不确定性和变异性特征。当内外部要素相互作用，并在其系统恢复力强时，就会上向变异，使社会生态系统进化发展，当系统恢复力减弱时，就会下向变异，使社会生态系统退化和异质发展。在世界文化遗产地可持续发展中，需要注重"资源信息流"和"学习循环流"两个"流向"的适应性发展，需要遵循一定的自然法则和社会法则。该模型具有典型的方法论特征，可以在遗产地社会生态修复与发展过程中指导新型遗产空间生产、遗产社区治理和遗产社会实践，促进传统与现代、保护与发展、经济与文化、城市与社区、人与社会、物质与非物质、有形与无形等遗产地社会生态的适应性平衡和整体可持续发展。同时，研究将该模型运用于鼓浪屿社会生态修复治理与建成环境设计探讨当中，为世界文化遗产地的多样性保护理论和方法提供了地方探索和中国经验。

五

如果说，20世纪是一个毁坏的世纪，[①]那么，21世纪将是一个文化自觉被发现、被传承、被创造的世纪，也是中国作为重要的世界单元与世界民族和睦相处、创造和而不同的民族全球话语权的世纪。特别是在全球化进程中，不同的文明之间如何共生，如何与周边和边缘进行对话，在国家"一带一路"倡议背景下尤为重要。

对复杂科学范式的研究也并不是一件简单的事。本书试图以社会生态理论为视角，以复杂系统理论为基础，将哲学、社会学、历史学、生态学、管理学等学科理论方法与建筑学、规划学和遗产保护学有机融合，系统之大、理论方法之多、融会贯通之难，显而易见。对世界文化遗产地社会生态系统的研究，需要综合上述学科理论和方法，不可避免地会出现一些理论解读的偏差；在解决当下复杂的遗产地社会生态问题时，也不可避免地会疏漏一些问题，解决问题的方法也不是唯一和尽善尽美的。本书对遗产地社会生态可持续发展的研究只是遗产保护复杂范式研究的一个开始，如何在认知和实践两个方面谋求新的突破，让世界文化遗产在历史核心价值和当代社会发展之间实现和谐共存，让遗产地最大限度释放新的价值、实现新的跃升，是一项艰巨而长期的任务，需要集全社会的力量共同努力，才能逐步实现。

---

① 安东尼·滕. 世界伟大城市的保护：历史大都会的毁灭与重建［M］. 郝笑丛，译. 北京：清华大学出版社，2014. "20世纪是一个毁坏的世纪。这是一个戏剧性的都市扩容、发展以及再定义的世纪，也是一个以人类历史上从未有过的速度毁灭城市建筑文化的世纪。"

恰如海德格尔所说，“质朴无华的物颇为固执地躲避着思”[①]，世界文化遗产这种“质朴无华之物”，我们似乎只有“颇为固执地追问”，才能将“思”展开，深入到遗产保护与发展的本质问题和核心，的确是一件不易的事。“犯其至难，图其至远”，正因为有许多困难，就更希望能有所创获。然而研究理想归理想，由于客观上的困难和个人主观上的局限，书中论说成立与否尚待深入研究论证，也难免存在疏漏和不当之处，恳请专家、读者批评指正。

① 海德格尔. 人，诗意地栖居：超译海德格尔［M］. 郜元宝，编译. 北京：北京时代华文书局，2017.

目录

第1章 研究综述

1.1 研究背景与意义

1.1.1 遗产保护：复杂性的凸显与世界范围内的行动

文化遗产是人类的文化财富，其内在的文化精神持续不断地作用于人们的思想和精神，影响着人们对世界的认知和判断。同时，作为物质遗存，随着时代的变化、社会的发展，它们原有的意义在一定程度上失去了原有的功能和活力，但这些物质遗存由于在形成过程中反映了历史和文化特征，故而成为当代人类知识体系的重要组成部分。文化遗产被视为人类经验的宝贵财富，是人们认识历史文化、延续地方文脉、建立新的文化精神的物质源泉，是世界范围内的保护对象。对于文化遗产的珍惜与世界范围的保护行动，是20世纪人类文化自觉与文明进步的重要标志。

现代世界遗产保护的基本理论和实践有着浓厚的“建筑性”“现代性”和“复杂性”。受“历史主义”影响，早期遗产保护领域中的专家学者均将关注的重点放在遗产的物质载体和“有形遗产”方面，基于文化遗产历史的见证作用而对其“历史信息”进行真实的“历史性保护”。这是现代遗产保护的基本思想和理念，并深刻地影响着国际遗产保护。与此同时，基于“文化进化论”视角下对文化遗产在“文化和文明”上的“文化见证”，其价值也随之凸显，并相应反映在国际遗产保护的理论和实践领域。20世纪下半叶，非物质文化遗产（“无形遗产”）的保护逐渐成为一项国际议题，保护行动也开始加快。以20世纪90年代为分界线，在冷战结束和经济全球化趋势加速的大背景下，国际遗产保护逐步迈向“文化性保护”。1994年，“《世界遗产名录》代表性专家小组”提出，从人类学的视角审视遗产“承载文化”，用以纠正世界各地区、纪念物类型和时期之间名单上的不平衡，强调需要将人类文化遗产的纯建筑方向观点转向更具人类学、多功能和普遍性的观点。世界遗产全球战略和专题研究专家会议提出，《世界遗产名录》的现状存在着地理、时间和精神上的不平衡。为了解决这些不平衡问题，“人类与土地共存关系”“社会中的人类”等领域被认为具有很高的潜力，能够填补代表性方面的空白，应该多加考虑，旨在为具有平衡性、代表性与可信度的《世界遗产名录》全球性战略的进一步推行作出贡献。[①]21世纪初，文化遗产保护从物质文化遗产、非物质文化遗产到文化的多样性等不同阶段、不同关注点进行不断延伸，逐渐建立起文化的系统性、完整性、鲜活性、立体化的保护观念。

遗产保护已然成为国际社会的集体行动。从新颁布的遗产保护法案的数量看，21世纪以来，在国际组织的引领下，新颁布的世界文化遗产保护法案有20多部，涉及的文化种类多样，且更加注重遗产保护的国际共识。从世界遗产总量看，截至2023年，世界遗产共有1199

① 世界遗产名录：填补空白——未来行动计划（ICOMOS，2005）。

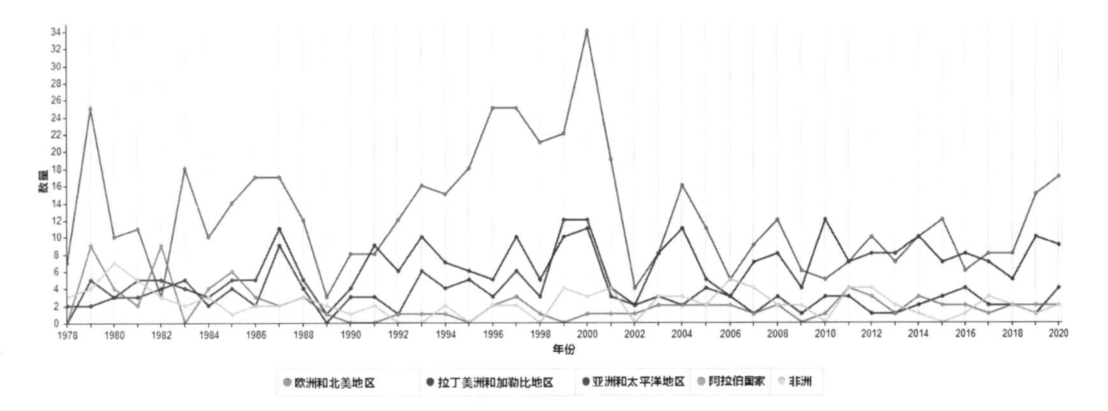

图1-1 1978~2020年各地区每年列入世界遗产名录数量曲线图
（图片来源：联合国教科文组织世界遗产中心官网）

项，其中文化遗产933项，自然遗产227项，混合遗产39项。多年来，世界遗产类型越来越丰富，地理分布、文化代表性也日趋平衡，欧洲和北美洲的遗产数量占比降幅明显，亚洲和太平洋地区遗产数量的占比有所上升（图1-1）。从国家拥有世界遗产数量上看，意大利拥有世界遗产59项，排名世界第一；中国拥有世界遗产57项，排名世界第二；德国拥有世界遗产52项，排名世界第三。[①]至此，中国在保护世界遗产方面所取得的重大成就举世瞩目，为实现世界永续和平的发展贡献了积极的力量，在国际遗产保护上也争取到了更大的话语权。联合国教科文组织也希望中国在遗产保护方面的“中国经验”能通过“一带一路”倡议分享给其他相关国家。

1.1.2 中国力量：文化复兴与人类命运共同体构建

在过去长达一个世纪的时间里，中国在遗产保护方面走了很大的弯路。当前的中国，从政府到民间、从知识界到一般社会公众，对文化遗产已然开始逐渐关注。那么，在全球化进程中，如何保持中国文化的主体性？在现代化进程中，文化遗产又能够为现代的中国提供怎样的价值和意义呢？

党的十八大以来，党和国家领导人关于新时代遗产保护发展的一系列论述和指示为文化遗产的保护和发展指明了方向。由于城镇遗产保护工作的复杂性、城镇发展的长期性、城镇建设的系统性，历史城镇的研究对历史城镇的保护和发展工作尤为重要。2014年，习近平总书记在北京考察时指出：“历史文化是城市的灵魂，要像爱惜自己的生命一样保护好城市历史文化遗产。”[②]2017年，鼓浪屿申遗成功后习近平总书记强调，申遗是为了更好地保护利用，要总结成功经验，借鉴国际理念，健全长效机制，把老祖宗留下的文化遗产精心守护好，让

---

① 联合国教科文组织世界遗产中心官网。

② 新华网. 习近平在北京考察工作时强调 历史文化是城市的灵魂［EB/OL］.（2014-02-26）［2024-02-04］. http://www.wenming.cn/specials/zxdj/xjp/xjpjh/201405/t20140504_1914444.shtml.

历史文脉更好地传承下去。[①]2018年，习近平总书记在广东考察时指出："城市规划和建设要高度重视历史文化保护，不急功近利，不大拆大建。要突出地方特色，注重人居环境改善，要更多采用微改造这种'绣花'功夫，注重文明传承、文化延续，让城市留下记忆，让人们记住乡愁。"[②]2019年，习近平总书记在上海指出："文化是城市的灵魂。城市历史文化遗存是前人智慧的积淀，是城市内涵、品质、特色的重要标志。要妥善处理好保护和发展的关系，注重延续城市历史文脉，像对待'老人'一样尊重和善待城市中的老建筑，保留城市历史文化记忆，让人们记得住历史、记得住乡愁，坚定文化自信，增强国家情怀。"[③]2021年，习近平总书记在福建强调："保护好传统街区，保护好古建筑，保护好文物，就是保存了城市的历史和文脉。对待古建筑、老宅子、老街区要有珍爱之心、尊崇之心。"[④]

中华民族优秀的传统文化是中国特色社会主义植根的沃土，也是中国参与国际竞争与合作的强大软实力。推动文明交流互鉴，需要秉持正确的态度和原则。习近平主席多次在联合国舞台上引用中国古代经典名句，阐述中国对文明多样性的主张，借古以开今，为解决人类问题贡献中国智慧和方案。自此，文明交流互鉴就成为中国外交政策的一个新焦点和新方向。特别是在世界全球化过程中，我们更应以世界文化遗产为载体，讲好中华民族伟大复兴故事、讲好中国故事，让国际舞台上因此拥有更多的中国声音、中国方案和中国智慧，进而提高国家文化软实力，推动人类命运共同体构建。[⑤]

1.1.3 鼓浪屿：如何让历史照鉴未来？

厦门鼓浪屿是一个独特的世界文化遗产。16～20世纪，不同的历史阶段，亚太地区持续受到西方文化的影响，鼓浪屿所处的地理区位、历史和政治背景，让来自欧美地区、东南亚地区的文化和闽南文化的地方传统相互碰撞、交流、融合，在文化方面形成了罕见的多元性和杂糅的特点。而各方力量又对社区公共生活协力营造，形成了独特的社区管理方式，使其在20世纪上半叶成为亚太地区体现现代人居理念的高品质国际社区实例——有机的空间组合、繁盛的文化景观、优良的社会生态，共同构筑了一幅理想人居的历史画卷，是亚洲全球

---

① 央视网．鼓浪屿：申遗是为了更好地保护利用［EB/OL］.（2017-08-21）［2024-02-04］. https://tvs.cctv.com/2017/08/21/VIDEb8An5Tcl7yxa1hqHAg60170821.shtml.

② 广州市从化区科技工业和信息化局．广东着力推动高质量发展 壮大智能产业建设智慧城市［EB/OL］.（2021-02-09）［2024-02-04］. https://www.conghua.gov.cn/gzhkgsx/gkmlpt/content/T/7091/mpost_7091541.html#7214.

③ 人民网—人民日报．习近平在上海考察时强调：深入学习贯彻党的十九届四中全会精神 提高社会主义现代化国际大都市治理能力和水平［EB/OL］.（2019-11-04）［2024-02-04］. http://politics.people.com.cn/n1/2019/1104/c1024-31434798.html.

④ 人民日报．习近平推动文化和自然遗产保护福建纪事［EB/OL］.（2021-08-02）［2024-02-04］. http://news.fznews.com.cn/dsxw/20210802/610734e271a95.shtml.

⑤ 欧阳辉．习近平向世界讲好中国故事的思想［EB/OL］. 人民网，2019-02-22［2024-02-04］. http://theory.people.com.cn/n1/2019/0222/c40531-30897581.html.

化早期阶段多元文化交融、碰撞与互鉴的典范，存在独特性和突出价值。[①]2017年7月8日，"鼓浪屿：历史国际社区"成功列入《世界文化遗产名录》。它以独特的文化特征、历史见证作用和保存完整的城市历史景观填补了亚太地区反映跨区域文化交流主题的历史城区在《世界遗产名录》中的空白。

鼓浪屿的申遗成功引起了国内外的高度关注，作为世界首个明确将历史国际社区作为核心价值的世界遗产，它标志着中国的世界遗产保护进入了一个开放自信的境界。随着历史的变迁和现代社会的发展，鼓浪屿文化遗产的持续复苏和保护利用面临极大挑战：作为历史国际社区，鼓浪屿的社会生态已经遭到了一定程度的破坏，现状不尽如人意，如人口结构问题、遗产产权问题、居住及配套问题、业态品质问题、旅游开发问题、生态承载力问题等，如何协调遗产与居住功能的关系、遗产保护与旅游开发的关系、历史价值与未来发展定位的关系，如何摆脱特殊认知与实践的困境、如何修复历史国际社区社会生态，已成为当下鼓浪屿亟待解决的难题[②]。

全力保护好已经弥足珍贵的历史文化遗产是我们刻不容缓的历史责任。为此，我们不仅需要全社会的呼唤与抗争，更需要专业领域的研究与实践。相对于其他学术领域，建筑历史文化遗产保护目前在中国还比较缺乏较为深入的学术理论研究和方法研究[③]。国际上，遗产保护在物质与技术层面已经取得了巨大的成就，但深层次的遗产保护制度问题、发展机制设计等仍需要在世界遗产保护管理等诸多法律法规总体指导下因地制宜，创新探索出具有遗产地地方特色，可以自我生长、自我修复、可持续发展的社会生态平台，以及具有新功能、新活力的遗产地保护、管理、服务新模式。列入《世界遗产名录》的鼓浪屿激发了人们对其未来的无限想象，但我们又必须在理想与现实的夹缝中，以更高的国际标准要求自己，赋予鼓浪屿一个最适宜的功能定位和可持续的发展机制。在认知和实践两个方面谋求新的突破，让世界文化遗产在历史核心价值和当代社会经济条件之间实现和谐共存，令遗产地最大限度释放新的价值，实现新的跃升，为世界文化遗产保护树立新的标杆。

---

① 王绍森，全峰梅，严何，等. 世界文化遗产地社会生态修复与可持续发展——以厦门鼓浪屿音乐厅片区改造为例［J］. 城市建筑，2018（16）：108-112.

② 王绍森，全峰梅，严何，等. 世界文化遗产地社会生态修复与可持续发展——以厦门鼓浪屿音乐厅片区改造为例［J］. 城市建筑，2018（16）：108-112.

③ 班德林，吴瑞梵. 城市时代的遗产管理——历史性城镇景观及其方法［M］. 裴洁婷，译. 上海：同济大学出版社，2017.

1.2 研究对象与核心概念

1.2.1 研究对象

本书的研究对象为世界文化遗产地“鼓浪屿：历史国际社区”，包含承载鼓浪屿突出普遍价值的非物质文化遗产及其物质载体和社会生态空间，范围为鼓浪屿全岛陆地范围（1.88平方千米）、岛屿周边礁石所界定的海域范围（3.162平方千米），以及对鼓浪屿遗产区产生直接影响的缓冲区（9.532平方千米）（图1–2）。

图1–2　鼓浪屿：历史国际社区

1.2.2 核心概念

1．社会生态系统

本书把“社会生态系统”（Social–ecological System，简称SES）理解为人与自然紧密联系的复杂适应系统，它由自然、社会和人组成，是自然环境、经济、政治、历史、文化、治理、意识复合的巨系统，是生态系统和社会系统的耦合，是人类智慧圈的基本功能单元。

学术界对社会生态系统的研究是伴随着人类所面临的环境问题以及人类对人与自然关系的重新理解和定位而引发的。20世纪七八十年代以后，人们深刻地认识到人类社会发展与自然生态系统之间的复杂性，社会生态系统的概念和相关研究也开始得到学界的重视。“遗传算法之父”约翰·亨利·霍兰（John Henry Holland）提出，社会生态系统是一种复杂适应系统（Complex Adaptive System，以下简称CAS），是引发社会生态系统动态演化机制的复杂性系统研究。[①]社会生态系统具有历史性、文化性、地域性、政治性、演替性、范围的广域性等多种特性。它将依次经过开发、保护、释放和更新阶段，构成适应性循环（Adaptive Cycle）。它有自身弹性和恢复力（Resilience），恢复力同时也提供了一个可持续发展的指标，被理解为社会生态系统具有美好未来的可能性。[②]

2．复杂性

社会生态系统的研究与同时兴起于20世纪70年代被誉为“21世纪的科学”的复杂科学相

① 范冬萍，何德贵．基于CAS理论的社会生态系统适应性治理进路分析［J］．学术研究，2018（12）：6–11，177.

② 王绍森，全峰梅，严何，等．世界文化遗产地社会生态修复与可持续发展——以厦门鼓浪屿音乐厅片区改造为例［J］．城市建筑，2018（16）：108–112.

关。[①]霍兰在《隐秩序——适应性造就复杂性》中提出了复杂适应系统的重要性，从经济学到免疫学，再到生态学、神经学和博弈论，为社会经济、生物演化、工程科学及思维研究提供了宝贵的意见。[②]霍兰提出的CAS的适应性主体及其之间的非线性作用机制是复杂适应系统理论的核心观点。复杂适应系统的行为是由适应性主体的互动产生的，并且在一个层次的主体进行的特定组合将成为下一个层次的适应性主体，由此凸显新的系统性和新的行为。根据霍兰的观点，适应性主体主要分为建立内部模型、派发不同强度、发现新规则三种活动。正是具备学习性和适应能力强的主体之间、主体与环境之间发生着的非线性的相互作用，使得系统的结构、功能和机制也随之不断发生变化，从低级转变成高级，从相对简单转变成复杂。"适应性造就复杂性"也是社会生态系统复杂性的重要机制。[③]

3．遗产地

本书所探讨的"遗产地"是指世界文化遗产地，并聚焦于"历史城镇景观"，即对应2011年联合国教科文组织通过的《关于历史城镇景观建议书》中的"历史城镇景观"（Historic Urban Landscape，简称HUL），它区别于乡村文化遗产、工业遗产、线性文化遗产等类型，既包含了更为广泛的城镇环境和背景，也包含了城镇地形、地貌、地理、气候、水文、生态等自然属性，又包含了历史上的建成环境、社会和文化的实践、价值观、经济进程，以及与多样性、识别性相关的非物质方面的社会属性。其复杂性在于，"遗产地"所含对象既具有历史的过程属性，又具有当下的现实属性，不仅包括遗产地当前客观存在的所有有形的物质空间要素、场景，还包括所有无形的对遗产地景观形成并产生作用的社会、经济、文化、政策、机制等非物质方面的因素。这种有形的"外在表象"和无形的"内在因素"互为关联。[④]

4．适应性平衡

遗产地是一个动态、适应性发展的有机体。世界上不存在完整保存了其原始特征的历史遗产，"遗产"的概念是不断变化的，随时代、社会的变化而变化。同时，随着社会结构和需求的发展演变，遗产地的肌理、结构也在不断变化，并与之适应，这是一个动态、适应性的发展过程。列入《世界遗产名录》的文化遗产中有70%以上处于城市之中，管理这种动态变化中的城市遗产是有意义的，但同样具有挑战性。因为既要保护遗产价值，又要根据时代需求改善居住在这些城市地区及其周围地区的人们的生活质量。遗产地是一个"增长、成熟、停滞、萎缩和重生"的动态发展的生命有机体，在这一过程中，人口成分的改变、利益相关群体的改变、人们不断追求的改变等，与之相适应的活态化的动态城市变化节奏也在不

---

① 沃尔德罗普．复杂：诞生于秩序与混沌边缘的科学［M］．陈玲，译．北京：生活·读书·新知三联书店，1997.

② 霍兰．隐秩序——适应性造就复杂性［M］．周晓牧，韩晖，译．上海：上海科技教育出版社，2011.

③ 范冬萍，何德贵．基于CAS理论的社会生态系统适应性治理进路分析［J］．学术研究，2018（12）：6-11，177.

④ 班德林，吴瑞梵．城市时代的遗产管理——历史性城镇景观及其方法［M］．裴洁婷，译．上海：同济大学出版社，2017.

断加快。不同频率、不同层次、不同规模的遗产地社会生态的变化，使得遗产保护成为一个动态的目标，最早的静止、僵化、纪念式的方法可能会降低遗产地的活力和适应性，并造成毁灭性的后果；当今，遗产地和其所在的中心城市往往是社会、经济、文化活动的中心，由碰撞和互动带来的多样性又创造出新的思想和活力。为了维持社会的重要功能，遗产地需要通过现代化过程、适应性过程和再生过程获得补充和再创造，同时维持和巩固自身特有的身份和文化特征。[①]因此，遗产地的发展演化过程就是一个适应性平衡的发展过程。

5. 可持续发展

作为当今时代最为重要的理念之一，可持续发展指的是一种资源利用模式，这种模式力求在满足人类基本需要与明智地利用有限的资源之间取得平衡，以确保未来世代对资源的利用和发展。自1992年里约热内卢“地球峰会”之后，可持续发展的理念被进一步拓展，环境保护、经济增长、社会平等、文化多样性这四个相互关联的元素被纳入其中。可持续发展成为当今社会几乎所有地方、国家和全球层面的发展政策所公认的普遍目标。[②]源自最新研究的新方法引入了各种创新方式用以表达社会可持续理念；“福祉”“优质生活”，甚至“幸福”等词汇也进入政府政策和数据，工作重心也转向主观定性指标，而非纯量化指标。[③]

随着世界遗产的可持续利用和利益分享需求的日益迫切，文化遗产领域也开始反思保护与可持续发展之间的关系。人们开始意识到，在面对这些新的挑战的时候，遗产应当不再只是“局限于对历史加以被动保护的角色”，而应是“提供工具和框架，协助决定、规划和推动未来社会的发展”。[④]文化遗产的可持续发展可以从两个方面来理解：一是对于应当保护并传给后世的遗产及其环境、文化资源加以延续，确保它们的发展；二是使遗产和遗产保护能够在环境、社会和经济方面为可持续发展作出贡献。[⑤]

6. 自然法则和社会法则

“自然（Nature）”的本义既指包罗万象的自然界，又表示广泛地包含生长、发育、变化的天然本性；“法则（Law）”一词通常解释为法（律）、规律，或指某些超然的、严格的决定变化方式的规定的东西，如古代中国的“道”[⑥]。“自然法则”的观念起源于古代西方“自然法”的观念，如柏拉图就把“法则”定义为运用理性方式，按事物本性总结出来的秩序。“反映自然存在之秩序的法”是亚里士多德认为的“自然法”，它强调自然法的普遍性和永

---

① 全峰梅，镡旭璐，王绍森．基于适应性平衡的遗产地保护与规划干预研究——以厦门工艺美术学院鼓浪屿校区为例［J］．规划师，2022，38（2）：102-107.

② 王绍森，全峰梅，严何，等．世界文化遗产地社会生态修复与可持续发展——以厦门鼓浪屿音乐厅片区改造为例［J］．城市建筑，2018（16）：108-112.

③ 例如，不丹王室的国民幸福总值计划。

④ ICOMOS，2011。第 17 次全体大会与科学论坛，“遗产，发展的驱动力”（Eritage，Driver of Development），2011年11月27日—12月2日。《ICOMOS新闻》（ICOMOS News）Vol. 18，No.1，p.9。巴黎，ICOMOS.

⑤ 联合国教育、科学及文化组织，联合国教科文组织驻华代表处．世界文化遗产管理［M/OL］．（2022-07-08）［2024-02-04］．http://www.icomos china.org.cn/Upload/File/202207/20220708143034_3023.pdf.

⑥ 全峰梅．“道”的形上学及其方法特征［J］．广西大学学报（哲学社会科学版），2004（1）：27-30.

恒性。笛卡尔最早使用了"自然法则"（自然定律）的概念，他认为自然法则是自然万物共同遵循的机械规律。[①]本书所指的自然法则（Laws of Nature）指自然界所遵循的法则（In the Sense of the Natural Sciences），正如李约瑟所说的"万物的和谐协作"的中国看待自然世界的整体思维（Holistic Thinking），或"有机唯物论"（Organic Materialism）和"永久哲学"（Philosphia Perennis）。

霍布斯率先把自然科学的方法引入对政治和道德的研究中，由此推演出适用于各种政治社会的普遍法则以及人类创造各个政治社会的规范标准，后来形成了"契约论"。孟德斯鸠对"法"的普遍定义为"法是源自事物本性的必然关系"，并将这个"法"的概念应用到对法律和风俗的研究上。这些汇集在一起的"集体生活的法则"（Communis Vitae Leges）最终形成了"社会法则"。[②]本书所指的社会法则（Law of Society）指的是人类社会中所遵循的一系列法则，包括法律法规、公约制度、规划管理、治理方法等。

具体到遗产地社会生态系统中，本书认为遗产地社会生态系统是以人为核心，由自然和社会两大系统构成的复合开放体系，自然系统需要遵循自然法则，社会系统需要遵循社会法则。遗产地社会生态的可持续发展包括了自然法则的遵从和社会法则的赓续创新，二者协同发展才能促进遗产地可持续发展。

因此，如何在复杂的科学背景下构建一个遗产地社会生态认知、社会生态修复与社会生态可持续发展的理论模型，并在鼓浪屿"后遗产时代"为其社会生态可持续发展提出创新解决方案，促进鼓浪屿有形文化遗产的保护利用和无形文化遗产的传承发展，讲好中国现代的故事，讲好鼓浪屿的故事，激发文化遗产的生命活力和文化创造，为世界文化遗产的多样性保护理论与方法提供地方探索和中国经验，这是本书的主要目标。

1.3 国内外研究现状

1.3.1 国外研究综述

1. 社会生态系统研究方面

圣塔菲研究所（Santa Fe Institutes，简称SFI）认为，系统为了维持生存和求得发展而适应环境，在适应中涌现出复杂性。[③]其代表人物霍兰以适应性循环（Adaptive Cycle）模型来

① 肖巍．"自然法则"意义的演变［J］．自然辩证法研究，1992（11）：41-46.

② 陈涛．社会法则——从政治科学到社会学［J］．法哲学与法社会学论丛，2017，22：15-79.

③ 侯汉坡，刘春成，孙梦水．城市系统理论：基于复杂适应系统的认识［J］．管理世界，2013（5）：182-183.

描述SES这一动态演化过程及其机制。[①]查尔斯·H. 扎斯特罗（Charles H. Zastrow）对人类行为与社会环境进行了新探讨，阐述了社会生态系统的层次性。[②]在复杂性、连通度日益提升，干扰不断加剧的世界中，人们引用生态学中恢复力的概念描述社会系统的运行状况。阿杰（Adger）将社会恢复力定义为，人类社会承受环境变化、社会变革、经济或政治的剧变等外部因素对基础设施的打击或干扰的能力及从中恢复的能力。福克（Folke）等认为脆弱性的反面就是恢复力。巴克尔（Buckle）等认为恢复力和脆弱性的关系就如同一个双螺旋结构，在不同的社会层面和时空尺度中交叉，双螺旋结构形象地强调了脆弱性和恢复力不可分离的关系。[③]

20世纪90年代后，社会生态与可持续发展得到进一步研究。菲舍尔（Fischer）、加德纳（Gardner）等指出，社会生态系统的方法论有助于人类进行有效的系统干预，使社会生态系统自组织地可持续发展。目前，可持续发展的实践形成了适应性管理、适应性共管和适应性治理三种模式。埃莉诺·奥斯特罗姆（Elinor Ostrom）最先提出将适应性治理作为处理复杂系统中的公共资源可持续利用问题。霍兰等人认为SES的可持续性是扰沌系统创造、测试和保持适应性的能力，而发展则是创造、测试和维护机会的过程。[①]2009年，奥斯特罗姆发表了《社会生态系统可持续发展总体分析框架》，随后她又对这个研究框架的实现进行了动态扩展。[④]

综上所述，社会生态系统理论为可持续发展提供了一个新视角，社会生态系统恢复力的耦合研究也将成为未来学科发展的一个方向。但是，社会生态系统也是一个充满了不确定性的复杂的适应性系统，其理论研究中依旧面临诸多问题，如研究尺度界线仍不够清晰，恢复力变化的具体机理等一系列问题尚未解决，理论框架有待完善等。因此，社会生态系统的研究需要多学科融合，需要借助情景设计、非线性系统等分析工具，以及大量的多学科案例实践研究，才能更全面、更深入地推进社会生态系统的相关研究。

2．遗产保护研究方面

1）不同学科视角及其方法

（1）历史主义视角

受“历史主义”影响，现代修复运动形成了以厄杰纳·维奥莱-勒-杜克（Eugene Viollet-le-Duc）为代表的“风格式修复”理论。19世纪后半叶的欧洲国家几乎都接受了这个理论。约翰·拉斯金（John Ruskin）在《建筑七灯》《威尼斯之石》中就提出对建筑和城

---

① 范冬萍，何德贵．基于CAS理论的社会生态系统适应性治理进路分析［J］．学术研究，2018（12）：6-11，177.

② 扎斯特罗，柯斯特-阿什曼．人类行为与社会环境［M］．师海玲，孙岳，译．北京：中国人民大学出版社，2006.

③ 孙晶，王俊，杨新军．社会—生态系统恢复力研究综述［J］．生态学报，2007，27（12）：5371-5381.

④ 谭江涛，章仁俊，王群．奥斯特罗姆的社会生态系统可持续发展总体分析框架述评［J］．科技进步与对策，2010，27（22）：42-47.

市更具原真性存在意义的保护理论，成为“历史性修复”的保护哲学思想源泉。威廉·莫里斯（William Morris）进一步引申了拉斯金“原真性保护”的观点，得到广泛认可并纳入《威尼斯宪章》。随后，卡米洛·博伊托（Camillo Boito）融合了“风格式修复”和“历史性修复”的优点，形成了“文献性修复”（Restauro Filologico）理论，奠定了意大利保护理论的现代基础。古斯塔沃·乔凡诺尼（Gustavo Giovannoni）继承并发展了博伊托的理论，提出了“科学性修复”（Restauro Scientifico）理论，其观点被《雅典宪章》所采纳。20世纪中叶，切萨雷·布兰迪（Cesare Brandi）发展了“评价性修复”（Restauro Critico）理论，成为《威尼斯宪章》对建筑遗产整体历史与艺术价值的保护基础。[①]基于20世纪60年代对遗产类型和遗产真实性要素的认识，确定了对文物建筑保护与修复干预时“最小干预”“可识别”“与环境统一”等普遍性原则。

（2）文化人类学视角

文化人类学理论方法的引入，促进了学界对遗产地文化重要性的研究，特别是“社区”（族群）对遗产地文化内核的构建、保有和再诠释。1871年，英国学者爱德华·伯纳特·泰勒（Edward Bernatt Tylor）发表《原始文化》，成为社会人类学的开端。1922年，勃洛尼斯拉夫·马林诺夫斯基（Bronislaw Malinowski）的《西太平洋上的航海者》设定了田野工作原则——“试图去发现该文化的社会结构，并据此建立起自己的概念体系”，这种概念体系成为学界认知遗产文化的解析框架。第二次世界大战以后，美国人类学家梅尔维尔·赫斯科维茨（Melville Herskovits）确立了文化相对主义在文化人类学中的地位，从而成为文化遗产保护领域、文化性保护兴起的思想基础。

文化人类学视角下的“文化”有以下几种观点：

其一，文化是适应环境的体系。相关经典包括马文·哈里斯（Marvin Harris）的《文化唯物主义》、埃尔曼·塞维斯（Elman R. Service）的《国家与文明的起源：文化演进的过程》、朱利安·斯图尔德（Julian Steward）的《文化生态学》、罗伊·亚伯拉罕·拉帕·波特（Roy Abraham Rappaport）的《献给祖先的猪：新几内亚人生态中的仪式》等。

其二，文化是观念体系。如罗杰·马丁·基辛（Roger Martin Keesing）指出，文化是人类生活模式的基础，文化由生活中共有的观念体系、概念、规则、意义体系构成；古迪纳夫（W. Goodenougn）认为，文化是知觉、信仰、评价、行为等的准则。

其三，文化是象征体系。如克利福德·格尔茨（Clifford Geertz）指出，文化是由象征形态表现历史性意义的模式，象征是表示物体、行为、时间、性质、关系的意义媒介。他还主张人类学是探究文化意义的解释学，且解释特殊文化必须根植于社会生活的深度描述。

概言之，文化人类学视角下的“文化”包括两个方面，即文化是可以观察到的现象体

① 全峰梅，王绍森，王长庆. 辩证 系统 创新 发展——19～20世纪西欧建筑遗产保护的逻辑实践［J］. 中外建筑，2018（11）：25-29.

系，是一个社会内的生活模式，是一个社会中有规则地发生的活动及物质的布局；文化是民族生活下的观念体系，是一个族群用其知识、信仰系统来构建的经验和知觉，并用以规范其行为的体系。

（3）文化地理学视角

文化地理学是研究与自然环境相关的物质与非物质的人类文化模式和相互作用的一门传统人文地理学分支。1925年，美国文化地理学家卡尔·索尔（Carl Sauer）发表《景观形态学》，确立了文化景观作为文化地理学传统研究主要对象的地位，其文化景观理论成为后来将“文化景观”列入世界遗产特殊类型的理论基础之一。1994年，“文化景观”正式纳入《实施〈世界遗产公约〉操作指南》。文化景观与传统的遗产地价值体系相比，强调了文化价值的重要性。

文化地理学视角下的分析方法一般为：首先，将遗产地进行文化结构解析、社会组织文化解析、精神文化解析、物质文化解析；然后，定位社群文化的内核，解析社群文化的依托和存在的物质文化环境特质，辨析影响社群存在及发展的核心要素；最后，梳理遗产地人类改造和建造建筑（构）物痕迹的历史分层。这种视角下，各个历史的分层均包含了作为动力的文化内核与作为媒介的环境要素之间的互动融合人类创造、衍生和迭代的过程。①

（4）现象学研究视角

在将“场所精神”引入遗产保护领域之前，关于“场所”的理论起源于存在主义现象学。20世纪初，德国哲学家埃德蒙德·胡塞尔（Edmund Husserl）创立了现象学。其后，马丁·海德格尔（Martin Heidegger）拓展了“回归事物本身”的现象学理论。他在《存在与时间》中对存在意义的论述，以及《筑·居·思》中把基本的存在结构联系到房屋和定居的功能思想，对克里斯蒂安·诺伯格·舒尔茨（Christian Norberg-Schulz）产生了重要影响。舒尔茨将“现象学是一种更积极的人本主义思想”贯穿于建筑研究，奠定了建筑现象学的基石。他的《场所精神　迈向建筑现象学》运用现象学的方法研究了人类生存环境和建筑。

遗产保护领域中的遗产地“场所精神”借鉴了建筑领域的场所精神概念和方法。它基于对传统遗产保护领域中遗产地有形和无形的元素、遗产价值、利益相关者等传统概念的再思考，对传统“普遍价值”评判体系进行了改进，即：发现并试图保存和延续一处场所本身所固有的精神特质，这种精神特质蕴含于场所的物质载体，以及无形的诸如宗教、社区居民的感受和记忆之中。因此，国际古迹址理事会于2008年发布的《有关保护场所精神的魁北克宣言》②进一步阐释了遗产地的场所精神。

（5）城市规划研究视角

19世纪末，欧洲城市化与工业化进程的加快使得众多古老的城市和建筑不得不抵挡现代

---

① 徐桐．迈向文化性保护：遗产地的场所精神和社区角色［M］．北京：中国建筑工业出版社，2019.

② ICOMOS. Quebec declaration on the preservation of the spirit of place（2008）［EB/OL］.（2008-10-04）［2024-02-04］. https://whc.unesco.org/uplads/activities/documents/activity-646-2.pdf.

化的威胁，如何对古建筑之外的历史街区、历史城市进行系统、整体、科学、合理地保护成了保护者关心的首要问题。

卡米洛·西特（Camillo Sitter）在《遵循艺术原则的城市设计》提出的关于城市发展的连续性理论，成为后来制定城市保护政策的重要推动力。帕特里克·盖迪斯（Patrick Geddes）则把城市视为一个处于演进过程中的有机体，将城市作为一个整体进行研究，提出“保守治疗”（Conservative Surgery）法。古斯塔沃·乔万诺尼（Gustavo Giovnnoni）提出“城市遗产”（Urban Heritage）的概念，要求保护历史纪念物的“建成环境”。吉卡罗·德·卡罗（Giancarlo De Carlo）批判了技术统治论模式，表达出一种与历史肌理相兼容的设计语汇，追求文化、自然和历史要素的环境本质。

第二次世界大战以后，欧洲许多国家更为重视保护历史城市这个“大系统”的重要性，并由此催生出一系列政策和法律文件。例如，法国于1962年颁布的《马尔罗法》，设立“保护区”（Secteurs Sauvegardes）；1983年立法设立“建筑、城市和自然风景遗产保护区”（英文简称ZPPAUP），法国的建筑、区域、城市因此得到了整体性保护。英国于1967年颁布的《城市宜人环境法》（*Civic Amenities Act*），标志着英国遗产保护从过去的单体、静态保护到现代整体、动态保护，从人工环境保护到公园、园林等建成环境保护，从过去消极控制到现代创新性保护发展的转折。意大利于1973年通过了《历史中心保护法》。这些法规为20世纪上半叶的欧洲制定一系列城市整体保护目标提供了支持。①

（6）保护经济学视角

保护经济学（Conservation Economics）将遗产视为一种具有很长生命周期的经济商品和资产。纳撒尼尔·利奇菲尔德（Nathaniel Lichfield）的《保护经济学：关于建成文化遗产的成本收益分析》（国际遗迹与遗址委员会，简称ICOMOS，1993年）是早期保护经济学研究成果代表。②1998年，《保护经济学报告：理论、规则和方法》（ICOMOS，1998年）系统地论述了建成文化遗产作为经济资源的属性和特殊性以及其价值和影响力③。戴维·思罗斯比（David Throsby）关注文化现象中的经济学因素及经济中的文化性质，更关心再分配的公平性和平等性问题。④公共经济学也用到了遗产地相关领域的研究，如评估政府对文化遗产的支持程度

① 全峰梅，王绍森，王长庆. 辩证 系统 创新 发展——19～20世纪西欧建筑遗产保护的逻辑实践［J］. 中外建筑，2018（11）：25-29.

② Conservation Economics: Cost Benefit Analysis for the Cultural Built Heriage: Principles and Practice，ICOMOS，10th General Assembly in Colombo.Nathaniel Lichfield.William Hendon，Peter Nijkamp，Christian Ost，Almerico Realfonzo，Pietro Rostirolla，1993.

③ Report on Economics of Conservation:An Appraisal of Theories.Principles and Methods，ICOMOS International Economics Committee，1998.

④ David Throsby. Economics and Culture［M］. Cambridge: Cambridge University Press，2001.

及其有效性等。[1]加勒特·哈丁（Garret Hardin）提出了“公地悲剧”说。[2]福利经济学认为，文化遗产是全社会共有的财富，对于文化遗产的保护和经营利用，必须考虑“帕累托最优状态”，[3]遗产开发保护既要保证当代人的代内公平，又要满足当代人与后代人的代际公平。[4]

综上所述，国外遗产保护研究主要从历史主义、文化人类学、文化地理学、现象学、城市主义和经济学等不同学科和视角展开，不同的研究视角和研究方法都对遗产保护的理论进化产生了深刻的影响。原真性、历时性、历史价值均是欧洲现代遗产保护运动初期的认识论基础，之后随着现代性的推进和科学的理性批判，遗产保护范式发生了从保护“真实”向保护“意义”的转换，当代语义多元的哲学基础，又催生了文化主义和价值论导向的保护逻辑。遗产保护逐渐向复杂性、系统性和现代性发展，遗产的历史性、文化性、技术性和经济性也将得到一个更为充分的融合（图1-3）。

2）国际宪章和准则性文书中的城市遗产地保护

（1）城市保护的基础性样本

1972年《保护世界文化和自然遗产公约》是第一个富有成效的、用于增强城市中的文化遗产、社区、社会经济发展和历史区域之间关系的国际性文献。1976年《关于历史地区的保护及其当代作用的建议》（*Recommendation Concerning the Safeguarding and Contemporary Role of Historic Areas*），即《内罗毕建议》，是城市保护的基础性样本。它宣称，历史街区对于整个社会来说是非常重要的，它们在定义文化多样性和个体社区身份特征的过程中所扮演的角色，以及将它们“作为城镇规划和土地发展的基本要素”整合到“当代社会生活”中也是极其必要的。[5]这份建议给出了以下重要的定义和指导意见：

①历史地区是历史存在于现代生活中的生动见证，是人类社会文化多样性在时间和空间上的表现形式，也是推动不同个人和社会身份形成的强有力的要素。

②需从整体上把历史地区及其周围环境视为一个相互连贯的统一体，对历史地区及其环境的保护和保存是人类的集体责任，同时也应该被纳入公共政策和专门的法律。

③需保存历史地区的环境特质并使新的建筑符合既有城市背景。

④需把文化和社会的复兴与物质保护联系在一起，以此保存历史地区的传统社会结构和功能。

---

① Ost C，van Droogenbroeck N. Report on Economics of Conservation_An appraisal of Theories，priciples and methods［R］. ICOMOS International Economics Committee，1998.

② Hadin，G. The Tragedy of the Commons［J］. Science，1968.

③ 帕累托最优状态，也称为帕累托效率（Pareto Efficiency），由意大利经济学家帕累托最早提出和使用，是指资源分配的最优方法和理想状态，假定固有的一群人和可分配的资源，从一种分配状态到另一种分配状态的变化中，在没有使任何人境况变坏的前提下，使得至少一个人变得更好，这就是帕累托改进或帕累托最优化。

④ 张杰，吕舟. 世界文化遗产保护与城镇经济发展［M］. 上海：同济大学出版社，2013.

⑤ 罗德威尔. 历史城市的保护与可持续性［M］. 陈江宁，译. 北京：电子工业出版社，2015.

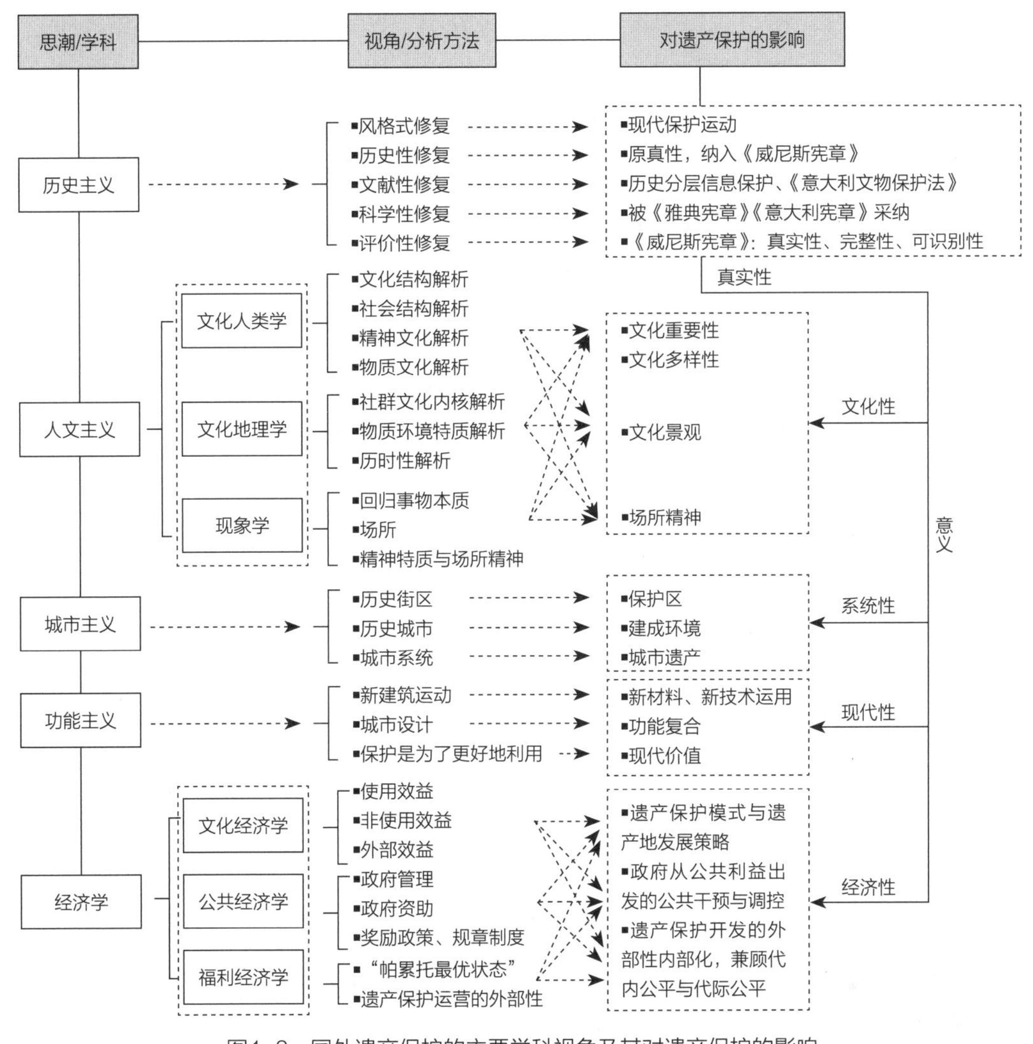

图1-3　国外遗产保护的主要学科视角及其对遗产保护的影响

⑤需制定并实施合理的历史地区保护措施，包括土地使用控制、建筑法规、保护规划、交通管理、污染控制、适当的融资和补助机制、参与性框架以及公共教育等方面的行动。①

《关于历史地区的保护及其当代作用的建议》（又称《内罗毕建议》）代表了国际社会对城市保护的先进理念，它还制定了极为具体的可供从业人员和政府遵循的一系列标准和政策，是一份极具现代性且与城市保护密切相关的文件。尽管它体现出对公共财政能力的过分乐观，但依然反映了一个时代的精神，展现了对公众规划权利的坚定信念。

（2）真实性、复杂性与公共干预

1987年《保护历史城镇与城区的宪章》（*Charter for the Conservation of Historic Towns and Urban Areas*），即《华盛顿宪章》颁布。它是首个专门针对历史城区及其保护的国际性

① 班德林，吴瑞梵．城市时代的遗产管理——历史性城镇景观及其方法［M］．裴洁婷，译．上海：同济大学出版社，2017.

文件。它体现了城市遗产定义许多重要的创新，它认为“真实性”不仅与物质性结构和它们之间的相互关系有关，也与环境及周边地区以及城市随时间的推移获得的一系列功能相关；它还明确了历史城市所具有的复杂性和特殊性，并反映了第二次世界大战以后建筑师和规划师的主要研究成果，即以一种与周边环境相联系的视角来看待城市，并重视社会价值和社会参与；必须面对城市交通、基础设施以及由制造业向服务业转型、经济活动重组等城市保护与管理的一系列问题。《华盛顿宪章》还提倡把公共干预作为控制社会和经济进程的主要机制，同时把经济生产力和保护过程联系在一起，确保维护和保护周期的可持续性，反映了当时规划的文化背景。[①]

（3）文化多样性的凸显

1994年的《奈良真实性文件》（*Nara Document on Authenticity*）（以下简称《文件》）标志着脱离一个世纪以来的过度受到“欧洲中心主义”框架统治的时刻已经到来。该《文件》遵循了《威尼斯宪章》的精神，对文化遗产“原真性”的概念和应用进行了详尽地阐述，并对其“原真性”进行严格地验证。《文件》把遗产定义为“文化多样性”的一种表现形式，并把保护实践和每种文化赋予遗产的价值特性联系在一起。《文件》论及：取决于文化遗产的性质、文化语境、时间演进，真实性评判可能会与很多信息来源的价值有关。这些来源包括很多方面，比如形式与设计、材料与物质、用途与功能、传统与技术、地点与背景、精神与情感，以及其他内在或外在因素。使用这些来源可对文化遗产的特定艺术、历史、社会和科学维度加以详尽考察。[①]2001年的《世界文化多样性宣言》中指出，希望各国尊重并且承认文化的多样性，在认识到文化全球化的基础上展开更为广泛的团结互助交流。该宣言为各种文化的交融创造了新的条件。2002年联合国教科文组织颁布的《关于世界遗产的布达佩斯宣言》中再次呼吁，各缔约国在文化遗产保护工作中要相互合作，共同承担保护、宣传文化遗产的责任，实现文化遗产的可持续发展。

（4）社区的重要性与可持续发展

社区在遗产中的角色一直是国际遗产保护领域的热点。2007年，世界遗产委员会将“世界遗产的战略目标”从《布达佩斯宣言》的“4C”——可靠性、保存、能力培养和交流，上升为“5C”，增加了“社区”概念，强调当地社区民众对世界遗产及其可持续发展的重要性。2014年，《奈良+20》继承了《奈良真实性文件》强调“社区”在保护中的作用的基本精神，并基于二十年遗产保护的实践总结出了利益相关者的“复杂性”，其相关表述更加具有遗产保护管理的操作导向性。《奈良+20》呼吁“拥有权威的群体”，应努力将所有利益相关者纳入遗产认定和管理，特别是遗产资源利用过程中“声音弱小的群体”，且和遗产保护相关的专业人士应当将研究和决策制定的参与范围扩展到“能够影响遗产的社区性事务”之

① 班德林，吴瑞梵. 城市时代的遗产管理——历史性城镇景观及其方法［M］. 裴洁婷，译. 上海：同济大学出版社，2017.

中。2015年，通过的世界遗产与可持续发展“策略草案”（39com.5D-Daft Policy），将世界遗产与可持续发展之间的关系归纳为四个要素：环境可持续性（Environmental Sustainability）、社会包容性发展（Inclusive Social Development）、经济包容性发展（Inclusive Economic Development）、和平与安全（Peace and Security）。从“世界遗产与可持续发展”的议题分析，现今的遗产保护界，对遗产地的保护和管理不仅仅局限在遗产物质载体的安全性这一技术层面的保障，保护与管理方面的挑战越加复杂，影响遗产地突出的普遍价值，甚至是物质载体本身安全的因素大多来源于环境、社会以及经济的影响，应当从可持续发展的角度进行审视，在制定保护管理的规划时应将遗产地社区、遗产地生态和文化多样性、遗产地经济发展、环境安全等一并纳入统筹考虑的范围。①

（5）连续性、动态性与可持续性的城市保护新范式

2005年的《维也纳备忘录——保护历史性城市景观》（*Vienna Memorandum on World Heritage and Contemporary Architecture*）当属对现代城市保护范式进行修订和更新的首次尝试，提出了历史性城市景观（Historic Urban Landscape）的概念，强调历史性城市景观保护的重要性并给出了相关建议。同年，《保护具有历史意义的城市景观宣言》颁发，针对历史性城市景观中当代建筑的关键难题指出，一方面要顺应发展潮流，促进社会经济改革和增长；另一方面又要尊重前人留下的城市景观及其大地景观布局。绝不能危及由多种因素决定的历史城市的真实性和完整性。它把历史城区视作长期以来，并且仍在继续发生的动态过程的结果，并把包括社会、经济和自然在内的变化作为需要进行管理和理解的变量，而不仅仅是产生反差对比的来源；强调自然形态和社会演变之间的联系，把历史城市界定为整合了自然和人工要素的系统，这一系统具备历史连续性，并体现了历史上各种表现形式的层层累积；同时，还把社会和经济动态理解为影响价值和城市形态变化与适应性的正面因素；需要尊重特定场所所具有的设计特征上的完整性和连续性，这也是作为历史环境中最基本的干预原则。

2011年通过了《关于城市历史景观的建议书》，它作为一种处理城镇遗产保护与城市当代发展相互平衡且可持续发展的方法，对历史性城镇景观的保护具有重要的指导意义，同时也为城市保护的实践增添了一种新的视角：一种更为广泛的遗产的“地域性”视角，并且更加重视历史城市的社会和经济功能；一种旨在应对现代化发展、管理变化的方法；也是针对现代社会对历史价值所具有的贡献的重新评估。因此，它也成为21世纪落实城市保护理念的新工具，②这标志着一种城市保护的新范式的逐步形成。

3）城市遗产地保护的国家经验与实践

（1）英国：全球性的引领者

作为文化遗产大国和遗产保护管理的先进国家，英国在文化遗产和历史城市保护管理上

① 徐桐. 世界遗产保护中“社区参与”思潮给中国的启示［J］. 住区，2016（3）：26-30.

② 班德林，吴瑞梵. 城市时代的遗产管理——历史性城镇景观及其方法［M］. 裴洁婷，译. 上海：同济大学出版社，2017.

的经验具有很好的借鉴作用。20世纪60年代，随着一系列文化遗产法规法令的颁布，英国逐步调整遗产保护思路，更加注重文化遗产的规划管理和合理使用，遗产保护与经济发展及市区重建的联系与日俱增，除历史古迹、登录建筑外，保护区、历史城市等均得到了更为有效的保护。2007年出版的《21世纪遗产保护白皮书》特别强调了通过规划体系来增强历史环境的统一性管理，以及促成社会可持续发展的方式，从更具宏观性的角度阐明了英国最新的遗产保护方向和趋势。

①与规划管理相结合

与城乡规划高度融合是英国保护区、历史城市等遗产保护的特色之一。历史街区或保护区受到国家法律保护，在城乡规划中针对新的开发与利用，要求新景观的发展与传统景观的特色相协调并进行有机融合，特别强调在历史街区保护过程中，政府通过听证会等方式，使得社区居民及当地顾问委员会能够积极参与进来。国家和地区通过制定城市空间规划体系，使遗产地得到整体性保护和控制。在此过程中，特别强调了城乡规划应注重保护遗产及周边环境，同时充分利用缓冲区，避免开发商在遗产所在地周围建设不符合整体风貌的新建筑。遗产地与不同区域的城乡规划相结合，有效地避免了城乡大规模开发和大型新建筑建设项目的破坏。

以巴斯为例，巴斯是英国唯一一个列入《世界文化遗产名录》的城市，其保护面积约15平方千米，保护区实行严格的规划管理制度，对保护区内的开发项目更是有着严格的管理程序：首先，所开发的项目必须得到市议会的确认，被确认是适合的，且前期的设计要求和定位是高标准的才可以进行；其次，要经过规划咨询，要求新的开发建设应维护或加强巴斯古城现有的特色风貌；最后，应充分考虑开发规模和建筑高度、形式、体量、细部设计、材料质量，以及与相邻地块在空间和利益等方面的协调。“巴斯文献已经具备了广泛的宗旨，并且被预言是对遗产地的一项全盘的管理规划，这是一项用于连接和渗透其他的策略、政策和方案的城市规划，促进了将文化遗产价值暗中融入人们日常生活和城市管理的各个方面。管理规划中的关键词包括认知、社区、理解和可持续管理。一个关键的措辞就是‘在其文化生命力、社会生命力和经济生命力方面对当地社区进行支持’”。[①]

再如爱丁堡，自1970年以来，爱丁堡城市保护的特点就是已经产生了一系列十年一度的会议，并建立了与之相关的三个关键组织。

A. 会议方面：1970年的“保护乔治亚爱丁堡”会议，关注区域中的建筑价值和城镇规划价值，并明确提出要避免其他环境问题、社会问题和经济问题；1980年的“建筑遗产：维护工作的危机”会议提出了为历史建筑充分制定保养管理制度的需要；1990年“使城市更加文明”会议则扩展了遗产地问题的范围，包括战略规划、公共交通、旅游业带来的矛盾等；2000年“城市自豪感：在世界遗产城市中居住和工作”会议提出了政治维度、行政维度、社会维度和文化维度及其与公民自豪感之间的关系。

① 罗德威尔．历史城市的保护与可持续性［M］．陈江宁，译．北京：电子工业出版社，2015.

B. 组织方面：1970年爱丁堡新城保护委员会成立；1985年爱丁堡旧城复兴信托建立；1999年爱丁堡世界遗产信托建立。如今的爱丁堡因其独特的建筑保护文化、专业的技术联合体，以及一个包容并严格执行的保护系统而著称。①

②公众参与、教育及推广

英国一直都以广泛的民间慈善团体机构、志愿机构及民间组织参与遗产保护管理而著称，尤其是国民公益会和文物信托，在管理及保护历史环境方面发挥着显著作用。遗产地和文化遗产是全民共享的公共物品，公共参与制度化是英国遗产保护取得突出成绩的重要手段。国家信托作为英国最大的民间遗产保护组织发挥着重要作用。同时，英国还有多个机构团体积极推进文物保护的教育及推广计划，以提高公众的保护意识和参与度。例如，2006年英国国家彩票基金启动了大型公众咨询项目——“我们的遗产，我们的未来，你们说”，与公众共同探讨2009年以后的遗产保护工作；推出“在课室以外的地方学习”政策，鼓励学生利用保护区、文物点进行学习，宣传和推广遗产保护；遗产彩票基金针对青少年群体，推出了“幼根资助计划”，以提高他们在了解、保护和欣赏遗产方面的参与度。

③立法管制

英国建筑与城市保护受到立法管制并由政府资助的机构进行指导，且这些立法和管理机构由多种立法、监管和监督组织来管理和引导各方面的遗产保护。1944年，英国颁布了《城乡规划法》，制定的保护名单称为“登录建筑”，当时确定了20万个项目。1967年颁布的《城市宜人环境法》将保护区纳入到城市规划的控制之下，当时确定了保护区3200处。1979年颁布的《古迹和考古区法案》以及1990年颁布的《登录建筑和保护区规划法案》整合了过去对于历史古迹、登录建筑和保护区的保护政策，成为英国遗产保护的两大法律。21世纪以后，英国开启了持续至今的遗产保护管理改革。例如，《历史环境：未来的力量》《保护我们的历史环境》《遗产保护总结》《21世纪的遗产保护》《国家规划政策框架》《遗产2020：英国历史环境战略性保护框架（2015–2020）》等，使遗产保护工作变得更为简便、高效。②

（2）法国：整体性和区域性的城市遗产保护

法国从个人到国家政府、从集中的合理规划到受国家支持的艺术和工业界，都在积极探索如何将法国杰出的历史文化遗产安置到现代社会中去。工业革命的出现使建筑的发展产生历史断代现象，从而开始把历史城镇作为保护对象。

①“保护区”的整体性保护

1943年通过的《纪念物周边环境法》，规定了在历史性建筑500米的半径范围内划定保护区，现今有超过30000个这样的保护区。1962年制定了《马尔罗法》，由此确立了保护历史街区的新概念，开始以“保护区”的形式开展历史环境保护。该法确立了两个目标：一是

---

① 罗德威尔．历史城市的保护与可持续性［M］．陈江宁，译．北京：电子工业出版社，2015.

② 唐晓岚，张佳垚，邵凡．基于国际宪章的文化遗产保护与利用历史演进研究［J］．中国名城，2019（9）：78–86

保护与利用历史遗产，二是促进城市发展。在实际操作中，“保护区”由“保护与价值重现规划”的一系列法规和规划图所确定。它更多地趋向于对“保护区”进行适当地再利用。保护区的保护与价值重现规划在法律意义上属于城市规划法所规定的城市规划文件。历史保护区的重点在整体的“城市遗产”保护上。

②识别性与区域性保护

1993年通过《建筑、城市和风景遗产保护法》（也称《风景法》），是对1983年《建筑和城市遗产保护法》的补充和完善，意味着国家对整片的包括建筑群、自然风景、城市遗产、田园风光等广义的遗产实行区域性的整体保护。这表明，法国的城市遗产保护与发展是互补的，一方面促进城市在经济、社会等方面得以健康发展，另一方面也使得城乡文化得到良好的发展。在保护机制上，法国建筑、城市和风景遗产区的保护最重要的是“法国国家建筑师”制度，之后设立的法国建筑—城市规划师制度，使国家历史遗产保护政策与城市发展规划融为一体。[①]

此外，整个20世纪，法国的遗产保护立法和行政机构创立了一个统一而全面的财政激励制度，推动着法国的遗产保护。[②]21世纪，法国的文化遗产保护法已进入系统化、法典化时期，2004年颁布的《法国遗产法典》预示着相对系统的文化遗产保护法体系已经构成。[③]

（3）意大利：整体保护与“反发展”保护实践

意大利对历史城镇的保护起步早、数量多、质量高，从中也可以看出意大利的遗产保护已成为一种民族自觉，并融入社会风尚之中。

①城市遗产的整体保护

意大利艺术史学家、工程师乔瓦诺尼在《城市规划和古城》中阐述了城市化观点，他的城市遗产理论正是20世纪60年代以后欧洲相关“保护区”的法规雏形。1964年，意大利被纳入国际历史建筑维护和保护的纲领性文件《威尼斯宪章》，其中提出“整体保护原则”，既是对“历史中心区”的整体保护，也是对“大遗址”的整体保护。1967年，意大利新《城市规划法》颁布。2004年《关于文化和景观遗产的法典》，强调文化遗产和景观遗产的保护和利用是为了保存意大利文化和社会的记忆，探索出的一套“意大利模式”。[④]

②历史城市的“反发展”保护实践

以博洛尼亚为例。从第二次世界大战后的复兴期到20世纪60年代的高速发展期，人口减少日趋明显，郊区化和老城衰败严重，出现恶性循环。这时的博洛尼亚放弃了大发展，选

---

① 张松．历史城市保护学导论——文化遗产和历史环境保护的一种整体性方法［M］．2版．上海：同济大学出版社，2008.

② 全峰梅，王绍森，王长庆．辩证 系统 创新 发展——19～20世纪西欧建筑遗产保护的逻辑实践［J］．中外建筑，2018（11）：25-29.

③ 唐晓岚，张佳垚，邵凡．基于国际宪章的文化遗产保护与利用历史演进研究［J］．中国名城，2019（9）：78-86

④ 斯塔布斯，马卡斯．欧美建筑保护：经验与实践［M］．申思，译．北京：电子工业出版社，2015.

择以保护和再生为中心、城市建设与地域发展平衡进行的方向，提出“把人和房子一起保护”，这一整体性保护思想成为欧洲城市保护和历史街区更新的有效准则。博洛尼亚古城保护所尝试的是有历史、有文化的城市和社区共同发展的途径，是对整个城市生活的保护和继承。[①]博洛尼亚的经验表明，遗产城市不仅是集体记忆的表达，也是居民的共同财产，整体性保护的社会目标高于单纯的建筑物保护和城市单向发展。

（4）美国：实用主义与历史地段保护

美国《历史场所国家登录名册》将“历史地段”定义为由一系列场所、建筑或构筑物等组成的、具有一定意义的集合。美国历史地段保护的目的是：确保这些可能发生的变化与历史环境相协调，用以创造更加美好的景观。历史地段保护的目的在各州也有所差异，如宾夕法尼亚州是为了保护历史建筑及文化遗产；佐治亚州是为了增强中央商务区活力及周边地段的就业机会；阿肯色州则是为了促进城市文化、教育、经济和社会综合福利的发展。

美国也从不同层面推动历史地段的保护。联邦层面，采取以基金引导为主、以法规控制为辅的原则，发放国家信托基金，制定联邦税制优惠政策，促进历史地段的保护。州政府层面，直接划定和控制历史保护区，对地方建设项目审批程序提出特别要求。地方政府层面，对历史的保护则是通过规划控制来进行，一类为地标控制，另一类为设计审查。社区层面基层社区和居民往往积极参与历史地段的保护，目的在于改善自身居住环境，争取环境公平和提高社区品质。

随着国际上文化多样性和地方性的凸显，美国的历史地段保护在城市规划和社区建设中的地位也得到了逐步加强，保护观念发生了本质的变化，保护的经济意义日益增强，历史地段保护成为促进地方经济发展的重要力量。同时，与历史地段保护紧密相关的旅游业的发展，为社会提供了更多的就业机会。保持独具一格、不可复制的地方特色和场所精神，也正是历史地段保护的根本目的所在。[①]

（5）日本：历史环境保护与社区营造

①古都与历史环境保护

20世纪60年代，日本进行了大量的土地开发和城市建设项目，引发了对古迹遗址的大破坏，这些全国性的开发问题，使得各地的保护运动全面兴起。于是，1966年通过了《古都保护法》，对古都的历史风土进行整体保护。尽管该法律只限于对京都、奈良、镰仓等古都保护，但保护历史风土的法律措施对各地开展历史保护运动起到了积极的影响。例如，妻笼、高山等历史村镇，自下而上地开始了“造町运动”，这些官民协力并进的保护运动，产生了划时代的成果，促成了1975年《文化财保护法》的修改，创设了“传统建造物群保存地区制度”。20世纪80年代以后，历史环境保护工作以发掘城镇美丽、进行社区营造、创建有吸引力和有

① 张松. 历史城市保护学导论——文化遗产和历史环境保护的一种整体性方法［M］. 2版. 上海：同济大学出版社，2008.

个性的城镇景观为主。20世纪90年代，日本经过泡沫经济的破灭和城市建设的反思，确立了“以循序渐进方式、稳步推进城市建设”的指导思想，开发建设开始走向以历史、文化和自然为目标的良性循环阶段。2004年制定的《景观法》，是适合所有城镇和乡村，促进城乡良好景观的形成，以实现保护美好的国土风貌、创造丰富的生活环境以及富有个性与活力的地域社会为目标的国家法律，标志着日本的文化遗产保护逐步走向更为广泛的城市景观环境范畴。

在近期的历史环境保护实践中，通过保护来改善居住环境正成为有效途径，以居民、自治体为主体，以历史保护为重点的社区环境营造是日本城镇发展中的重点工作。通过保护视觉环境、日常生活环境来关注所有城市问题的探讨，过去人们所熟悉的、传统的、以技术取向为主的保护，开始转向关心当地居民的感受、从社区参与的角度出发，保护地方特色，塑造聚居形态，改善生活环境品质。

②保护运动与公众参与

伴随日本历史环境保护的发展，全国范围内也在开展各种公众参与的运动。人们认为，历史风土的保护应作为全民关心的运动，因而在1970年成立了“全国历史风土保护联盟”。“传统建造物群保存地区制度”是地方民众和地方自治体努力的结果，地方居民的自发性运动，推动了地方自治体通过制定条例来保护历史街区。妻笼宿就是日本历史街区保护历程中的重要代表。20世纪60年代，妻笼宿就提出了“保护优先于所有开发”的主张，开始了历史保护运动。它通过修复“妻笼宿”，探索地方复兴。由于妻笼宿保护运动的引导，使得全国各地市民保护运动逐渐组织化。现今的日本，把历史保护纳入社区发展，以社区发展为主体，以唤醒社区公民意识和公共领域参与行动为主轴的“社区总体营造”运动方兴未艾。

这种根植于公众参与的保护运动，表现了地方的社会活力与社区自组织的能力。无论是保护还是再生，其规划设计的着眼点都在如何使生活更美好、环境更宜人，使历史环境保护与社会福祉、子女教育等居民日常生活息息相关，进而继承发扬传统文化、创新创造现代文化。[①]

“全然不同于我们过去熟知的、传统的、技术取向为主的保护。它重视关心地方居民的感受，以社区参与的角度，保存地方特色，塑造聚落形式，改善生活环境之品质……‘社区营造’，保存了居民的集体记忆，勾勒了人们对明日城市的想象……就社区营造的过程以及目标而言，其实，它要改造的是人。在社区营造的行动中，浮现了新社会”。[②]

以上可见，欧美及日本等发达国家，在现代化进程中不遗余力地保护本国的历史街区、历史环境和历史城市遗产，在保护理论和方法上均处于国际领先地位，特别是在遗产保护与利用等法规、纲领性文件的制定方面为推动国际遗产保护作出了积极的贡献，为发展中国家的遗产保护提供了宝贵的经验借鉴（图1-4）。与此同时，20世纪以来的一百多年中，联合

① 张松．历史城市保护学导论——文化遗产和历史环境保护的一种整体性方法［M］．2版．上海：同济大学出版社，2008.

② 西村幸夫．再造魅力故乡——日本传统街区重生故事［M］．王惠君，译．北京：清华大学出版社，2007.

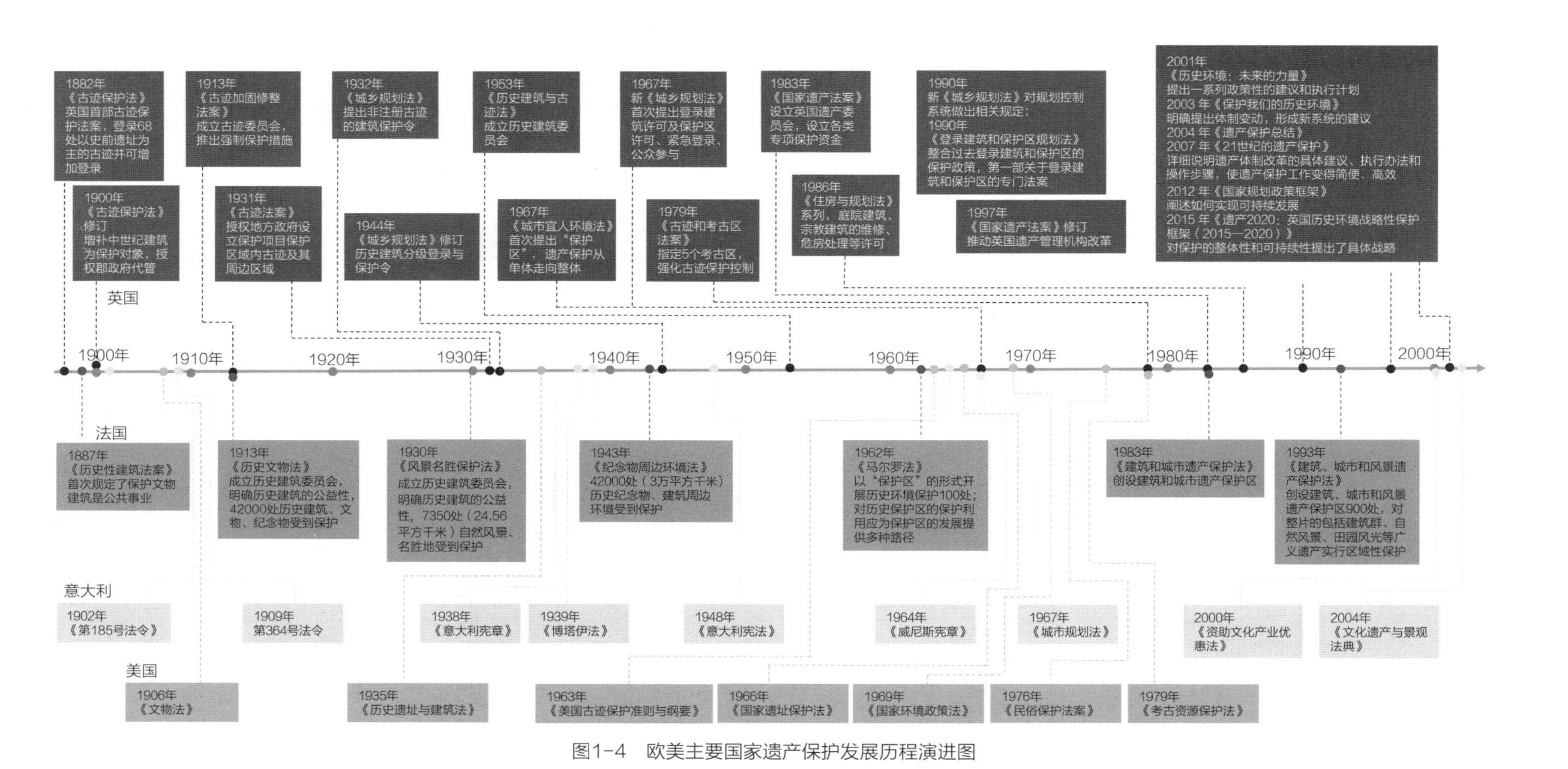

图1-4　欧美主要国家遗产保护发展历程演进图

国教科文组织等国际组织和机构制定了一系列纲领性与法规性文件，建构了世界文化遗产的保护理论、技术要领与实践精髓（图1-5）。世界文化遗产保护观念一直在不断进化、逐步整合，保护法规不断完善，国际共识也越来越强。一些遗产保护的理念、方法、规律也逐渐清晰：19世纪末20世纪初，遗产保护尚处于世界各国基于历史信息的国家遗产保护阶段，受文化进化论的影响，保护对象主要为单一的建筑、遗址等物质遗产；20世纪30～50年代，遗产保护开始转向基于普遍价值的国际遗产保护行动，遗产保护开始显现出文化性保护特征，保护对象也逐步拓展到历史建成环境、非物质文化以及历史街区、历史城市等多个领域；而以20世纪90年代为分水岭，基于文化重要性和地域独特性，世界遗产保护展现出历时性与共时性保护特征，保护对象也进一步丰富，保护目标从见证历史向同时见证文化和传承文化演进。

3．鼓浪屿研究方面

随着1843年厦门开埠，有关鼓浪屿的史料特别是外文资料也逐渐增多，包括外国侨民中的商人、传教士和官员的书信、日记、旅行笔记、回忆录，报刊新闻，以及官员、传教士为上级或相关机构撰写的报告、公函等官方或半官方的文献档案资料。国外对鼓浪屿的研究散见于19世纪末～20世纪初外国侨民中的商人、传教士和官员的书信、日记、旅行笔记等资料中，其他带有研究性质的鼓浪屿文献也陆续见于早期的中外联系或关于中国历史著作的碎片中，如1872年英国人乔治·休士（Hughes Geohes）出版的《厦门及其周围地区》、1878年赫伯特·艾伦·翟理斯（Herbert Allen Giles）编写的《鼓浪屿简史》、亚历山大·米琪（Alexander Michie）撰写的《阿礼国传》、美国传教士菲利普·威尔逊·毕腓力（Philip Wilson Pitcher）撰写的《厦门纵横——一个中国首批开埠城市的史事》等。除了上述文献资料外，近代来华的外国人所绘制的地图或拍摄的照片，也成为珍贵的史料，为认知鼓浪屿聚落空间演化、建筑过程、鼓浪屿居民生活状况等提供了证据，如大英博物馆所藏的鼓浪屿各个时期的地图、康奈尔大学图书馆所藏的19世纪80年代鼓浪屿照片等。

1.3.2 国内研究综述

1．社会生态系统及相关学科研究方面

1）关于社会生态系统研究

在中国，史前人类在生存斗争中就已经开始了生态实践，经历代学者的整理概括，形成了朴素生态学的古典形态。

20世纪60年代，马世骏院士提出了“生态经济学”设想和“经济生态学”原则等一系列新观点。20世纪70年代后，他提出了“生态平衡的整体观和经济观”和“生态系统工程”概念，并在国际上首次给予明确的科学定义，精辟地提出生态工程的原理是生态系统的“整体、协调、循环、再生”。1984年以后，他进一步将研究扩展到以人类为中心的人工生态系

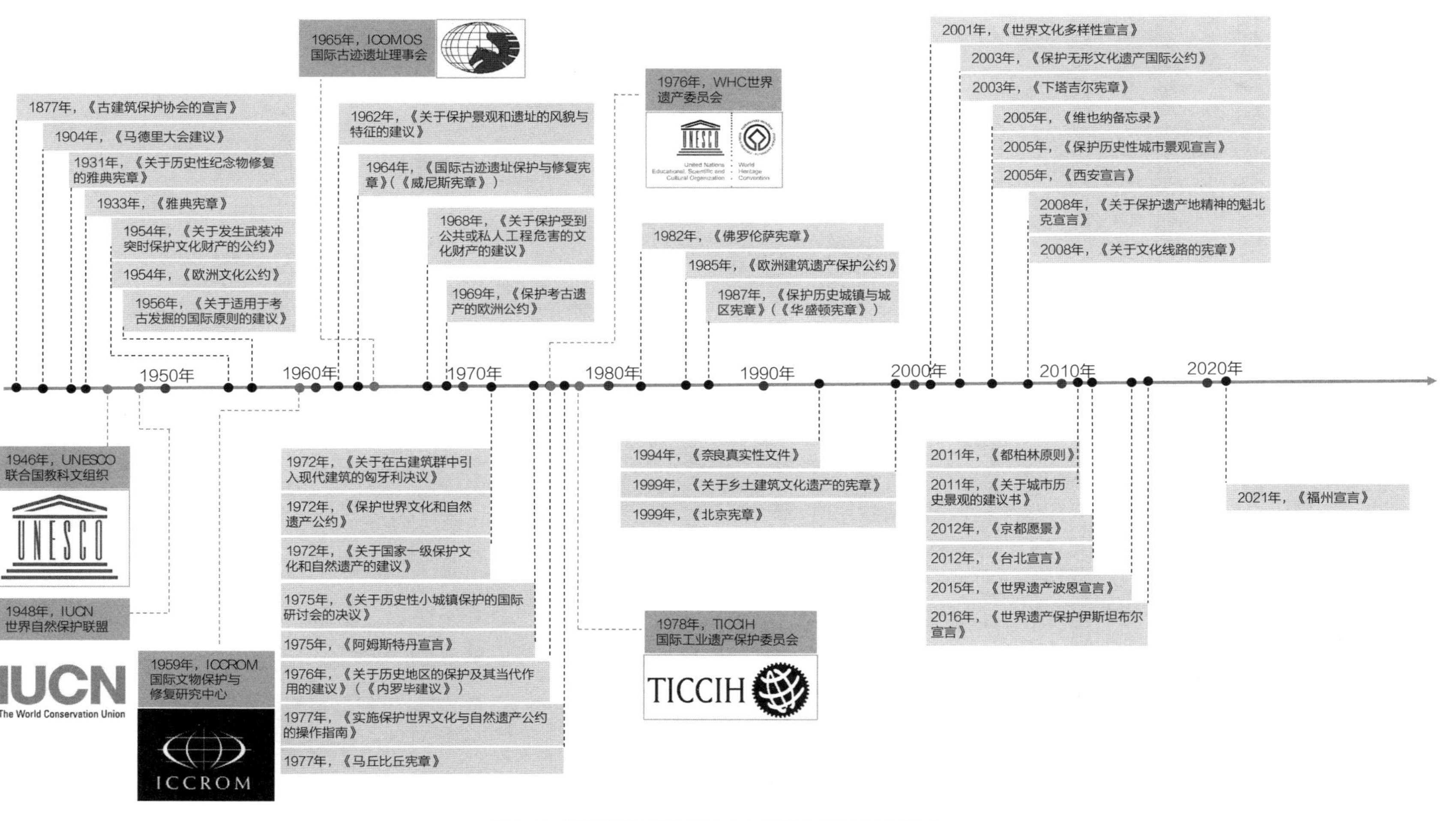

图1-5　国际组织引领下的遗产保护发展历程演进图

统，在国际上首次提出了社会—经济—自然复合生态系统理论。①

20世纪80年代后，我国其他学者也相继开始了对国际上社会生态学科的引介和研究。牛实为认为，社会生态学是“关于社会、人群和自然界三者相互关系和作用的一门学科”。②叶峻认为，正是以“生态系人”为认识主体，以社会生态系为研究对象，才得以建立和发展我们所讨论的社会生态学。③在其《社会生态学与协同发展论》中，系统地论述了社会生态学的学科发展、研究内容、基本规律和协同可持续发展的新思维。④年轻学者中，范冬萍等阐述了社会生态系统是一种复杂的适应系统。⑤赵景柱等提出，社会—经济—自然复合生态系统强调社会、经济、自然三个系统的耦合性和整体性。⑥余中元等分析了社会生态系统脆弱性的内涵，对社会生态系统脆弱性驱动机制进行分析，并指出了脆弱性驱动机制分析的局限性。⑦周晓芳综述了社会—生态系统恢复力的测量方法。⑧王群等认为，从恢复力视角研究旅游地的复杂性、动态性及综合性，成为旅游地可持续发展研究的重要途径。⑨

2）关于复杂系统研究

我国著名科学家钱学森是国际上最早接触和研究复杂性理论的学者之一。早在1951年，他就开始考虑多变量系统的非相互作用控制、扰动理论的控制设计以及误差控制理论；1978年，他从一个整体、有序、动态的方法研究和梳理系统科学，并将其整合到一个高度有序的知识系统中。⑩20世纪80年代，他提出“从定性到定量的综合研究系统”。1990年，钱学森与他的专家团队提出“开放的复杂巨系统及其方法论”，进而创造了“从定性到定量的综合集成技术”（Meta-synthetic Engineering），属国际首创。

在开放的复杂巨系统中，实践经验和资料累积最丰富的是社会系统和人体系统。研究开放的复杂巨系统要有正确的思想指导，即马克思主义哲学思想。从定性到定量的综合集成技

① 该理论论述了“三个子系统既有各自运行规律，也是相互作用的整体”，复合生态系统中“人是最活跃的因素，也受自然生态规律制约”；提出了衡量复合生态系统的准则，即“自然系统是否合理，经济系统是否有利，社会系统是否有效”；阐明了城市、区域、农村复合生态系统结构与功能特征，并认为要使经济与环境同步发展，这是一个涉及社会、经济、自然资源与地区群众素质交织在一起的社会问题。

② 牛实为. 人文生态学［M］. 北京：中国和平出版社，1995.

③ 叶峻. 社会生态学［J］. 百科知识，1988（10）：29.

④ 叶峻，李梁美. 社会生态学与协同发展论［M］. 北京：人民出版社，2012.

⑤ 范冬萍，何德贵. 基于CAS理论的社会生态系统适应性治理进路分析［J］. 学术研究，2018（12）：6-11，177

⑥ 赵景柱. 社会—经济—自然复合生态系统持续发展评价指标的理论研究［J］. 生态学报，1995，15（3）：327-330.

⑦ 余中元，李波，张新时. 社会生态系统及脆弱性驱动机制分析［J］. 生态学报，2014，34（7）：1870-1879.

⑧ 周晓芳. 社会—生态系统恢复力的测量方法综述［J］. 生态学报，2017，37（12）：4278-4288.

⑨ 王群，陆林，杨兴柱. 国外旅游地社会-生态系统恢复力研究进展与启示［J］. 自然资源学报，2014，29（5）：894-908.

⑩ 魏宏森. 钱学森构建系统论的基本设想［J］. 系统科学学报，2013，21（1）：1-8.

术，实际上是思维科学的一项应用技术。[①]钱学森等关于复杂性科学理论研究成果重大，对国内外的影响意义深远。[②]

20世纪80年代以来，钱学森陆续提出了一系列关于人居环境的新概念，比如“城市学”“山水城市”“建筑科学大部门”等。他提出建筑科学（或人居科学）应作为一个大门类去研究。《钱学森论城市学与山水城市》《钱学森论山水城市与建筑科学》《钱学森论宏观建筑与微观建筑》中的城市建筑思想对建设具有中国特色的、与自然环境结合的、具有高度文明的城市，具有深远的意义。[③]

3）基于复杂性引发的城市系统研究

城市和城市化作为一种复杂和系统的人类人居环境进入科学研究的视野。吴良镛先生于2001年完成的《人居环境科学导论》[④]，使城市和城市化研究进入了一个根本性的转折点。它在观念上的重要突破是要“努力创造一个整合的、多功能的环境”。吴先生以人居环境科学理论为基础，在中国城乡规划建设的系统性实践中，不断总结提高，为未来人居环境科学理论和实践的发展奠定了坚实的基础。可以说，“人居环境科学”这一新学科的建立既具有中国特色，又具有世界意义。[⑤]

受钱学森复杂巨系统理论的启发，周干峙院士认为，城市和区域已经完全按照系统工程的规律形成了一个典型开放的复杂巨系统。这一复杂的巨系统具有一切复杂巨系统的特点。[⑥]

仇保兴提出，要将城市看成一种复杂的自适应系统，把握城市作为一个生态系统的本质和内涵。他总结，城市作为人类与众多其他动植物有机共生的复杂巨系统，具有自组织系统的一般特性。并认识到城市发展的“他组织”和“自组织”共存的组织成长方式，进而建立城市转型过程中的“微循环”模式。[⑦]

吴志强院士提出，新时代背景下城市规划的生态理性规划范式，纳入中华理性的思想，是对传统的理想导向和问题导向的城市规划的修正和改善。他阐释了新时代的城市规划必须以生态文明的建构为目标导向，以创新为引领的新发展理念和基本动力，尊重城市发展和城镇化的基本规律，方可实现未来城市发展的多元统筹协调以及人类城镇化的可持续发展。[⑧]

综上可见，国内社会生态系统的研究，既有对国外相关理论的引介和应用研究，也有本

---

① 钱学森，于景元，戴汝为．一个科学新领域——开放的复杂巨系统及其方法论［J］自然杂志，1990，13（1）：3-10.

② 钱学森．论系统工程（增订本）［M］．长沙：湖南科学技术出版社，1988.

③ 钱学森：为中国人定制“山水城市”［DB/OL］.（2021-10-10）［2024-02-10］．https://www.sohu.com/a/494301276_121123890.

④ 吴良镛．人居环境科学导论［M］．北京：中国建筑工业出版社，2001.

⑤ 金吾伦．吴良镛人居环境科学理论和实践［J］．工程研究，2009，1（2）：201-205.

⑥ 周干峙．城市及其区域——一个典型的开放的复杂巨系统［J］．城市发展研究，2002（1）：1-4.

⑦ 仇保兴．复杂科学与城市转型［J］．城市发展研究，2012，19（1）：1-18.

⑧ 吴志强．论新时代城市规划及其生态理性内核［J］．城市规划学刊，2018（3）：19-23.

土的原创研究，特别是将自然生态系统延伸到科学工程、社会经济、城市规划建设等领域的研究，对中国解决各个时期自身特殊的发展问题具有战略指导意义，甚至在国际上都是领先和独一无二的。同时，它们也将为这一领域的发展提供理论指导和思想借鉴。

2. 遗产地管理研究方面

1）国家保护管理

1982年，联合国教科文组织向中国发出邀请，期望中国签署《世界遗产公约》成为缔约国。1985年，在侯仁之、阳含熙、郑孝燮、罗哲文等专家的建议下，中国签署《世界遗产公约》，为中国开展世界文化遗产工作奠定了国际法的适用基础。1987年，中国长城、明清皇宫、莫高窟、秦始皇陵及兵马俑、周口店"北京人"遗址、泰山，第一批6项遗产列入《世界遗产名录》，实现了中国世界文化遗产保护的历史性突破。20世纪90年代，中国世界遗产数量快速增长，在世界遗产领域逐步崭露头角，发挥了积极的作用，国内遗产旅游效益逐步显现，国内对世界遗产的保护工作益加重视，地方遗产保护的立法工作也开始了先行探索，如《山西省平遥古城保护条例》《福建武夷山国家级自然保护区管理办法》等。21世纪后，中国世界遗产类型不断丰富，保护理念不断完善，法治建设不断加强，国际交流合作不断拓展，各项工作全面推进。

2）学术研究探讨

单霁翔归纳了历史性城市保护的协调发展观、整体保护观、"有机更新"观，并提出了城市建设与加强文化遗产保护的战略思考[①]，提出了从"功能城市"走向"文化城市"发展路径[②③]。常青院士领衔创办了中国建筑院系中第一个历史建筑保护工程专业，提出城乡风土建筑谱系的认知方法和保护与再生的系统理论，拓展建成了遗产保护学科方向和历史环境再生工程实践。[④⑤]张松以对国外文化遗产和历史环境保护的理论与实践的分析为中心，全面论述了文化遗产的概念、保护的含义与意义，并以历史城市保护为核心，阐述整体性（或整合性）保护的理论与规划方法。[⑥]吕舟系统地探讨了世界遗产保护与全球治理、中国文化遗产保护法律制度、中国文化遗产保护体系、面向新世纪的中国文化遗产保护等问题。[⑦]

石春晖等探讨了世界遗产地可持续业态的引导框架。[⑧]李璟昱探讨了自然遗产地可持续

---

① 单霁翔．城市化发展与文化遗产保护［M］．天津：天津大学出版社，2006.

② 单霁翔．从功能城市走向文化城市［M］．天津：天津大学出版社，2007.

③ 单霁翔．从"文物保护"走向"文化遗产保护"［M］．天津：天津大学出版社，2008.

④ 常青．建筑遗产的生存策略［M］．上海：同济大学出版社，2003.

⑤ 常青．历史环境的再生之道——历史意识与设计探索［M］．北京：中国建筑工业出版社，2009.

⑥ 张松．历史城市保护学导论［M］．上海：上海科学技术出版社，2001.

⑦ 吕舟．文化遗产保护：吕舟文化遗产保护团队论文集［M］．北京：科学出版社，2016.

⑧ 石春晖，李宁汀，宋峰．我国世界遗产地可持续业态引导策略研究——以西湖为例［J］．遗产与保护研究，2019，4（1）：72-80.

旅游与社区协同发展。[①]张心论述了如何在当前形势下在我国社会环境及城市遗产保护机制中针对现实问题有效地发挥“人”的作用。[②]张佳提出了大运河文化治理的理念和文化规划的方法。[③]赵敏构建了文化景观生产的理论框架，提炼了旅游古镇文化景观生产、运作的逻辑。[④]邓志平提出世界遗产地保护过程中空间转变权益冲突的消解模式和策略。[⑤]刘慧媛建立了世界遗产地无形资产的运营体系，研究出了协同运营机制的形成过程及作用机理。[⑥]余洁提出我国遗产资源保护的补偿机制和区际补偿模型。[⑦]

以上可见，在国内，遗产保护的重要性已经被越来越多的人所认可和接受，遗产保护的成果也越来越多，特别是20世纪80年代以后，国家在世界文化遗产保护方面做出积极探索并在国际上取得了重要地位，学术研究成果也结合国际法规、国际理念和中国地方问题百花齐放。但目前，国内遗产保护领域中尚存在认识错位问题，如重申报轻维护、重开发轻保护、重景区发展轻居民共享、重政府主导轻社区参与等，规划失位问题、管理乱位问题、制度缺位问题等，仍然不容回避，仍需不断地进行系统研究和地方性探索实践。

3．鼓浪屿研究方面

国内对鼓浪屿的研究主要集中在历史文化、社会经济、城市与建筑历史、城市管理与保护发展这几个方面。

1）历史文化与社会经济研究方面

最早记载鼓浪屿的史籍是刊行于明弘治庚戌（1490年）由镇守太监陈道监修、黄仲昭编撰的《八闽通志》。[⑧]19世纪60年代初，厦门海关建立了洋关制度，开始编制贸易年报，提供了近代鼓浪屿的有关经济贸易史料。[⑨]鼓浪屿工部局的也提供了一系列档案资料，包括会议纪要、年度报告、各类律令、法规、通告、与外部各种组织机构的往来信函以及工部局颁布的各类证件、单据。厦门三五公司编的《福建事情实查报告》，则是日本在福建范围内开展的各种实地调查报告。[⑩]

中华人民共和国成立后，自1963年始，《厦门文史资料》陆续出版，其中有对鼓浪屿教

---

① 李璟昱．自然遗产地可持续旅游与社区协同发展——以武陵源风景名胜区龙尾巴村为例［J］．园林，2019（8）：58-62.

② 张心．城市遗产保护的人本视角研究［D］．济南：山东大学，2016.

③ 张佳．大运河“申遗”成功之后的文化治理与规划研究［D］．杭州：浙江大学，2014.

④ 赵敏．旅游挤出效应下的丽江古城文化景观生产研究［D］．昆明：云南大学，2015.

⑤ 邓志平．世界遗产地保护的权益冲突分析［D］．杭州：浙江大学，2016.

⑥ 刘慧媛．世界遗产地无形资产协同运营机制研究［D］．天津：天津大学，2011.

⑦ 余洁．遗产保护区的非均衡发展与区域政策研究［D］．西安：西北大学，2007.

⑧ 黄仲昭，福建省地方志编纂委员会．八闽通志［M］．福州：福建人民出版社，2006.

⑨ 厦门市编纂委员会，《厦门海关志》编委会．近代厦门社会经济概况［M］．厦门：鹭江出版社，1990.

⑩ 厦门三五公司．福建事情实查报告［M］．台北：日新报社，1908.

育、宗教文化、海外移民、社会变迁等社会经济文化的研究。[①]1995年后，《鼓浪屿文史资料》陆续编印。[②]厦门市档案局和档案馆编的《厦门档案资料丛书》[③]、戴一峰译编的《近代厦门社会经济概况》[④]《厦门海关历史档案选编》[⑤]、厦门商会与厦门档案馆合编的《厦门商会档案史料选编》[⑥]、鼓浪屿申报世界文化遗产系列丛书编委会编辑的《鼓浪屿之路》[⑦]《大航海时代与鼓浪屿：西洋古文献及影像精选》[⑧]等，都为鼓浪屿的研究提供了丰富的史料。

21世纪后，“厦门社科丛书·鼓浪屿历史文化系列丛书”，其主题包括了鼓浪屿历史、租界、教育、宗教、建筑、音乐、风光、学者、原住民、侨客等方面。[⑨~⑱]“鼓浪屿申报世界文化遗产鼓浪春秋系列丛书”，涉及近代鼓浪屿的社会经济、建筑文化和教育等方面。[⑲~㉑]周子峰的《近代厦门城市发展史研究》[㉒]、何其颖的《公共租界鼓浪屿与近代厦门的发展》[㉓]、龚洁的《鼓浪屿老别墅》等也将鼓浪屿的专题研究推向了深入。[㉔]《鼓浪屿研究》系列合辑编录了来自社会、经济、文化、建筑等不同学科领域的专家和学者们的学术文章，以期跨越不同学科之间的界限，实现不同学科之间的了解、渗透与互动，搭建鼓浪屿学术研究与交流

---

① 中国人民政治协商会议福建省厦门文史资料研究委员会．厦门文史资料（第一辑）—厦门文史资料（第二十辑）[Z]．[出版地不详][出版时间不详]．

② 郑惠生，江韵兰．鼓浪屿文史资料（上、中、下）[Z]．厦门：鼓浪屿申报世界文化遗产系列丛书编委会，2010.

③ 厦门市档案局，厦门市档案馆．厦门档案资料丛书[M]．厦门：厦门大学出版社，1997.

④ 厦门市编纂委员会，《厦门海关志》编委会．近代厦门社会经济概况[M]．厦门：鹭江出版社，1990.

⑤ 厦门海关档案史，戴一峰．厦门海关历史档案选编（1911～1949 第一辑）[M]．厦门：厦门大学出版社，1997.

⑥ 厦门总商会，厦门档案馆．厦门商会档案史料选编[M]．厦门：鹭江出版社，1993.

⑦ 鼓浪屿申报世界文化遗产系列丛书编委会．鼓浪屿之路[M]．福州：海峡书局，2013.

⑧ 鼓浪屿申报世界文化遗产系列丛书编委会．大航海时代与鼓浪屿——西洋古文献及影像精选[M]．北京：文物出版社，2013.

⑨ 泓莹．鼓浪屿原住民[M]．厦门：厦门大学出版社，2010.

⑩ 黄橙．鼓浪屿风光[M]．厦门：厦门大学出版社，2010.

⑪ 彭一万．鼓浪屿音乐[M]．厦门：厦门大学出版社，2010.

⑫ 颜允懋．鼓浪屿侨客[M]．厦门：厦门大学出版社，2010.

⑬ 何丙仲．鼓浪屿公租界[M]．厦门：厦门大学出版社，2010.

⑭ 林丹娅．鼓浪屿建筑[M]．厦门：厦门大学出版社，2010.

⑮ 苏西．鼓浪屿宗教[M]．厦门：厦门大学出版社，2010.

⑯ 洪卜仁．鼓浪屿学者[M]．厦门：厦门大学出版社，2010.

⑰ 许十方．鼓浪屿教育[M]．厦门：厦门大学出版社，2010.

⑱ 李启宇．鼓浪屿史话[M]．厦门：厦门大学出版社，2010.

⑲ 何书彬．崩腾年代：鼓浪屿上的商业浪潮[M]．福州：福建人民出版社，2015.

⑳ 刘永峰，新历史合作社．西学东渐：鼓浪屿教育的昨日风华[M]．福州：福建人民出版社，2015.

㉑ 毛剑杰，新历史合作社．理想年代：鼓浪屿建筑的融合之美[M]．福州：福建人民出版社，2016.

㉒ 周子峰．近代厦门城市发展史研究[M]．厦门：厦门大学出版社，2005.

㉓ 何其颖．公共租界鼓浪屿与近代厦门的发展[M]．福州：福建人民出版社，2007.

㉔ 龚洁．鼓浪屿老别墅[M]．厦门：鹭江出版社，2010.

的平台，推动鼓浪屿研究的进一步发展。[①]戴一峰的《海外移民与跨文化视野下的近代鼓浪屿社会变迁》从近代社区的形成、人口变迁、社会经济变迁、宗教信仰与社会风尚、文教与医疗卫生、社区建设与管理等方面对近代鼓浪屿进行了研究。[②]《近代厦门鼓浪屿公共租界档案汇编》逐步公开了大量的鼓浪屿公共租界文书史料。[③]

2）城市发展与建筑历史研究方面

梅青认为鼓浪屿的中西建筑现象，对于我们研究和比较与之相似的城市、地区乃至整个国家对待外来建筑文化的取舍态度上，对于我们研究和比较历史上若干次中西建筑文化的交融过程及结果，都有着不可低估的作用。[④]同时，其系统地阐述了鼓浪屿建筑的特色和装饰，以及鼓浪屿的风土人情、名人轶事。[⑤]杨哲对厦门城市空间与建筑发展历史进行了系统研究。[⑥]李苏豫剖析了近代厦门城市的更迭与建筑的发展，论述了1840～1949年厦门城市与建筑的现代化进程。[⑦]严何从居住、政治、宗教等方面探究近代鼓浪屿城市转型过程中，文化适应现象对城市空间的影响。[⑧]张灿灿以住区空间演变为研究视角，分析了鼓浪屿空间形态的发展过程及特色。[⑨]王盼盼从街道网络构形角度总结街道网络形态的演变规律与特征，提出了鼓浪屿未来保护与发展的方向。[⑩]祁航运用ArcGIS等软件分析鼓浪屿不同发展阶段历史建筑的空间分布特征。[⑪]邱鲤鲤运用空间句法工具探讨了鼓浪屿城市形态的演变特征和影响机制。[⑫]

3）城市管理与保护发展研究方面

于立、刘颖卓指出，一个城市的复兴改造及发展必须将文化引入一个更为综合的、全面的发展战略的制定和实施中。[⑬]李昕、柴琳指出，社区文化遗产保护活动必须把建立适宜的保护商业模式放在核心位置。[⑭]赖婕探讨鼓浪屿行政管理体制的出路。[⑮]赵刚提出鼓浪屿未来商

① 《鼓浪屿研究（第一辑）》~《鼓浪屿研究（第十辑）》。

② 戴一峰. 海外移民与跨文化视野下的近代鼓浪屿社会变迁［M］. 厦门：厦门大学出版社，2018.

③ 厦门市档案局（馆）编. 近代厦门鼓浪屿公共租界档案汇编［M］. 厦门：厦门大学出版社，2018

④ 梅青，罗四维. 从鼓浪屿建筑看中西建筑文化的交融［J］. 南方建筑，1996（01）：18-20.

⑤ 梅青. 中国精致建筑100：鼓浪屿［M］. 北京：中国建筑工业出版社，2015.

⑥ 杨哲. 城市空间：真实·想象·认知——厦门城市空间与建筑发展历史研究［M］. 厦门：厦门大学出版社，2008.

⑦ 李苏豫. 厦门城市与建筑的现代化进程（1840年～1949年）［D］. 杭州：浙江大学，2014.

⑧ 严何. 近代鼓浪屿城市转型中的空间竞争与文化适应［J］. 建筑师，2017（6）：48-54.

⑨ 张灿灿. 近代公共租界时期鼓浪屿中外住区空间研究［D］. 泉州：华侨大学，2014.

⑩ 王盼盼. 鼓浪屿街道网络形态研究［D］. 重庆：重庆大学，2017.

⑪ 祁航. 基于历史信息整合的近代鼓浪屿中外住区空间布局研究［D］. 泉州：华侨大学，2017.

⑫ 邱鲤鲤. 公共地界时期鼓浪屿城市形态演变句法研究［D］. 厦门：厦门大学，2017.

⑬ 于立，刘颖卓. 城市发展和复兴改造中的文化与社区：厦门鼓浪屿发展模式分析［J］. 国际城市规划，2010，25（6）：108-112.

⑭ 李昕，柴琳. 从鼓浪屿看我国社区文化遗产保护的认知与实践困境［J］. 现代城市研究，2018（1）：2-7.

⑮ 赖婕. 鼓浪屿工部局行政管理体制研究［D］. 厦门：厦门大学，2009.

业发展思路和应对策略。[①]付航基于分类评定（Logit）模型，分析了鼓浪屿居民外迁意愿的影响因素。[②]欧阳邦等揭示了鼓浪屿社区存在的危机，提出系列解决方案，最终实现历史城镇的经济发展与生活性回归。[③]林振福总结了鼓浪屿整治提升的经验与教训，提出文化遗产地整治提升工作的基本思路与对策建议。[④]刘强以历史性城镇景观（HUL）保护方法的视角，论述对价值载体进行全面、可持续保护的方法。[⑤]魏青指出，从整体性、关联性和动态性的思考角度强化规划策略系统性和适应性，对遗产永续保护和可持续发展具有重要作用。[⑥]李渊将传统GIS分析方法融入历史街区的研究和综合应用，分析了鼓浪屿的自然生态环境、建成设施环境和人文社会环境，开展了研究方法和实践指导上的探索。[⑦]王唯山提出鼓浪屿的保护理念为“当下真实社区生活”和“历史国际社区展示”的叠加，是“社区生活馆”和“社区博物馆”的综合展现。[⑧]同时，他对鼓浪屿的发展与保护历程、遗产价值与保护体系、鼓浪屿的发展定位与管理策略、历史风貌建筑与文化遗产保护、社区生活保护与遗产活化利用、遗产地整体环境保护、遗产地旅游协调发展、遗产监测与风险管理、遗产地精细化管理等进行了系统研究。[⑨]

综上可见，鼓浪屿的特殊性吸引了国内历史文化、社会经济、城市建设、遗产保护等诸多领域专家学者的研究目光，特别是在其申遗前后，申遗专家团队、地方研究机构、规划设计机构等对其历史文化进行了系统挖掘、管理制度和保护技术等方面的探索，取得了宝贵的地方经验。但是，鼓浪屿同样面临前述国内遗产保护中的认识问题、管理问题、制度问题，以及自身的定位问题、宜居问题、人的发展问题等，这些问题亟待进行深入和系统地研究并形成鼓浪屿经验。

国内外相关研究现状总结：国外在社会生态理论、复杂系统理论方面的研究成果为当下城市社会治理及可持续发展提供了一种新的研究进路；国际上关于遗产保护的重要法律文件、宪章、关注热点以及成果经验，为中国世界文化遗产地的保护与可持续发展提供了指导和借鉴；国外对鼓浪屿的研究成果虽少，但却成为鼓浪屿研究最弥足珍贵的历史资料。国内对复杂系统理论、社会生态理论及其在工程领域、城市领域的研究已显示出一定的影响力和初步成果，但相关成果在世界文化遗产保护领域的研究、运用较少；国内专家学者对中国世界文化遗产的保护管理研究逐步进入国际化、现代化、系统化和地域化阶段，理论研究与保

---

① 赵刚．遗产保护背景下的鼓浪屿商业发展研究［D］．厦门：华侨大学，2012.

② 付航．鼓浪屿居民外迁影响因素研究［D］．厦门：厦门大学，2018.

③ 欧阳邦，王唯山．旅游开发背景下的历史城镇社区发展研究——以鼓浪屿为例［J］．中外建筑，2017（8）：120-123.

④ 林振福．厦门鼓浪屿整治困境、策略与经验［J］．规划师，2016（8）：64-70.

⑤ 刘强．鼓浪屿历史性城镇景观保护研究初探［J］．遗产与保护研究，2017，2（4）：16-21.

⑥ 魏青．从鼓浪屿文化遗产地保护管理规划的编制与实施谈规划系统中的整体性、关联性与动态性［J］．中国文化遗产，2017（4）：32-43.

⑦ 李渊．基于GIS的景区环境量化分析：以鼓浪屿为例［M］．北京：科学出版社，2018.

⑧ 王唯山．世界文化遗产鼓浪屿的社区生活保护与建筑活化利用［J］．上海城市规划，2017（6）：23-27.

⑨ 王唯山．从历史社区到世界遗产——厦门鼓浪屿的保护与发展［M］．北京：中国建筑工业出版社，2019.

护实践均进入一个理性时期；国内对鼓浪屿的历史文化、社会经济、城市与建筑历史、城市管理与保护发展方面的研究成果较为丰富，但尚未见到从复杂系统理论、社会生态理论等视角对鼓浪屿进行系统研究（图1–6）。

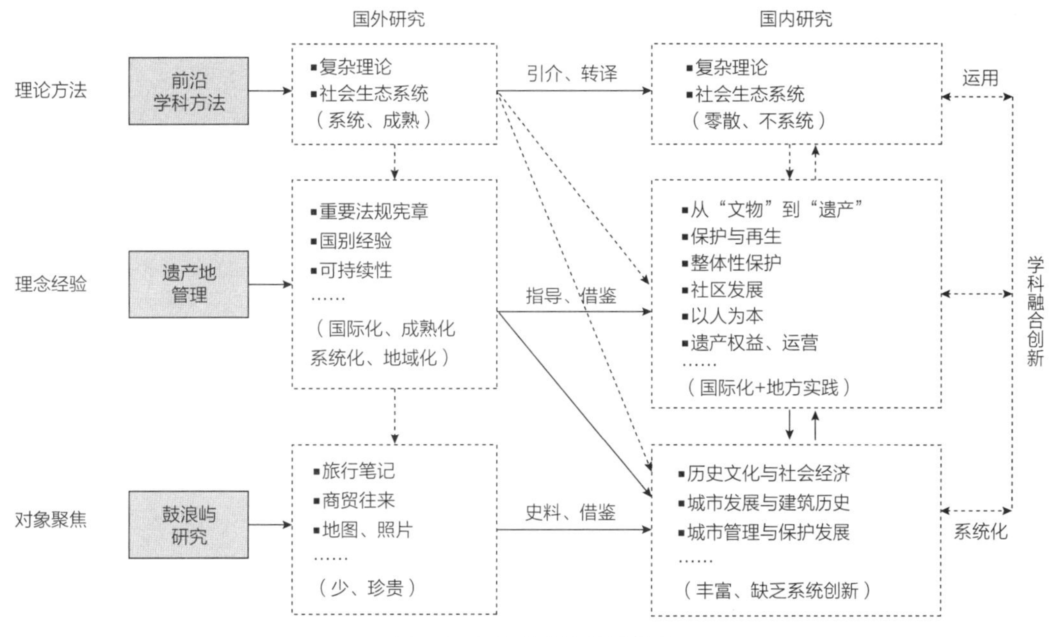

图1–6　国内外研究综述框图

1.4 关键问题与研究内容

1.4.1 关键问题

其一，如何认识研究本体——世界文化遗产地的复杂系统问题。从国际上的文物保护、建筑保护到保护区、历史景观、历史城镇保护，从保护内涵和外延的不断拓展，保护理念和保护方法的不断更迭，我们可以逐步发现，世界文化遗产地保护的复杂性逐步凸显，我们切实需要寻找一个系统的理论方法去寻找遗产地保护与发展的规律。

其二，如何认识研究对象——鼓浪屿的特殊性问题。鼓浪屿在世界遗产项目中是具有独特性的，其彰显了更为广阔的时间、空间和文化背景。那么，在全球化背景下，它如何面对历史社区的发展问题，如何突破遗产保护与发展中的社会瓶颈，如何以古鉴今，成为鼓浪屿发展中亟待解决的问题。

其三，如何协调研究目标——保护与发展、传统与现代、经济与文化、城市与社区、人与社会、有形与无形等多方面辩证统一、协同并进和可持续发展问题。这一可持续发展蕴含了整体性、真实性和动态性、连续性等特征，也包括了生态环境、历史文化、社会经济等多项子系统的适应性平衡和整体的可持续发展。

其四，如何落实理论成果——遗产地社会生态可持续发展范型及其应用实践问题。无论是从人本主义视角还是从功能主义视角，遗产地保护的目的是更好地发展和再生利用。因此，如何在遗产地实现新的遗产空间再造，如何实现遗产价值的传承，让遗产地主体——“人”得到更高层次的发展及遗产地得以永续发展，这成为研究的一个现实问题和目标。

1.4.2 研究内容

相应地，研究的主要内容集中于以下四个方面：

第一，认识社会生态系统的相关理论和复杂性科学研究范式，把握其系统特征、特殊属性和动态演化机制，理解“适应性造就复杂性”以及适应性平衡的社会生态系统可持续发展思想方法。进而将其应用到世界文化遗产地的社会生态系统的特征识别和发展规律中去。

第二，系统梳理鼓浪屿之所以成为“鼓浪屿”的百年生成史和从风景名胜区到世界文化遗产保护发展建设史，观察和研究鼓浪屿在复杂的社会生态系统中的适应性演化。与此同时，调查研究鼓浪屿社会生态系统的当下问题，总结鼓浪屿社会生态地域特征及其修复与可持续发展的地方路径。

第三，构建世界文化遗产地社会生态可持续发展的理论模型，并将其应用于鼓浪屿的社会生态问题治理和讨论当中。整体性、系统化、分层次构建鼓浪屿社会生态可持续发展的自然法则和社会法则，推动鼓浪屿社会生态的适应性平衡和整体的可持续发展。

第四，将鼓浪屿社会生态可持续发展的自然法则和社会法则落实到社区单元的可持续发展实证研究中去，探讨文化遗产保护和发展的“适应性设计”方法，为鼓浪屿社会生态的可持续发展提出创新解决方案和设计范型，促进鼓浪屿有形文化遗产的保护利用和无形文化遗产的传承发展，讲好鼓浪屿故事。

1.5 研究方法

1．文献研究

从国际（国内）文化遗产的法律法规研究、遗产保护管理理论与实践研究、复杂系统理论研究、社会生态系统研究、鼓浪屿研究五个方面进行文献资料的收集与整理。重点通过实地调研、文献收集以及专家访谈等方法，收集鼓浪屿教育、宗教文化、海外移民、社会变迁等社会经济文化资料，鼓浪屿城市建设与发展管理史料，鼓浪屿工部局各类律令、法规、会议纪要、年度报告等档案资料，鼓浪屿发展史料，厦门海关历史档案，鼓浪屿经济贸易史料，鼓浪屿原住民、侨客生活与发展足迹史料等，系统研究鼓浪屿社会生态发展规律（图1–7）。

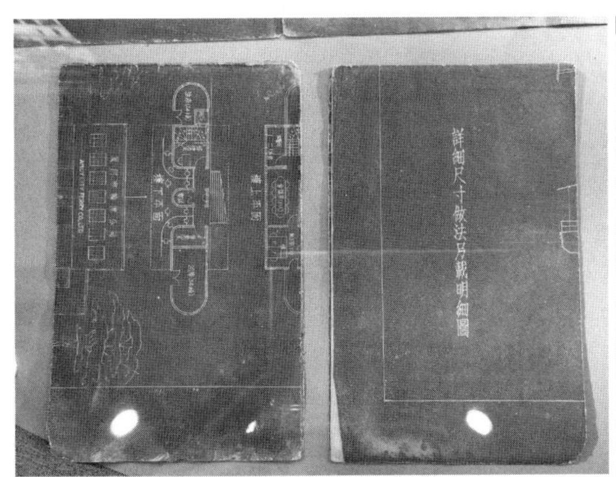

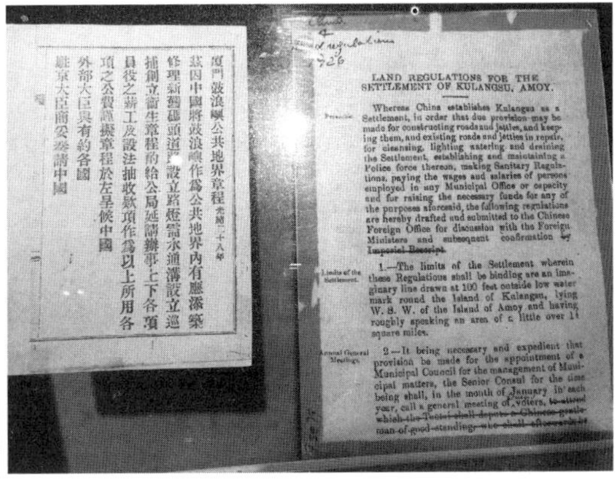

图1–7　鼓浪屿相关文献资料

2．田野调查

运用田野调查法对当地建筑、社区、组织、人物等进行实地调研，通过问卷、访谈、测绘、监测数据记录等，补充和掌握第一手研究资料（表1–1、图1–8）。特别是通过问卷调查及分析方法，对鼓浪屿社区发展现状与问题，以及社区居民和游客满意度进行现状调查研究，总结当下鼓浪屿社会生态的经验，发现不足与潜在问题。

研究田野调查相关情况表　　表1–1

	调查地点	调查时间	调查方法	资料获取
1	鼓浪屿	2017年11月	勘察测绘、影像资料	遗产核心要素、历史建筑等物质文化遗产现状调查研究
2	鼓浪屿	2018年5月	勘察测绘、影像资料	遗产核心要素、历史建筑等物质文化遗产现状调查研究
3	鼓浪屿	2019年11月	勘察测绘、影像资料	遗产核心要素、历史建筑等物质文化遗产现状调查研究
4	鼓浪屿管委会	2020年9月	文献收集法、访谈法	鼓浪屿文献档案
5	厦门档案馆	2020年9～10月	文献收集法	厦门及鼓浪屿文献档案
6	鼓浪屿	2020年9～11月	问卷调查法（电子问卷+访谈问卷）、访谈法	鼓浪屿社区居民、游客满意度调查，鼓浪屿社会生态现状调查及研究

续表

	调查地点	调查时间	调查方法	资料获取
7	鼓浪屿	2020年11月	勘察测绘、影像资料	遗产核心要素、历史建筑等物质文化遗产现状调查研究
8	鼓浪屿国际研究中心	2020年11月	文献收集法、访谈法	鼓浪屿近期人文社科研究成果

图1-8 鼓浪屿田野调查

3. 比较研究

从时间、空间两个维度对鼓浪屿及国内外性质相同、历史相仿、规模相近的遗产案例进行比较研究。时间轴线上，关注研究对象的发展演变；空间轴线上，注重鼓浪屿与中国早期开埠城市、通商口岸（如中国的上海、泉州、澳门等）和东南亚地区（如菲律宾维干、马来西亚马六甲和槟城、老挝琅勃拉邦等）的比较研究（图1-9）。通过对比研究，寻找相似历史背景下、相近时期范围内、"地缘文化圈"遗产地的社会生态演变规律以及社会生态修复治理经验方法，为未来鼓浪屿社会生态可持续发展提供借鉴。

4. 跨学科研究

以复杂系统理论为基础，以社会生态理论为视角，将哲学、社会学、历史学、生态学、经济学、管理学等学科理论方法与建筑学、规划学、遗产保护科学等有机融合。

5. 实证研究

将复杂系统论、社会生态理论方法及世界文化遗产地社会生态可持续发展理论模型应用于鼓浪屿的生长足迹分析、社会生态问题治理和讨论当中，探索鼓浪屿地方经验和发展模式，提出创新解决方案。

（a）越南建筑调研

（b）柬埔寨专家访谈

（c）菲律宾建筑调研

（d）老挝遗产保护专家访谈

图1-9 东南亚建筑文化圈遗产调查与比较研究

1.6 技术路线

研究遵循理论研究、基础研究、调查研究、对比分析、规律总结、方法模型构建、方法模型运用、规划实践、理论修正的技术路线（图1-10）。

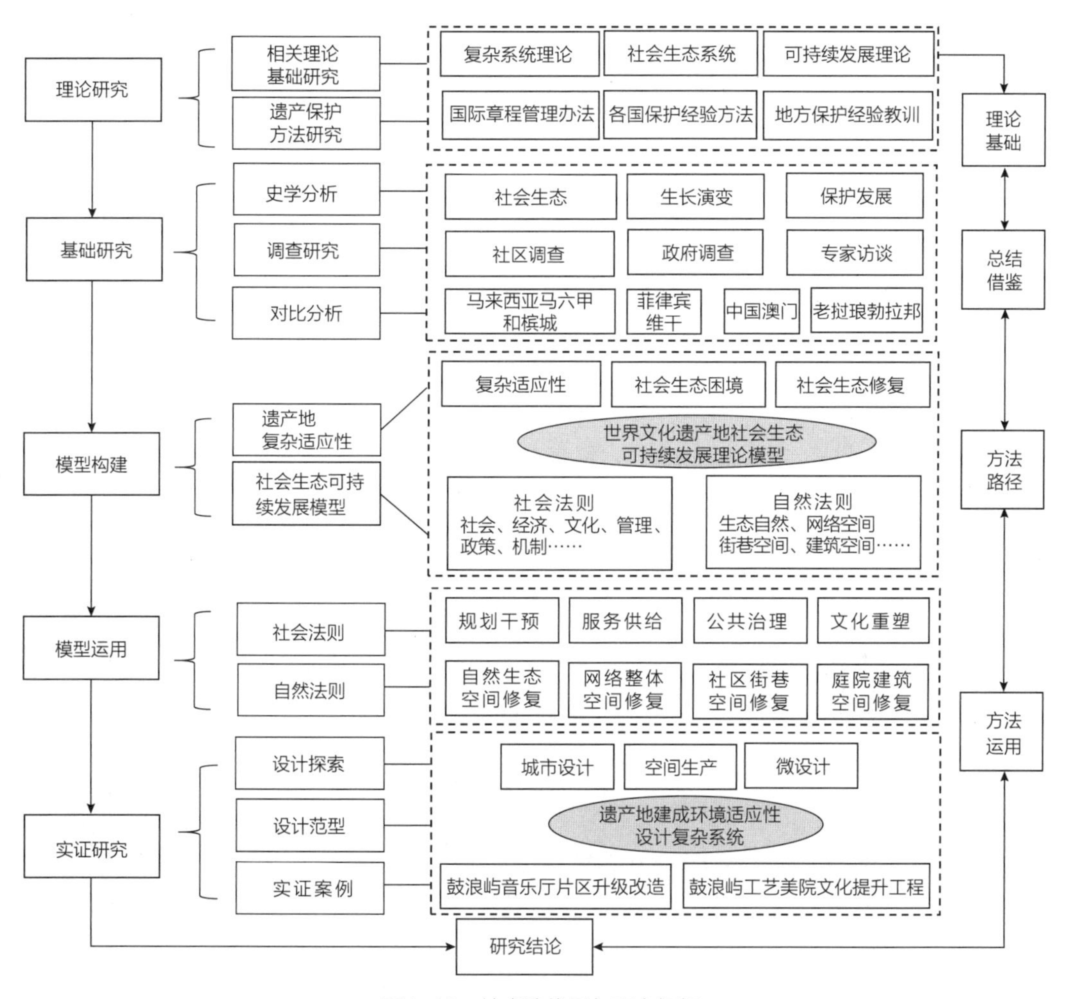

图1-10　技术路线图与研究框架

第 2 章

鼓浪屿社会生态的地域特征与生长机制

世界遗产是和平与可持续发展的基石，同时也是本地社区身份与尊严的来源，是全人类共享的知识与力量的源泉。

——伊琳娜·博科娃

作为世界文化遗产，鼓浪屿的突出价值在于多元文化交融发展形成的历史国际社区和世界不同文化与价值追求相互了解、共同发展的见证。那么，在历史国际社区的形成过程中，其社会生态特征如何，有何多样性、地方性和独特性？在当代中国的社会变动与发展变革中，其社会生态面临何种困境，表现如何？在现代遗产保护进程中，其社会生态有何调适？邻近文化圈遗产地有何经验借鉴？带着这些问题，本章将围绕鼓浪屿社会生态的地域特征、生长足迹、发展规律和演变机制展开相关论述。

2.1 鼓浪屿社会生态的历史与演变

鼓浪屿“国际社区”，作为一处中国近代形成的特殊社区，从19世纪中叶到20世纪中叶，大致经历了一个世纪的发展与演变。19世纪中叶厦门开埠以后，在这座岛屿原有传统聚落基底上，鼓浪屿作为外国人在厦门供职的理想居住地，即成为西方文化传入中国的前沿和各国势力的交汇点。西方文化与本地文化相互碰撞交流，并在之后的历史进程中融合发展。在近一个世纪中，鼓浪屿的社会生态凸显出其自身对世界多元文化的广泛融合，对近代化的全面实践，以及对地方传统文化的充分彰显，是人类文明交流进程中独特而杰出的成果。

2.1.1 1840年以前：航海时代与开放性

1．生态自然：世外桃源

鼓浪屿中心点的坐标N 24°26′51″、E 118°3′43″，地处福建省南部最大河流九龙江出海口的厦门湾上，隔鹭江水道与厦门相望。岛屿南向漳州市龙海区太武山，北对大观山，前临鹭江，后倚金带水，东南方有大担、二担等小岛，扼守厦门港出海要道。

鼓浪屿属亚热带海洋性季风气候，冬暖夏凉，雨量充沛，四季如春，气候宜人。环岛四周，白色的沙滩与形态各异的礁石群交错分布，使得整座岛屿秀美多姿，有世外桃源之称。清代名家薛起凤称：“鼓浪屿在海中，长里许，上有小山，田园、村舍，无所不备。”地方文人也作诗为证：“纵横四里环沧海，石洞开时别一天，鸡犬桃花云水外，更从何处问神仙。”[①]

鼓浪屿岛上的小山丘构成东西、南北走向的两条山岭。浪洞山、鸡母山、日光岩和升旗山几座低丘从西向东绵延伸展，整条山岭止于面对厦门岛一侧海滨的升旗山，形成中国堪舆学中的“五龙聚首”之势。升旗山这处“五龙”汇聚之地被称为“龙头”，与对面厦门岛上的虎头山相对。因此，旧时鼓浪屿岛也被称为“五龙屿”。由燕尾山、笔架山、鸡母山和英雄山构成的山岭则由南向北延伸。中部屹立的日光岩是鼓浪屿的最高山峰。岛上山岭蜿蜒的自然形态被一些西方人比喻为帆船，“我们有些人把鼓浪屿看成一艘船，把它的三座石丛中的高岩充当桅杆，舵和船尾则在海边靠近德记洋行地产的位置上”[②]（图2–1）。

---

① 薛起凤，江林宣，李熙泰．山川［M］//鹭江志．卷一．厦门：鹭江出版社，1998.

② 翟理斯．鼓浪屿简史［M］//何炳仲．近代西人眼中的鼓浪屿．厦门：厦门大学出版社，2010.

图2-1 鼓浪屿鸟瞰图

2. 早期闽南乡族聚落

（1）临水而居的海岛渔耕聚落空间

鼓浪屿岛上两道十字相交的山岭把岛屿分割为内厝澳、岩仔脚、鹿耳礁等区域，这几个区域相对平坦，适宜开垦居住。自然的空间分割也成为鼓浪屿早期聚落形成的基础。早期由闽南地区“乡族式”迁入鼓浪屿的移民根据地形及古代堪舆学说选择环山面水、靠近水源的地方居住下来，在有限的平地上开垦种植，开启了他们的渔耕生活。鼓浪屿岛上的内厝澳、岩仔脚和鹿耳礁等早期聚落也逐一成形。①

在鼓浪屿的早期聚落中，比较成规模的是内厝澳、岩仔脚和鹿耳礁地区三个聚落，形成于明清时期（15～18世纪）。内厝澳聚落形成时间最早。传说宋末元初，有李姓渔民在岛的西北部建房定居，当时称李厝澳；明成化年间（1465～1487年）后，原同安县黄氏族人迁来此地，在旧庵河地区建起聚落，改名为内厝澳。黄氏族人在内厝澳先后建立了莲桂堂、莲瑞

① 传统社会的闽南人多聚族而居，发展到一定阶段即开始修族谱、建祠堂等，形成了血缘与地缘相结合的“乡族”（或宗族）文化。这种乡族文化是一种二元文化的结合体，既力图在边陲区域传承和固守中华文化的核心价值观念，又不时超越传统的束缚，造就了乡族组织等社会结构，并不断向东南亚和海外许多地区传播，形成了闽南地区特别的乡族社会。人类学文献中类似的表示方式有“Local Lineage”或“Chinese Lineage”。闽南地区移居鼓浪屿的移民多为同安县居民，并以黄姓、洪姓、陈姓为主，透露出闽南人传统的乡族文化特征。

堂、莲美堂等祠堂，并建造了代表性宗教建筑——种德宫，折射出浓郁的闽南渔民生活气息和典型的民间信仰。聚落几经变迁，后来迁至岛屿北部燕尾山海滨，逐渐演变为内厝澳街区。由于该聚落地处鼓浪屿西侧，与海澄、嵩屿隔海相望，是岛屿上最靠近九龙江出海口的咽喉要道，也是早期海上贸易航线的重要通道，地理位置优越。因此，清康熙二十三年（1684年），清政府在此设置口岸，促进了内厝澳聚落的发展。[①]

清朝初期，来自厦门同安石浔的黄氏家族在鼓浪屿岛朝向厦门的东部区域建立聚落，这一地区因背靠岩仔山（日光岩），得名岩仔脚。石浔黄氏祖先在岩仔脚开发了“竖坊”“鱼池仔内”一带聚落，建造了祠堂、节孝坊和关帝庙，后关帝庙变为兴贤宫。清嘉庆元年（1796年），石浔黄氏中的黄勖斋到鼓浪屿置业，选中岩仔脚内的“草埔仔”，族人在此建造了祠堂“景贤堂”、宅邸“大夫第”和“四落大厝”。

此后，相传内厝澳黄氏家族分支的一族人于清嘉庆年间（1796～1820年）在鹿耳礁一带（英雄山，即升旗山北部）建立了聚落。黄氏族人在此同样建造了黄氏支系祠堂“垂裕堂”“四美堂”。[②]鹿耳礁聚落地处鼓浪屿东部，依山面海，是三个早期聚落中面向厦门海滨最近的一处聚落。

（2）传统闽南建筑风格的积淀

鼓浪屿传统聚落建筑以闽南“红砖厝”为主，例如四落大厝、大夫第院落（图2-2）。红砖厝多为院落布局，中轴对称，四面封闭，等级不同的房屋对内围合成天井，砖雕、木雕等装饰主题丰富，是中国传统儒学文化、伦理制度在闽南传统民居建筑中的体现。红砖厝的主要建筑材料为红砖、红瓦，墙体多为土石垒成，外包红砖。红砖墙通常采用花式砌筑方式且与石材和彩绘配合，色彩艳丽，风格迥异。而闽南地区的建筑采用红砖的历史，最早可追溯至明末时期，源于东西方文明的交汇。[③]而闽南建筑砌筑红砖的构造做法，如交替出现的砖行、“出砖入石”等，以及装饰细部手法，如碎瓷雕的装饰手法、几何图案等似乎提示了它们与宋元时期闽南地区与阿拉伯地区的海上贸易所带来的文化交流的相关情况。[④]

3. 闽南传统社会生活图景

鼓浪屿岛的自然景观与人文景观相互关联，如日光岩及延平文化遗址、笔架山及三合宫摩崖石刻，都是与早期闽台交流相关的文化遗迹，反映了17世纪初以来，鼓浪屿文化传统的形成以及在多元文化影响下的变迁。在鼓浪屿，儒、释、道三种中国传统文化相互交叉渗透，庙宇宫观较多，典型的有佛教的莲华庵，道教的三和宫、种德宫、兴贤宫，各个聚落还

---

① 该口岸设于“鼓浪屿后内厝澳，离正口水路十里，与嵩屿亦隔水对面，水陆皆通漳州”。

② 陈全忠．黄姓与鼓浪屿的开发［Z］//鼓浪屿申报世界文化遗产系列丛书编委会．鼓浪屿文史资料．下册．厦门：鼓浪屿申报世界文化遗产系列丛书编委会，2010.

③ 钱毅．19世纪中叶以前鼓浪屿初期开发及原生聚落与传统建筑的发展［M］//潘少銮．鼓浪屿研究．第十二辑．北京：社会科学文献出版，2020.

④ 钱毅，魏青．近代化与本土化——鼓浪屿建筑的发展［J］．建筑史，2017（1）：151-161.

图2-2　四落大厝

有祭祀祖先的宗祠。

莲华庵（日光岩寺），位于日光岩脚下，于明万历十四年（1586年）重修，是岛上最古老的一座建筑。历经数次翻修增建，才形成现今的规模，占地面积2858.8平方米，建筑面积2046平方米。石室坐西朝东，石梁上刻有“莲华庵”及“时万历丙戌年冬重建”字样。正殿前有一座三开间拜亭，最初为清道光年间增建，歇山顶，屋盖铺设绿色琉璃瓦。同时增建的还有正殿左右的东西厢房，分别为大雄宝殿和弥陀殿。山岩上有明万历元年（1573年）泉州府同知丁一中题写的摩崖题刻——“鼓浪洞天”，以及林鍼的“鹭江第一”。民国四年（1915年）福建巡按使许世英题写“天风海涛”，历代题刻赫然汇集于山岩东侧悬崖绝壁之上，增添了日光岩寺的人文意境。日光岩寺见证了鼓浪屿传统佛教文化的历史，特别是19世纪中期以后，西方文化传入鼓浪屿，佛教文化并未衰落，而是形成了新的发展（图2-3）。

种德宫，祀奉闽南地区，保佑世人健康平安的神灵——“保生大帝”，数百年持续鼎盛的香火反映出闽南民间信仰在鼓浪屿岛的传播。历史上的种德宫已不复存在。新的种德宫位于现今的内厝澳现址，建筑面积约278平方米，总占地面积约600平方米。该建筑为闽南地区传统的祠庙建筑风格，屋面铺设绿色琉璃筒瓦，具有浓郁的闽南建筑特点。[①]其南侧立有民国十二年（1923年）种德宫委员会碑记，见证了种德宫在清末民国年间由信众组织董事会管理的历史。种德宫体现了鼓浪屿悠久的民间信仰，也见证了鼓浪屿聚落的发展与兴衰（图2-4）。

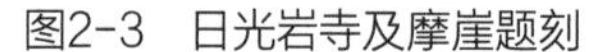

图2-3　日光岩寺及摩崖题刻

图2-4　种德宫

① 钱毅．19世纪中叶以前鼓浪屿初期开发及原生聚落与传统建筑的发展［J］．鼓浪屿研究，2020（2）：1–33.

黄氏小宗建于19世纪上半叶，是从同安黄姓家族迁居至岛上的一个支系祠堂。该建筑为一进院落，原建筑南侧建有护厝。现在的黄氏小宗只剩下院门和正房，院落占地面积215平方米。院门的条石门框上方嵌有“黄氏小宗”石匾。正房三开间，闽南传统红砖厝式样，屋顶为舒展的高起翘燕尾脊屋顶，铺红色板瓦。黄氏小宗作为鼓浪屿原住民家族祠堂建筑的代表，同时又是最早来到鼓浪屿岛的西方传教士的居所、布道所及近代厦门第一个西医诊所，还曾由一座传统私塾演变为华人小学，见证了岛上传统聚落的变迁，以及原住民在外来文化影响下对近代文化的追求（图2-5）。

图2-5 黄氏小宗

4. 沟通世界的海上贸易节点

“海洋”是中国东南沿海这一次级区域农村人口的“稻田”，它提供了一种替代农业的方法，以及令人兴奋的可能性。厦门如同许多海港城市，也是一个与商贸密不可分的移民社会，它是闽南商人去往外界发展的基地，也是闽南人从农村走向海外的中转站。闽南农村社会文化和城镇的商贸文化在此碰撞、融合，形成了具有城乡文化双重性且极具活力的商贸文化，也是外地漳泉商人凝聚力和组织力的文化基础，使得他们得以在高度竞争的各个港口社会立足，并构建了广阔的商贸网络。①

鼓浪屿岛地处九龙江出海口的厦门湾，与厦门岛西南相距500米，其西侧与漳州（海沧）嵩屿隔海相望，南侧稍远是龙海的海澄——历史上著名的漳州月港所在地。鼓浪屿岛所处的厦门湾位于台湾海峡西岸的中段，是东北亚和东南亚地区海上的交通要冲。15世纪，葡萄牙人打通新航道，通过马六甲寻求与中国的贸易，位于九龙江下游的漳州月港，作为当时中国有限的开放港口，成为对外贸易的桥头堡。如此，位于月港出海航道上的鼓浪屿岛，对外交流也变得活跃起来。清代，厦门港逐渐取代月港成为中国东南沿海的重要港口。17世纪以后，厦门港成为广州、澳门、宁波、苏州、上海、天津、台湾等沿海贸易网络重要节点①。从中国东南沿海海上商贸交流的大格局上说，它可以被看作中国大陆对东南亚海上商贸圈与对东亚海上商贸圈的交汇点。清康熙二十三年（1684年），清政府在内厝澳设置了闽海关管理清单口岸。清道光十八年（1838年），《厦门志》中记载“鼓浪屿，广袤三里，迫近厦门，称为‘辅车’，安危共之”②，以此说明鼓浪屿岛的区位的重要性。具体来看，鼓浪屿、嵩屿、海澄，扼守旧时月港经九龙江的出海口，而岛屿北侧燕尾山与西南侧的升旗山则可控制与厦门之间的鹭江（海峡），也就是17世纪以来厦门港的出海航道。直到19世纪中叶，厦门都一直保持着南洋贸易海运中心的地位。而当时作为厦门港屏障的鼓浪屿岛，也发挥着日益重

① 吴振强．厦门的兴起［M］．詹朝霞，胡舒扬，译．厦门：厦门大学出版社，2019.

② 周凯．厦门志：卷四 防海略［M］．厦门市地方志编纂委员会办公室，整理．厦门：鹭江出版社，1996.

要的军事和交通枢纽作用。17世纪初，厦门岛、鼓浪屿岛就被明确地标记在西方人的航海图上，而鼓浪屿岛也留下了18世纪欧洲航海者的墓碑，成为西方国家与中国东南沿海地区文化交流历史的重要见证。

5．早期移民市镇的社会治理

在清朝统治的第一个世纪里，厦门从一个卫所发展成为一个繁荣的海运中心。伴随其商业扩张而来的是厦门与闽南其他地区相互交织的社会关系和岛上不同阶层人群纵向关系的形成。马克斯·韦伯（Max Weber）认为，中国城市是官员的家，也是知识分子的家，更是“伟大传统”的家。[①]牟复礼（Frederick W.Mote）认为，城乡分离在中国很早就消失了，人们在城乡之间自由移动，而那些介入其中的人并未意识到明确的界线，农村和城市合为一个整体，加强了它们的有机统一。[②]施坚雅（G.William Skinner）还认为，城市不仅形成了市场结构的中心节点，还为来自农村等不同地区的人们提供了共同的汇聚地，为大量农民社区结合成单一的社会体系，即完整的社会，提供了一种重要模式，完成了大量无与伦比的整合工作，“市场结构也必然会形成地方性的社会组织”。[③]厦门及鼓浪屿为中国早期地方移民城市的形成、社会治理和融合发展过程提供了一个清晰的案例。

古代中国形成了一套非常完整的行政管理系统。清王朝入主中原，沿袭明制。地方最高行政机构是总督衙门和巡抚衙门。承宣布政使司和提刑按察使司并称两司，可以派出辅佐官员“道员”（也称“道台”）。省级行政之下设有府、州、厅、县等各级行政机构。一般地方上设有河道、关税、漕运等专职性管理机构。清代地方政权最低一级是县，县的最高长官为知县，下设县丞、主簿、典吏、巡检等官员，分管全县政务、赋税、户籍等事务。县以下基层组织的行政管理也较为严密，如县下设乡、厢、图、都等，有的农村设区、里、甲等。[④]这些管理机构及其运行机制是维系地方社会和支撑国家重要秩序的重要力量。

鼓浪屿的发展轨迹和厦门紧密相连。19世纪40年代外国侨民移居鼓浪屿之前，鼓浪屿作为厦门下面的一个保，与周围闽南地区一样沿袭着中国传统的地方行政治理模式。清朝以前，厦门岛称嘉禾里，隶属同安县（现已变为同安区，此处沿用清朝旧称）绥德乡。清代沿袭明制，福建省领八府和一个直隶州。泉州府为八府之一，领七县，包括同安县。同安的行政层级为：县、乡、里、都、保、甲，厦门属同安县。据方志所载，鼓浪屿在清代之前，即隶属时称嘉禾里的厦门，属于同安县嘉禾里二十二都二图。[⑤]清康熙二十四年（1685年）重建厦门城后，“通厦烟户，市镇设福山、和凤、怀德、附寨四社，乡村设廿一都、廿二都、

① Max Weber. The Religion of China，New York: Macmillan，1964：13; Wolfram Eberhard，“Data on the Structure of the Chinese City in the Pre-Industial Period”，Economic Development and Cultural Change，1956，4（3）：266-267.

② Mote F W. The Transformation of Nanking，1350-1400［M］. Stanford: Stanford University Press，1977.

③ G. William Skinner. Marketing and Social Structure in Rural China［J］. Journal of Asian Studies，1964，24（1）：3.

④ 周振鹤．中华文化通志：第4典　地方行政制度志［M］．上海：上海人民出版社，1998.

⑤ 吴锡璜．同安县志［M］．北京：方志出版社，2007.

廿三都、廿四都。编立保甲，另各保长督同甲头，相互稽查奸，各造烟户缴查，计共烟户一万六千一百余户。”[①]鼓浪屿归属附寨社，称鼓浪屿保。清道光年间（1821～1850年），鼓浪屿改为归属和凤前后社。[②]此外，为加强船舶管理和保护港口安全，清政府在厦门港内外海域及各岛屿要害处设五营汛地，其中鼓浪屿也是五营汛地之一。[③]

2.1.2 1840～1902年：国际社区与现代性

鸦片战争后，在19世纪中后期的五十余年间，西学东渐，全球化浪潮滚滚而来，鼓浪屿的社会生态也随之发生了一系列变化，一个与早期带有浓郁闽南传统乡村特色的聚落形态完全不同的中国近代城市社区逐渐开始萌生。尽管在中国东南沿海的通商口岸，这样的近代城市社区也在不同程度地发生变化，但鼓浪屿由于其自身特殊的自然条件及其与厦门岛的特殊关系，使得它的现代性特征和地域特色更为明显。

1．生态自然：宜居海岛

史料表明，在19世纪40年代，虽然一开始有外国侨民选择在鼓浪屿居住，但由于鼓浪屿卫生条件恶劣，导致许多外国侨民生病，因此，鼓浪屿“对19世纪40年代早期来到这里的传教士和商人们并无魅力可言”。[④]

但是到了19世纪60年代，随着厦门对外贸易的迅速发展，来厦门的外国侨民数量逐渐增加，在权衡利弊后，他们还是被鼓浪屿相对独立的社会空间和秀丽迷人的自然风光所吸引，选择鼓浪屿作为他们生活和工作的居留地。

鼓浪屿堪称建楼筑屋的绝佳之地。人们精心地选择这些地点，根据气候变化情况建造房屋。夏天他们可以享受到舒适的海风，大部分的白天海风习习，夜里则是从陆地吹向大海的风。冬天也不会冷到使他们难受。

鼓浪屿成了厦门对面的有点儿海盖特（Highgate）或里士满（Richmond）那样的市民们喜欢去消遣、呼吸新鲜空气，观看比闹市那又脏又挤的街道要赏心悦目得多的城区。鼓浪屿人居住的房子既好看又利于健康，不会拥挤不堪，也不会挡住新鲜空气和自然景观。这些房子的位置通常坐落于浪漫的自然美景中，令人称心如意。有的是在峭壁之下，四周都是巨大的石头；有的是在小小的谷地里，常常点缀着开花的灌木丛，时而掩映着成片的野树……还有许多令人羡慕之处……鼓浪屿的影响力，不单单是近年来因时局的整体变革所带来的，同时，也归功于其优美秀丽的自然景观。[⑤]

---

① 薛起凤，江林宣，李熙泰．鹭江志：卷一　保甲［M］．厦门：鹭江出版社，1998.

② 周凯．厦门志：卷二　分域略［M］．厦门：鹭江出版社，1996.

③ 周凯．厦门志：卷四　防海略［M］．厦门：鹭江出版社，1996.

④ 毕腓力．厦门纵横——一个中国首批开埠城市的史事［M］．何丙仲，译．厦门：厦门大学出版社，2009.

⑤ 何炳仲．近代西人眼中的鼓浪屿［M］．厦门：厦门大学出版社，2010.

到了19世纪末期，形态各异的西式公馆、别墅从山顶沿着山谷向海边延伸、铺展，构成了一道亮丽的风景线。这些洋楼别墅大多带有园林和草地。与此同时，为了改善居住环境，鼓浪屿还着力铺设道路、栽种树木、架设路灯。厦门海关税务司在呈送总税务司的《海关十年报告》中称赞："沿着路旁栽种了树木……使这里带有一种森林的风味"，景色秀丽的鼓浪屿已经"像欧洲南部的城市一样"，呈现出"一幅悦人心目的图画"。[①]

2．华洋并存的聚落空间发展与演变

1）聚落空间：从华洋分区到融合发展

由于鼓浪屿是与厦门隔海相望的独立地理单元，对渡便捷，且岛上气候、卫生、安全条件优于厦门，陆续有不同国家的外交人员、传教士、商人将鼓浪屿作为工作、生活的地方。19世纪60年代以后，建设活动逐渐蓬勃兴起，以"燕尾山、笔架山、鸡母山、英雄山"为界，主要的建设活动集中在这条界线以东靠近厦门的方向，方便厦鼓之间往来乘船。后来，又在东部的鹿耳礁、田尾区域、和记码头到三丘田码头之间的海滨地带建设住宅、别墅，形成了新的住区空间。建筑选址一般在山顶、山坡或临海视野朝向和景观较好的位置，围绕着教堂、医院、学校等公共建筑展开，形成了低密度住宅区，体现出与中国传统聚落完全不同的居住理念。而当时笔架山等构成的界限以西、背朝厦门的区域，内厝澳聚落基本还是在传统形态中发展。

鼓浪屿非常注重道路等公共设施的建设，在1878年鼓浪屿道路墓地基金委员会正式成立以前，道路建设就已经开始，复杂的地形地貌使得鼓浪屿道路的开辟基本遵循山势起伏，蜿蜒曲折。到19世纪末，主要道路结构体系基本形成，北面是环绕笔架山的环线，联系着岛屿西部的内厝澳居住区与岛屿东部地区；靠南的环线环绕着日光岩与其东部的岩仔脚传统聚落；东南部是环绕鹿耳礁居住区的环线道路。在岛屿东部和南部，由环线道路建设了若干放射形道路通往海滨的码头及海滩。这一时期，鼓浪屿城镇建设以居住在岛上的西方人为主导，岛屿上形成了较为明确的本地居民与外来人口的文化边界。住区建设注重景观视野，因地制宜，自然生长，新建住区与传统聚落并存（图2–6）。

19世纪末鼓浪屿经历了几次强台风之后，一些早期建设的洋楼被毁，人们开始汲取中国传统聚落选址的经验，住区建设逐渐向山间缓坡、谷地纵深发展。20世纪以后，岛上中西文化之间的地理界限也日渐模糊。田尾路片区是19世纪中叶发展起来的社区，是早期建设在田尾坡地、台地上的独栋别墅、公馆、学校、俱乐部等建筑群落，建筑密度低，建筑周围是大面积的绿地。鹿礁路、福建路片区，也是鼓浪屿形成、发展得比较早的一个街区。19世纪后半叶，这里又修建了道路，建起了协和礼拜堂、英国领事馆、日本领事馆和联合俱乐部等建筑。

① Decennial Reports，Amoy，1892～1901. Wright A，Twentieth Century Impressions of Hong Kong，Shanghai and Other Treaty Ports of China.

图2-6　19世纪末的鼓浪屿
（图片来源：中华人民共和国文物局. 鼓浪屿申报世界文化遗产文本，2015）

2）建筑文化的渗透与早期本土化

（1）西方外廊式建筑的传播

西方外廊式建筑最初在印度、东南亚地区形成，之后又于18世纪末、19世纪初期传回欧洲，并转化为富裕阶层的郊野别墅形式。由于其建造成本相对西方古典建筑低得多，建造周期短，建造技术相对简便易行，又与亚太、非洲等热带、亚热带气候相适应，因此成为西方人建设亚太、非洲等地公馆、住宅建筑的常用形式。鸦片战争前后，西方外廊式建筑经东南亚传入中国，成为中国近代建筑初期的主要建筑样式。第一次鸦片战争后不久，人们发现“景色秀丽的鼓浪屿和建筑物的粉饰，像欧洲南部的城市一样，并成为一幅悦人心目的图画”，是“适合居住的地方”[①]，于是很多外来者逐渐迁居鼓浪屿，最初租用民房，之后开始建设领事馆、礼拜堂、公馆、洋行和住宅、学校、医院等。19世纪鼓浪屿建造的建筑，除了协和礼拜堂等少数几座例外，基本都是西方外廊式建筑，这是一种具有休闲功能的外廊式空间的建筑样式，它被誉为中国近代建筑的原点。[②]西方外廊式建筑，矩形平面的建筑被柱廊围绕，砖墙外面通常涂刷着明亮的颜色、三角木屋架支撑的直坡屋顶，铺着红色板瓦。在建筑遮阳且通风良好的宽敞柱廊下，是休闲性的生活空间，鼓浪屿岛上的西方人经常走出房间，在外廊空间读书、交谈、小憩，如原英国伦敦差会女传教士宅、山雅谷牧师宅。这种新颖的外廊式建筑逐渐也被华人所接纳。

以日本领事馆旧址为例。领事馆始建于1897年，1898年2月落成，由中国工匠设计并承建。主体建筑高两层，建筑面积为2390平方米，砖木结构。底层地坪架空，做条石外墙，一层、二层为清水红砖外墙，采用英式砌筑工艺。木屋架是西洋的双柱架桁架与中国传统木屋架相结合的结构形式。建筑外立面模仿欧洲古典复兴风格的砖砌连续半圆拱券式外廊，设置

① 莱特. 20世纪香港、上海及其他中国条约口岸二十世纪印象［M］. 英国：劳埃德协会大不列颠出版公司，1908.

② 藤森照信. 外廊样式——中国近代建筑的原点［M］//汪坦，张复合. 第四次中国近代建筑史研究讨论会论文集. 北京：中国建筑工业出版社，1993：21-30.

宝瓶式透空栏杆。东立面为九开间开敞券廊。一层正面为入口大门，由八字形石台阶登临。南北及西南侧后来增建了附属用房。日本领事馆是典型的西方外廊式建筑，反映了19世纪末西方建筑文化的渗透以及中国对西方建筑形式的接触和模仿（图2-7）。

（2）华侨建筑的早期发展与西方外廊式建筑的本土化

19世纪末～20世纪初，鼓浪屿开始有人模仿西方外廊式建筑自建洋楼，如白登弼宅南楼。[①]在模仿的同时，外廊式建筑的本土化也在潜移默化地进行。这种本土化不仅在有大量"原版"西方外廊式建筑存在的鼓浪屿发生，还受到当时闽南华侨聚居的东南亚地区近代建筑的影响，同时也与闽南厦门、漳州、泉州等地侨乡近代建筑的发展产生相互影响，逐渐在空间形式等方面受到来自地方传统建筑与东南亚南洋华侨文化的影响，形成带有闽南地方风格的外廊式华侨洋楼建筑。如人们在闽南最早建造的洋楼建筑——怡园。外廊空间的"塌岫"式处理，密缝砌筑的烟炙砖清水砖墙，沿袭自"三间张"闽南红砖厝顶落部分的平面格局，体现了其本土化的元素（图2-8）。华人、华侨的参与，促成鼓浪屿外廊式建筑本土化的同时，经本土化的外廊式建筑形式以及经过翻译的近代建筑语言，为更多本地建筑从业者所掌握，其影响逐渐波及闽南甚至更广域的地区，也影响了传统红砖厝建筑的建造。[①]

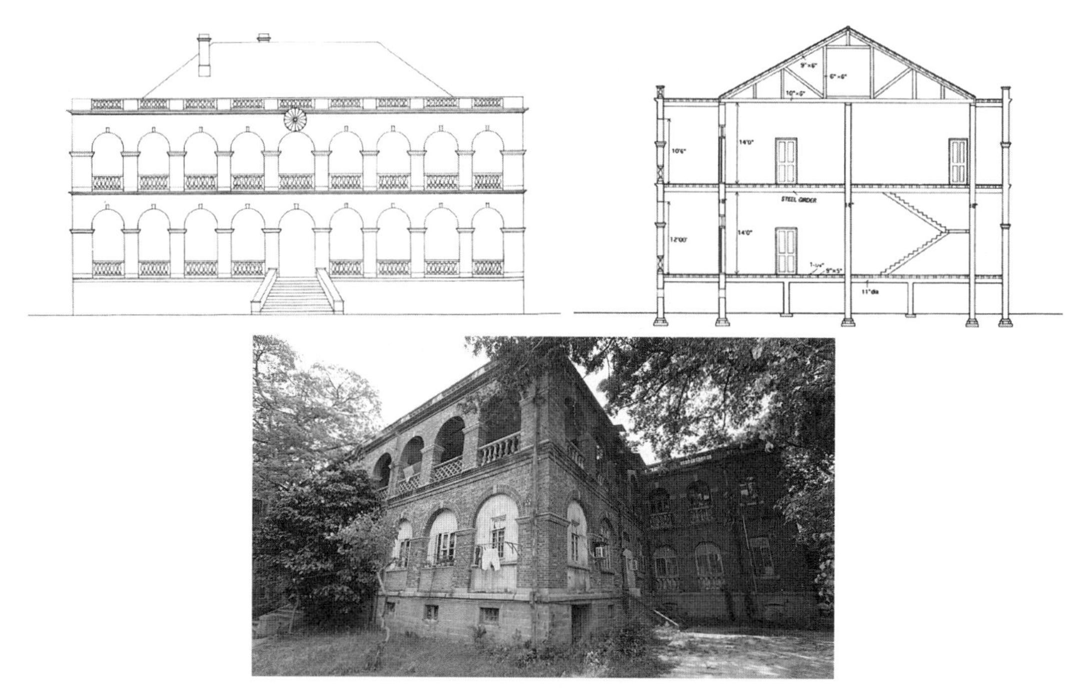

图2-7　鼓浪屿原日本领事馆外廊式建筑
（图片来源：黄汉民. 鼓浪屿近代建筑（上册），2016）

① 钱毅，魏青. 近代化与本土化——鼓浪屿建筑的发展［J］. 建筑史，2017（1）：151-161.

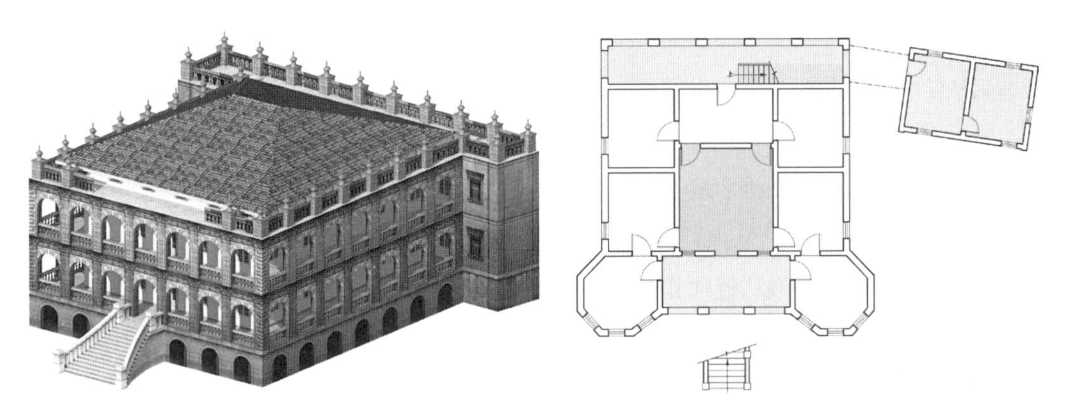

图2-8 怡园：华侨建筑的早期发展与外廊式建筑的本土化
（图片来源：中华人民共和国文物局．鼓浪屿申报世界文化遗产文本，2015）

3．西方近代文化传播与近代城市社会的转型

鸦片战争后，大量西方人尤其是传教士来到厦门鼓浪屿，传播西方宗教的同时，也间接推动了西式教育、医疗卫生等事业的发展，这些外来的文化对中国传统文化形成了一定程度的影响。鼓浪屿岛上的居民逐步实现了对教育、医疗卫生及文化事业的转型发展，这种转型发展既是鼓浪屿近代化的一部分，也促进了近代鼓浪屿整体的社会变迁。

1）西方宗教的传播

西方传教士来到鼓浪屿岛，他们在鼓浪屿建立了教堂。19世纪下半叶，英美基督教传教士来到厦门传教之初，由于鼓浪屿人口少，仅有建于1863年的国际礼拜堂。1911年，该教堂翻建改名为协和礼拜堂，保存至今。①协和礼拜堂作为鼓浪屿始建年代最早的教堂，见证了鼓浪屿国际社区的宗教活动，同时也见证了当时鼓浪屿人民的思想与文化在外来文化影响下的转变。

2）近代教育的兴起

鸦片战争之前，鼓浪屿只有一些宗族私塾，教授中国传统经书，民众受教育程度低。西方传教士就将教育作为传教的辅助手段之一，在鼓浪屿兴办学校，建立起幼儿园、小学、中学和职业教育等较为完善的教育体系，并根据传教与现实需求设立学制和相关课程，采用西式教学方法，促进了鼓浪屿近代教育的兴起。

当时学校基本都是私立性质，多隶属于西方教会，也有属于中国本土的学校。鼓浪屿怀德幼稚园是中国第一家幼儿园，采用了当时德国儿童教育学家福禄培尔华和意大利教育家蒙台梭利的教育学说，参照西欧模式设置课程和活动，发展速度很快。西方传教士们最关注的是初级教育，认为该阶段是“人生的可塑性时期”，因此教会兴办的学校中多为初等小学，以传教和识字为主，比如1844年开设的英华男私塾，是福建基督教史上的第一所学校。之

① 陈娟英，郑雅娟．鼓浪屿：多种宗教和谐共存［M］//何瑞福．鼓浪屿研究：第十辑．北京：社会科学出版社，2019.

后，传教士又在鼓浪屿上兴办了数所中学，尤其以寻源书院、英华书院最为突出，其中的英华书院从学科设置和招生来源上便已显示出当时的国际性。

除普通初级、中级学校外，传教士还根据岛上的需要开设了专门培养牧师、幼师、医生等的职业学校，如怀德幼稚示范学校、救世医院医学专科学校等，为鼓浪屿乃至闽南地区培养了很多相关职业人才，从而使岛内的基础教育和职业教育形成良性循环。此外，设立女校、发展女子教育是鼓浪屿近代教育兴起最为突出的成就之一，如毓德女学、怀仁女学田尾妇学堂等，使鼓浪屿不少妇女摆脱了传统束缚，接受近代教育，成为新时代的职业女性。

19世纪60年代，经历了太平天国运动的沉重打击和第二次鸦片战争失败的强烈刺激，部分思想先进的华人开始意识到发展教育、培养人才的重要性，到了19世纪末，新式学堂不断设立。鼓浪屿的华人得西学东渐之先，逐渐转变观念，开始注意学习与引进西方先进的教育制度，并效仿教会学校的办学方式，创立华人自办的新式学堂。[①]

3）近代医疗卫生事业的兴起

医疗被认为是西方宗教传播最有价值的辅助手段之一。毕腓力就将教育工作比作传教事业的左手，把医疗工作比作传教事业的右手，因为“没有哪项工作可以像医疗工作这样使外国传教士受到来自各个阶层的敬仰”。[②]来到鼓浪屿的西方传教士中就有不少人是医生，如1842年抵达鼓浪屿的大卫·雅裨理（David Abeel）医生，就开设了鼓浪屿第一家西式诊所，一边传教一边在寓所给人治病。这些诊所具有慈善和公益性质，最初为鼓浪屿居民提供免费医疗服务。1871年，美国领事李让礼（General Lee Cendre）和当地政府签订契约，购买了三丘田码头的一块地产，建立了一所海上医院。1898年，厦门第一所正规西式医院——救世医院在鼓浪屿正式成立，美国牧师和医学博士郁约翰（John Abraham Otte）为首任院长，还亲自为救世医院画了建筑设计图并参与施工，医院建成后取名“希望医院”，也称为“男医馆”。同年，另一座专为妇女儿童设计的女医馆也落成，名为“威廉明娜女医馆”。1905年，两座医馆扩建后统称为鼓浪屿救世医院。[③]除主持医院工作外，郁约翰在1900年设立了医院附属医学专科学校，学制5年，并兼任校长，开展医科教学。学校完全按照西医的培养方式，为中国培养了大量的医疗人才，如第一届学生中的黄大辟、陈天恩、陈伍爵、林安邦、高大方等，他们均成为闽南名医。救世医院将现代医疗制度引入鼓浪屿，其运行和管理机制均和现代医院十分接近，初露鼓浪屿医疗近代化的雏形；其附属专科学校，严格按照西医规范培养医生，形成了西医人才梯队培养与传承体系，为鼓浪屿西医体系的进一步发展奠定了基础。

① 戴一峰．海外移民与跨文化视野下的近代鼓浪屿社会变迁［M］．厦门：厦门大学出版社，2018.

② Philip W. Pitcher，Fifty year in Amoy or a History of an Amoy Mission in China［M］. New York:Board Publication of the Reformed Church in America，1893.

③ 德庸．美国归正教会在厦门（1842–1951）［M］．杨丽，叶克豪，译．台北：龙图腾文化有限公司，2013.

4）文化体育

从19世纪中叶，各种近代体育运动、文化娱乐也被引入鼓浪屿。1876年，厦门俱乐部（Amoy Club）建立，后搬到田尾东路临近海滨的山坡地建设新楼，即现在的万国俱乐部旧址，是供当时鼓浪屿的外国人及华人显贵、洋行高级华人雇员娱乐交际的场所，别称“乐群楼”。俱乐部旁边还有小剧场、壁球馆和洋人球埔。洋人球埔建于1878年之前，作为草地网球、板球、足球等运动场地，见证了鼓浪屿国际社区近代体育活动的发展。鼓浪屿还成了板球、网球、保龄球、台球、足球、曲棍球、田径、攀岩等西方体育项目在中国最早的传入地。①

4．国际商贸的发展与地方近代商业的兴起

厦门开埠不久，一些国际商贸机构在19世纪中叶开始进驻鼓浪屿。1845年，英国商人詹姆斯·德滴（James Tait）在岛上覆顶石海滨开设德记洋行，这是最早进驻鼓浪屿的洋行。同年，另有英国商人在三丘田南侧海滨开设和记洋行。之后，又有来自德国、美国、荷兰、丹麦等国家的商人在鼓浪屿开设洋行等商贸机构，这些机构共同见证了19世纪中期西方国家以鼓浪屿为基地与厦门以及中国内地的商贸交流。丹麦大北电报公司旧址建筑曾是其电报收发处，也是中国最早收发电报的场所之一，使鼓浪屿与全球众多国家建立了更为紧密的联系，见证了19世纪末到20世纪中期鼓浪屿中外文化、外交、商贸的交流。

鼓浪屿在这一时期也开始由以农业为主的传统乡村社会向以工业和商贸服务业为主的现代城市社会逐渐转变，新式商业模式的萌生与发展构成了鼓浪屿社会经济变迁的主要内容。如棉布业、五金业、百货业、西药业、旅馆业、饮食业等，这些行业的不断发展又进一步分化出更多新的行业种类，如杂货业中的钟表、眼镜、无线电、毛线等，五金业中的脚踏车、缝纫、汽灯、度量衡器等行业。与此同时，供应居民日常生活之需的商品贸易也日益活跃，涌现出一批流动摊贩，固定零售商店也逐渐增多。②与流动商贩相对应的是固定商铺的经营，此类商铺大多集中于生活用品方面的供应，长期积累下来，其优势产品逐渐成为鼓浪屿的老字号，如黄金香肉松、叶氏麻糍、庆兰馅饼、肖瑞姜糕饼、建成布店、淘化大同的调味品及酱菜、风行照相馆等。③

5．华洋共管的近代城市社区治理

鸦片战争后，西方国家陆续开始在厦门派驻领事，最初派驻领事的是英国和美国，领事官员们对地理上空间独立、环境优越、与厦门对渡交通便利的鼓浪屿岛情有独钟。1865年以后，美国、德国、奥地利、日本等国也先后到鼓浪屿岛上开设领事馆。随着岛上外国居民的增多，1871年闽浙总督在岛上设通商公所，处理涉洋事务，但对于处理道路、墓地等无办理

① 邢尊明，詹朝霞．体育历史地段研究：鼓浪屿体育文化历史遗产发掘与整理［M］//厦门市社科联．鼓浪屿研究（第一辑）．厦门：厦门大学出版社，2015：9-11.

② 范寿春：鼓岛早年的广告业［Z］//鼓浪屿申报世界文化遗产系列丛书编委会．鼓浪屿文史资料：上册．厦门：鼓浪屿申报世界文化遗产系列丛书编委会，2010：392.

③ 杨纪波：鼓浪屿的老字号［Z］//鼓浪屿申报世界文化遗产系列丛书编委会．鼓浪屿文史资料：上册．厦门：鼓浪屿申报世界文化遗产系列丛书编委会，2010：306.

主体的公共事务，并不得力。1886年，英国、德国等国家的领事组织成立了道路墓地基金委员会（Kulangsu Road and Cemetery Fund），成为这一时期外国侨民在鼓浪屿的管理机构。[①]鼓浪屿就此形成了华洋共管格局，这也是鼓浪屿社区居民参与社区管理的雏形。

到了20世纪初，鼓浪屿岛上先后有英国、美国、西班牙、法国、德国、日本、荷兰、挪威、奥匈帝国、比利时、意大利、丹麦、葡萄牙、瑞典、俄罗斯等国领事进驻，一些国家并未设立独立的领事馆，而是委托洋行或别国领事代理其职能，如荷兰领事曾先后由德记洋行、宝记洋行、安达银行经理兼任。英国等国家领事馆几经变迁，原有建筑已经无存，现存日本领事馆旧址与美国领事馆旧址成为当时鼓浪屿对外交流的见证。

总体而言，19世纪40年代以来，鼓浪屿迎来了社区发展的第一个重要时期，多国侨民在鼓浪屿开展官方和非官方的机构建设与管理，受西方城市化进程的影响，现代市政建设理念被带到鼓浪屿，鼓浪屿全新的居住空间得到开发，原有传统社区也得到拓展，新型的近代城市社区逐渐形成。鼓浪屿逐渐成为卫生、安全条件均优于厦门，且对外交通便捷的独立地理单元。

2.1.3 1903~1945年：文化交融与多元化

1．生态自然：海上花园

鼓浪屿城市发展初期并未经过严格的规划，道路及城市空间结构呈现明显的自由发展特征，与自然环境结合紧密。工部局时期，城市空间的发展虽表现出一些特定功能分区的趋势，但限于岛屿面积，鼓浪屿始终保持着多种功能混合的居住型社区形态。20世纪以后，通过植树造林逐步改变了鼓浪屿山地遍布裸露岩石的荒凉地貌，创造了更多宜居的区域，成为一座名副其实的海上花园，是近代理想的人居环境典范。

岛上生长着亚热带的奇花异果、珍稀林木；岛上鸟语花香、风光旖旎。天风海涛，轻拍着礁石，奏出美妙的交响乐；银白色的沙滩与万顷碧波交相辉映，绘出绝美的天然图画。大自然将这个清幽的小岛装点得分外妖娆。无论是白天还是夜晚，伴随着悠扬的琴声而漫步鼓浪屿，你都会有一种安全感，一种远离喧嚣、远离尘世，仿佛置身于世外桃源的悠闲和轻松。[②]

2．聚落空间演变与国际社区的定型

1）多元文化交融的国际社区

如果说19世纪中后期的外国侨民是鼓浪屿近代聚落变迁的主导者，那么进入20世纪后，主导鼓浪屿聚落形态变迁与空间格局演化的主导社会力量则转移到一个新的社会群体中，即闽南海外返乡华侨。

---

① 何丙仲：鼓浪屿公共租界［M］. 厦门：厦门大学出版社，2015.

② 梅青. 鼓浪屿［M］. 北京：中国建筑工业出版社，2015.

这一时期的鼓浪屿城市空间不断发展，路网不断加密，龙头路、安海路、泉州路片区都发展起来，岩仔脚、鹿耳礁片区也得到更新。鼓浪屿发展建设的重心也由原来的岛屿东南逐渐向岛屿西北扩展，内厝澳在旧有聚落基础上建设了高密度的华人独栋住宅以及小尺度沿街店铺。[①]外国人的建设发展放缓，中西文化及建设边界逐渐消解，多元文化相融合的国际社区逐步形成。

与此同时，龙头路等商业街区得以投资建设，其西侧紧邻古老的岩仔脚传统聚落。龙头路至福州路商业区街道被建设为较为规整密集的网络，垂直于南北向的龙头路主街道能直接通达码头。沿街建筑以小型二层商业建筑为主，底层为商铺；日兴街以骑楼为主体，建筑密度较高，市井气息浓郁，是鼓浪屿最为繁华热闹的区域。泉州路、安海路片区位于笔架山与日光岩包夹的山坳里，在岩仔脚传统聚落西北。这个街区是岛屿中部华人、华侨兴建的洋楼住区，这里的街道随地势起伏、转折，建筑随街道走向自由布置，基督教三一堂是重要的街区节点，周围是居住功能的华侨洋楼，建筑体量一般不大，建筑密度要比鹿礁路的华侨洋楼片区高。在鹿礁路、福建路片区，华侨富商陆续进入，投资地产。

2）建筑风格的多元化、本土化与适应性创新

20世纪初期，严谨、庄重并强调建筑纪念性的西方古典复兴建筑样式在中国诸多开埠城市流行，鼓浪屿也不例外。这一时期的许多新建华侨洋楼都融入了西方古典装饰元素，体现出鲜明的鼓浪屿建筑特征。如美国领事馆，采用西方古典复兴式风格。平面呈“H”形，立面呈对称布局，中间为五开间的山花柱廊，两侧为红砖砌筑的清水墙，白色的山花与六根变形的科林斯巨柱尤为显眼。建筑立面横竖两个方向三段式构图、三角形山花、传统科林斯柱式的变形以及严谨的弗兰密斯砌法，是20世纪初美国流行的西洋古典复兴建筑风格。再如，美国传教士郁约翰设计的救世医院、八卦楼等，都表现出西方古典复兴样式的特点。博爱医院采用现代建筑风格，一方面出于对现代主义建筑的认可强调按使用功能要求进行设计，另一方面也希望借助摩登的形象体现医院的现代化。英国亚细亚火油公司，建筑外墙采用清水红砖墙，全顺式砌法，砌法比较讲究，每隔四皮砖就砌一皮略微凸出的砖。在一层、二层的分隔处，以及窗洞砖券的分隔处，还有窗洞内的分隔装饰处，都采用了石材，其建造工艺在鼓浪屿的洋楼建筑中非常突出。建筑西立面首层的哥特式尖券拱窗经石条划分后，整个窗洞像圆睁双眼的猫头鹰，鼓浪屿当地人又称其为“猫头鹰楼”。建筑带有英国维多利时期的特点，是西方古典装饰建筑文化在鼓浪屿传播的例证。

与此同时，一些田园浪漫式别墅也开始装点和丰富鼓浪屿的住宅建筑形式。如别具风情的蒙萨式屋顶观彩楼，它是一栋荷兰式建筑风格别墅，砖混结构，地上三层，半地下室一层。建筑入口处理简洁、朴素，方形门柱由本土花岗石砌筑而成，与众不同的螺旋廊柱也用本土花岗石雕琢而成，古朴雅致。最为显著的特色在于其蒙萨式屋顶，为鼓浪屿增添了不少

① 邱鲤鲤．公共地界时期鼓浪屿城市形态演变句法研究［D］．厦门：厦门大学，2017.

异域文化气息。再如林屋，它由新加坡华侨林振勋建于1927年，设计者是其毕业于美国麻省理工学院土木系的儿子林全诚。洋楼正立面三开间，中间前凸，但并未设计成鼓浪屿常见的西式拱券和“出龟”，而是采用朴素内敛的凹廊，最具特色的也是其别具欧洲风貌的红色蒙萨屋顶，欧陆风情十足，品位独特（图2-9）。

3）独创的厦门装饰风格建筑

20世纪二三十年代，现代主义建筑、装饰艺术风格建筑在东南亚、中国各开埠城市及鼓浪屿流行。这一时期的华侨洋楼也深受装饰艺术风格的影响。20世纪初工部局成立以后，大批闽台富绅、华侨富商定居鼓浪屿，他们的别墅洋楼体现出一些新的建筑风尚：一方面，延续了闽南红砖厝的红砖白石的装饰传统，立面上采用大面积的红砖墙与少量白色线条对比；另一方面，融合了装饰艺术风格，传统装饰题材及西方古典装饰元素在建筑细部逐渐流行。这种华美的建筑风格即“厦门装饰风格（Amoy Deco Style）”，这种独具风格的建筑在鼓浪屿最为集中、最具代表性，在厦门岛、漳州、泉州也均有分布。

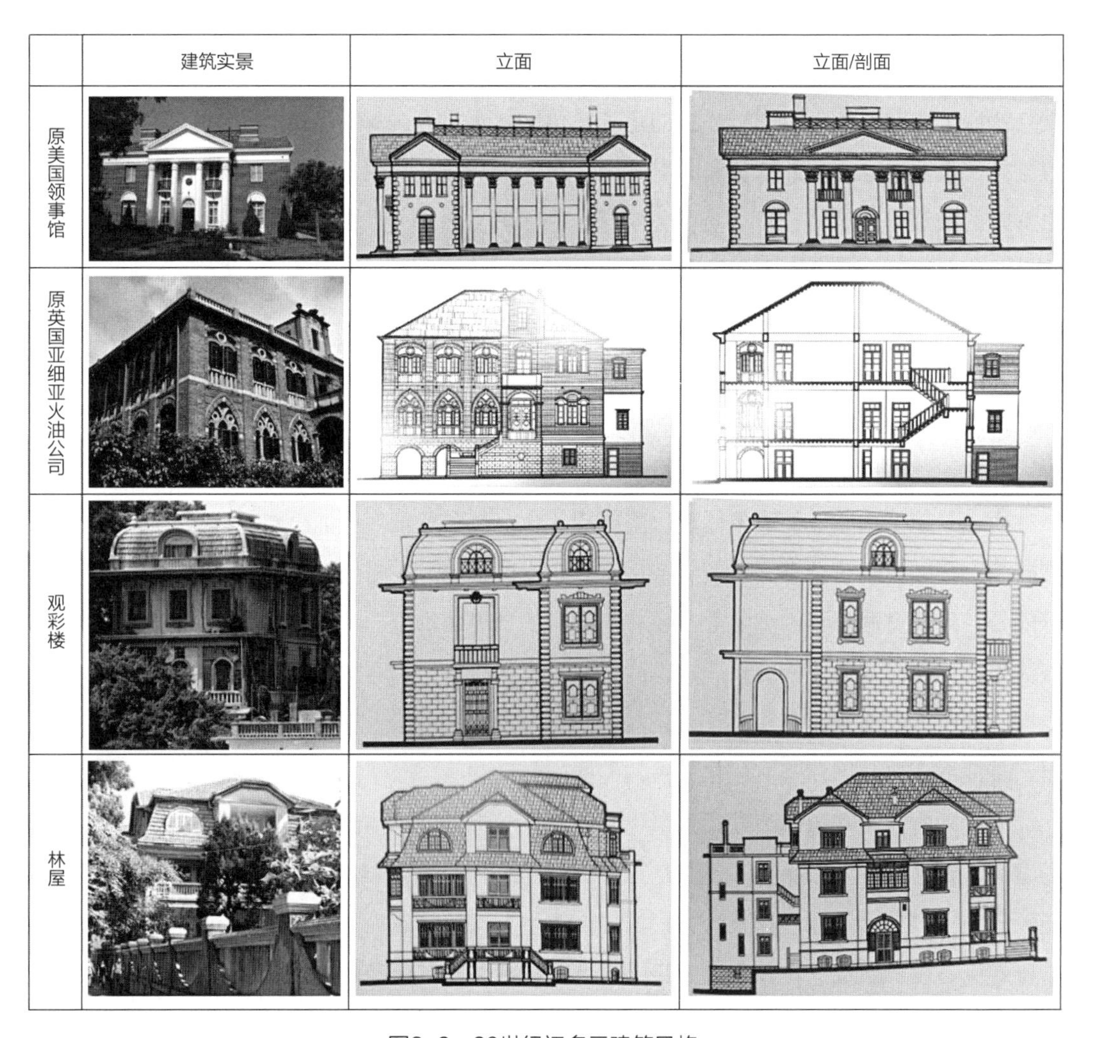

图2-9　20世纪初多元建筑风格

（图片来源：黄汉民. 鼓浪屿近代建筑（上册），2016）

空间特征上，厦门装饰风格建筑在空间上往往只对正面设置外廊空间，并强调其装饰性功能和作用。平面布局上，中轴对称，厅堂居住，卧室及其他次要房间居于两边，天井被外向开敞的外廊空间所替代，有的突破了鼓浪屿西方外廊式建筑以矩形平面为主的呆板形式，因地制宜地灵活设计，也促使其建筑造型更加活泼、丰富。立面特征上，注重装饰表现，这与闽南传统建筑注重装饰效果的特点一脉相承。在立面整体构图上，采用烟炙红砖铺面，白石勾边的构图原则，继承了闽南红砖厝建筑“出砖入石”的装饰传统。柱头、窗套、窗楣装饰常借用西方古典主义装饰元素，进行再创造[①]（图2-10、图2-11）。在建筑工艺上，普遍采用本地烟炙红砖、地方密缝砌筑等近代化与地方特色建筑工艺。传统的灰塑装修工艺及洗石子、磨石子等近代工艺装修技术，不但施工便利，而且经济美观。在厦门装饰风格建筑的院墙、院门、门楼等装饰工程中，也得以广泛运用（图2-12）。

这一时期的鼓浪屿华侨洋楼还注重民族主义形式的强化。以黄赐敏别墅为例，主体建筑三层，平面对称，前后设有三开间的外廊，正立面两端凸出八角楼，八角楼顶部升高，形成拜占庭式穹隆圆顶，以及八条支撑穹顶的金色“瓜棱”，形似南瓜，寓意绵延万代、子孙兴旺，因此又名“金瓜楼”。洋楼四个立面均为红砖清水砖墙，建筑装饰集中在正立面，外廊的柱头、腰线、栏杆、挂落、檐口等均有精美装饰，图案多采用西式和中式传统吉祥图案，装饰工艺多采用闽南传统“剪粘”工艺。该楼最有个性特色的是穹顶八个棱下端翘起的卷草装饰，形似中式屋顶的翘角，中西文化进行了巧妙融合（图2-13）。再如，海天堂构庭院中

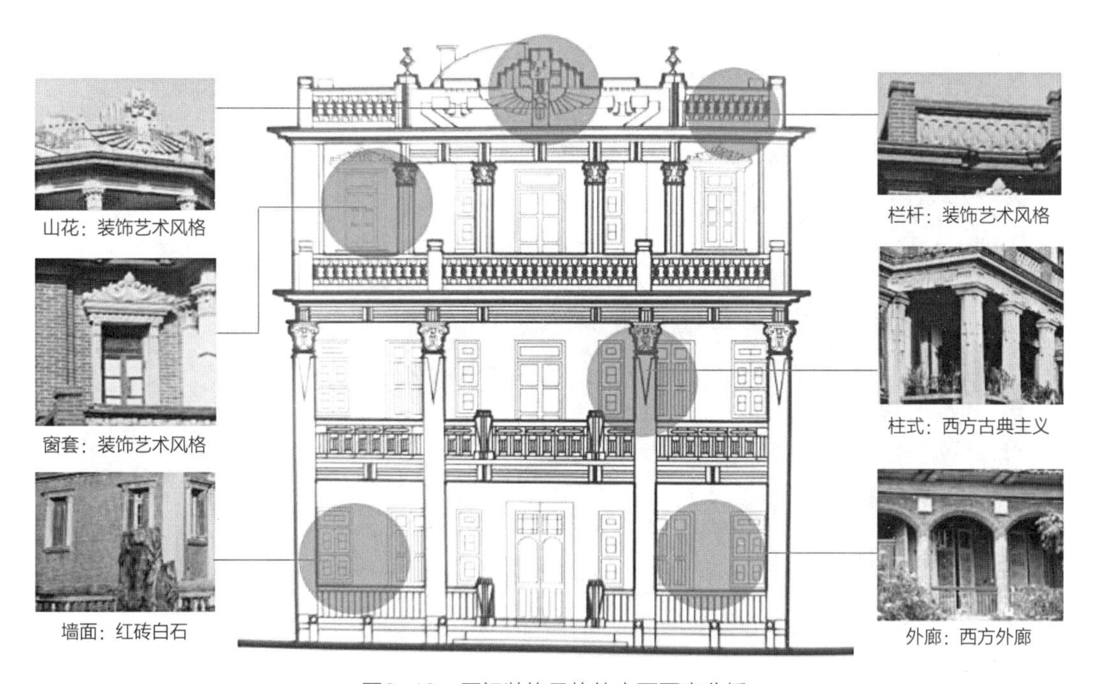

图2-10 厦门装饰风格的立面要素分析

① 钱毅，魏青．近代化与本土化——鼓浪屿建筑的发展［J］．建筑史，2017（1）：151-161.

图2-11　厦门装饰风格的福州路28号与30号洋楼及其细部特征

图2-12　杨家园院门及院墙

楼，建筑为三层，矩形平面，底层为防潮架空层，四周设外廊，正面中部向前凸出做“出龟”处理。建筑入口由两侧的石阶登临，经“出龟”门廊进入大厅。室内在歇山顶正中及“出龟”前廊下做木制八边形穹隆式藻井并彩绘吉祥图案，八个边棱底部由木雕鎏金的麒麟支撑，构思巧妙。其屋顶为闽南传统风格的歇山顶，四角飞檐高高翘起。“出龟”门廊之上做闽南传统的重檐四坡攒尖顶。四周外廊钢筋混凝土额枋上做仿木斗栱，额枋下置水泥预制的雀替、挂落。外廊中设计精巧的预制混凝土宝瓶栏杆及红色水磨石栏杆，望柱上置西式花钵，尤其是檐角下的撑栱做成展翅的凤凰，极为罕见。其整体设计萃取中西文化之长，是中西合璧的经典之作，造就了鼓浪屿个别民族形式与厦门装饰风格结合的建筑（图2-14）。

厦门装饰风格建筑综合应用了东方与西方、传统与现代建筑技术和装饰艺术，是鼓浪屿建筑在中西文化交流融合基础上努力追求近代化与本土化的精彩创造。

图2-13　黄赐敏别墅

（图片来源：黄汉民. 鼓浪屿近代建筑（上册），2016）

图2-14　海天堂构庭院中楼及其细部

3．现代国际社区的社会生态图景

这一时期，鼓浪屿拥有全国领先的近代化教育体系，该教育体系紧跟当时世界近代化教育的潮流，注重德、智、体、美的全面发展，覆盖了从幼儿教育、小学教育到中学教育再到职业教育的各个阶段，对中国岭南地区及更广阔的内地近代教育事业发展有着积极的示范作用。依托早期教会医院及护士学校，鼓浪屿建立了当时在国内技术及理念都非常先进的公共医疗、护理及救助体系，影响深远。同时，鼓浪屿拥有技术先进的电报、电话、自来水供水等基础设施，拥有球场、延平戏院等文体娱乐设施，带动了文化、体育活动的蓬勃发展。鼓浪屿社区设施的建造质量和服务水平在当时都是极高的。

1）西方宗教的本土化以及国际社区的宗教生活

1920年，中华基督教闽南联合会的成立标志着基督教组织的本土化。1928年后，“三公会”影响逐步减弱，华人基督教开始“三自”（华人自治、自养、自传的教会）的阶段。鼓浪屿的三一堂正是在这种背景下建造起来的。三一堂动工兴建于1934年，建筑由中国人黄大弼设计，许春草负责施工，林荣廷任设计主持人，施工后更换了荷兰工程师重新进行设计。三一堂的建设过程融合了中外教会及中外工程设计、施工人员的智慧，它至今仍在作为基督教堂使用，见证了20世纪鼓浪屿基督教本土化的历程。天主堂属于哥特式建筑风格，由西班牙建筑师设计、漳州工匠施工。天主堂主入口朝南，平面为简洁的巴西利卡形式，由门廊、礼拜堂及圣坛组成，礼拜厅中以两排列柱分隔成中间的主厅和侧厅，两侧墙上为彩色玻璃尖券窗。教堂内部空间延续哥特式风格，利用地方材料，结合当地施工条件，仿欧洲哥特式教堂的石雕束柱，改为断面梅花状的混凝土柱，爱奥尼式柱头，柱列间拱券相连。天主堂的整体设计与西方传统哥特教堂相比，更为简洁明快。由于巧妙地利用了当地的材料，外观洁白素净、精致华丽，完美地延续了哥特式教堂的艺术风格。天主堂是天主教在鼓浪屿及福建、厦门各地修建的建筑，为他们在鼓浪屿社区进行宗教活动提供了场所（图2-15）。

2）教育繁盛与人才辈出

20世纪上半叶的工部局时期，鼓浪屿的文教事业仍然多与教会有关，发展更为迅猛，使

图2-15　鼓浪屿三一堂、天主堂

鼓浪屿成为闽南乃至福建地区学校最多、最密集的地区，不但兴办的学校数量较多，而且种类较为齐全；与此同时，鼓浪屿的文教事业对社会产生的影响也开始显现，形成了鼓浪屿各方面人才辈出的局面，如林巧稚、马约翰、黄祯祥等一大批人才的产生；同时，文化事业的发展也改变了鼓浪屿的文化环境，促进了鼓浪屿社会文明进步形象的塑造。吴添丁阁、毓德女学堂、安献堂、闽南圣教书局等鼓浪屿文教设施遗存，见证了19世纪中叶～20世纪中叶鼓浪屿文教事业的发展，在当时鼓浪屿社区中发挥着重要作用。

3）西式医疗教育及其传播

随着教会在岛上活动的开展，兼具医疗卫生和现代医疗教育的西式医院随之设立。鼓浪屿的医疗卫生事业得到蓬勃发展，逐渐成为闽南地区的医疗中心。1903～1941年，鼓浪屿共开办救世医院、博爱医院、宏宁医院、鼓浪屿医院、晋惠医院和寿祺医院6家医院，其中的博爱医院在1930～1932年的三年间，每年的门诊人数均超过20万，是鼓浪屿常住人口的5倍。除此之外，鼓浪屿还有中医、西医共上百家私人诊所，医疗服务密度极高①（图2-16）。

4）文化娱乐

20世纪20年代末，延平戏院建成，它位于当时非常现代化的鼓浪屿市场楼上，是演戏、放电影、说书的场所，作为当时华人商业与文化娱乐业的综合设施，保存基本完整，见证了20世纪上半叶鼓浪屿华人的社区文化生活。随着鼓浪屿岛上外来文化的传播，中西文化交流的深入，近代西式体育、艺术、娱乐活动等也在华人华侨群体中传播开来，并得到发展。岛上也建起了为华人服务的文化娱乐设施，见证了当时鼓浪屿丰富多彩并具有近代特色的社区文体娱乐生活。

图2-16　救世医院和护士学校旧址

（来源：中华人民共和国文物局. 鼓浪屿申报世界文化遗产文本，2015）

① 黄新华，陈芳，石术，等. 社区治理视野下的鼓浪屿“历史国际社区”［J］. 鼓浪屿研究，2019（1）：1-39.

4. 经贸繁盛

随着公共社区的发展，更多国家的商贸机构进驻鼓浪屿，使得鼓浪屿与当时全球政治、经济、文化等方面的联系更加紧密，如英国亚细亚火油公司。同时，进入鼓浪屿的商行也比19世纪后半叶明显增多，随着鼓浪屿华人力量的发展，许多华人商行、金融、地产企业也进入鼓浪屿。这些商行集结鼓浪屿，其业务也以鼓浪屿、厦门为基地，将其商贸影响辐射到闽南及更广阔的地区。各类商贸金融机构的建筑遗存反映了20世纪以后鼓浪屿中外贸易交流的繁荣景象及其作为闽南地区重要的中外商贸金融机构基地的历史状况。

这一时期，大量闽南海外移民返乡置业定居，鼓浪屿成为最佳选择地。这些闽南海外移民对欧美文化入侵下的新式事物有了很强的适应性，从而引发了许多新式产业在鼓浪屿的发展，成为鼓浪屿社会、经济变迁的主要推动者。

1）新式工业

随着外来人口的增加，近代鼓浪屿兴起了碾米厂、汽水厂、食品罐头厂等直接为居民生活服务和生产必需品的工厂，投资设厂的主体以返乡闽南海外移民为主，资本构成则以侨资为主。例如，大同淘化罐头厂（淘化大同公司），成立于1908年，由归侨杨格非联合当地商人、医生开办，后发展成为鼓浪屿近代工业的代表，其产品以“Amoy Food”为品牌，并将销售市场定位为国际市场，以南洋群岛为主要销地，被当时的调查报告称为“厦门开埠最著名最发达之工厂”[①]，是“国货代表”，也是“侨资代表”，是近代跨国华商群体经营的一个缩影，这一群体经营活动在客观上构成了近代环南中国海华商的跨国网络。

2）建筑业与房产业

1903年，鼓浪屿成为在海外创业成功的闽南移民返乡定居的最佳选择。人们看到了鼓浪屿土地的稀缺价值，以及其巨大的商业潜力和发展空间，随后鼓浪屿建筑业和房地产业随商业的繁荣而兴起。尤其是20世纪20年代，闽南的返乡海外移民在鼓浪屿大兴土木，为自己和家人兴建别墅、私家花园和各式洋楼，如海天堂构、黄荣远堂、迎熏别墅、杨家园、怡园、八卦楼、黄家花园等。与此同时，部分返乡的海外移民还应鼓浪屿华人人口激增的需求，投资成立了房地产公司，兴建了大量西式楼房。1918年，鼓浪屿出现了第一家房地产公司，即“厦门黄荣远堂”，由此拉开了岛上第一次大规模的地产开发热潮。据统计，黄荣远堂的创始人越南闽侨黄仲训，开发了日光岩下的大片山地，兴建了60多栋西式别墅，开发了滨海田尾地段，填海造地，兴建了黄家渡码头。印尼华侨黄奕住成为鼓浪屿地产开发高峰期的代表人物之一，他在鼓浪屿三丘田、田尾、升旗山、鹿礁路、龙头尾、水牛埕、东山顶、新路头等地投资地产，建起160多座建筑，并与郭映春一起投资开发了龙头路商业街区，独自建设了通往龙头渡的骑楼商业街日兴街，成为岛上最大的地产投资者。这些真人真事见证了20世纪上半叶闽籍华侨定居鼓浪屿、创办民族产业、建设鼓浪屿、推动鼓浪屿近代化的历史。

① 王世昌. 福州厦门三都澳三大商埠之工业及工人生活概括［J］. 福建学院月刊，1934（7）：23-25.

3）近代金融业

伴随着厦门开埠及进出口贸易的兴起，鼓浪屿近代金融业逐渐兴盛发展。从旧式金融组织钱庄，到侨批[①]业的兴起，再到新式银行的发展，见证了鼓浪屿经济的发展和变迁。近代厦门新式银行首先由外商设立，如1878年成立的汇丰银行，1900后成立的日资台湾银行，1924年成立的安达银行，也有新高、美丰等外资银行，以及由洋行代理的小公、渣打、有利等银行。[②]在中华民国成立前，只有大清银行和交通银行在厦门设有分行、支行及办事处。中华民国成立后，大清银行改为中国银行，并于1915年在厦门开设分行，同时在鼓浪屿设办事处。中国银行履行了国家银行的诸多职能，如发行货币，代理国库，接收经营所有厦门洋关税、常关税以及盐款，收解库款，发行货币兑换券、存放款以及汇兑业务等。以中国银行为起始，1915～1925年，厦门又陆续增加了福建银行、厦门商业银行、中南银行、中兴银行和华侨银行；1925～1932年，厦门银行业趋于稳定；1932～1936年，新式银行增加至13家，厦门银行业实现了快速发展；1938年，日本侵占厦门岛，战前设在厦门岛的各大银行纷纷迁至鼓浪屿。

5．社区共管：西方管理体制在鼓浪屿的适应性发展

1902年11月21日，《厦门鼓浪屿公共地界章程》生效，鼓浪屿成为公共租界。1903年1月，鼓浪屿工部局（Municipal Council）成立。在以工部局为代表的西方管理体制下，它拥有了行政权、立法权、司法权和警务权，形成了一种新型政治实体和制度。

1）鼓浪屿工部局行政管理体制

在行政管理体制上，鼓浪屿基本以“上海工部局”为蓝本，展开鼓浪屿的行政机构设置及其管理权限。主要行政机构如下：

（1）驻京外交使团：最高权力机构。

（2）驻厦领事团：鼓浪屿最高议事和权力机构。

（3）洋人纳税者会：原“道路墓地基金委员会”改组，具有选举权、监督权和立法权。

（4）工部局：

①工部局董事会：领导部门，握行政实权。董事7人。

②职能部门：公安股、财政股、工程估算股、公共卫生股、教育福利股。

③董事会秘书：工部局局长，执行工部局董事会具体事务，《厦门鼓浪屿公共地界章程》《鼓浪屿工部局律例》最高执行人，兼任巡捕长。

④办公处：秘书、翻译员、记账员、收税员、医官、杂役等。

---

① 侨批，专指海外华侨通过海内外民间机构汇寄至国内的汇款及家书，是一种信、汇合一的特殊邮传载体。侨批主要分布在广东潮汕、江门五邑、梅州及福建厦漳泉和福州等地，是反映侨乡历史最完整且保存数量最多的民间文化遗存。2013年，“侨批档案”入选联合国教科文组织评选的《世界记忆名录》。

② 中国银行厦门市分行行史资料汇编编委．中国银行厦门市分行行史资料汇编（上册）[M]．厦门：厦门大学出版社，1999.

⑤巡捕房：巡捕分队、侦探队、居民登记处。

⑥工部局华董：由厦门道台委派“殷实妥当之人”充当，实则由外国人操控。

⑦华人顾问委员会：1923～1926年，取代工部局华董。由鼓浪屿地方名流和上层人士组成，参加工部局董事会和顾问委员会联席会议，协助工部局维持对鼓浪屿的统治。1926年底，华董增至3人。

⑧保甲：1937年，发布《鼓浪屿公共租界保甲条例》，实施保甲制度，归巡捕房管辖。[①]

鼓浪屿工部局行政管理架构演变如图2-17所示。

2）鼓浪屿工部局日常行政主要内容

工部局获得市政建设权、维护治安权和课税权等行政管理权。鼓浪屿的市政建设通常由

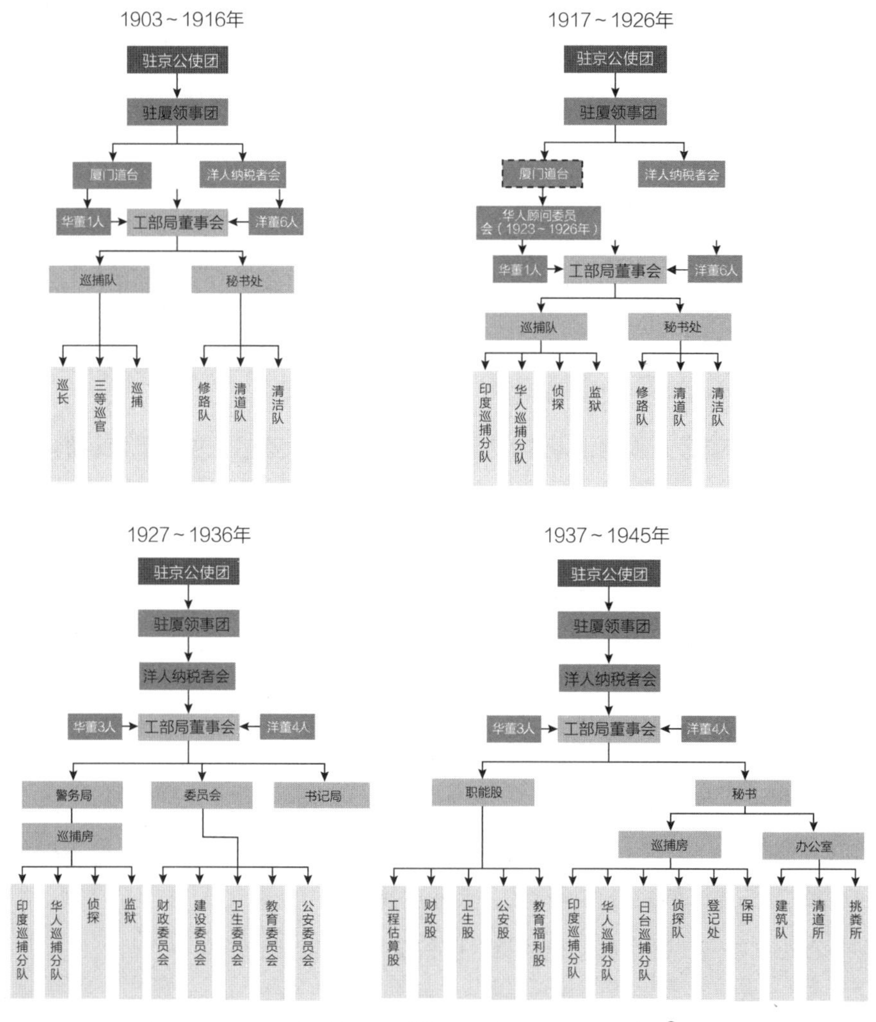

图2-17 1903～1945年鼓浪屿工部局行政架构发展[②]

① 何其颖. 公共租界与近代厦门的发展［M］. 福州：福建人民出版社，2007.

② 何瑞福. 鼓浪屿研究（第八辑）［M］. 北京：社会科学文献出版社，2018.

工部局工务处、公共工程处等机构负责，主要包括修筑码头、开辟道路公园、建设学校和医院、兴建公共事业等，进一步显示出近代城市文明。[①]这一时期，码头的修建与码头各项配套设施的完善，对鼓浪屿水上交通和经济发展发挥了重要作用。修建、扩建、完善岛内道路系统也是工部局的重要工作。20世纪以前修筑的道路，除主干道之外，是结合地形地貌，加密的划分街区的支路，它们大多于20世纪上半叶建设，最终形成了鼓浪屿层次分明、依山就势、景观独特的历史街巷肌理。与此同时，工部局还注重对道路的管理和保养，路灯、路牌、清洁系统、排水系统等道路附属设施的设置，以及在道路建设过程中对水泥、碎石、柏油、沥青等新材料、新技术的运用（图2-18、图2-19）。

为了不断改善当地的居住条件，工部局还积极兴办供电、供水、卫生、消防、文化等各类公共事业。如1913年，鼓浪屿安装路灯150盏[②]；到1940年，鼓浪屿路灯达353盏，公共用

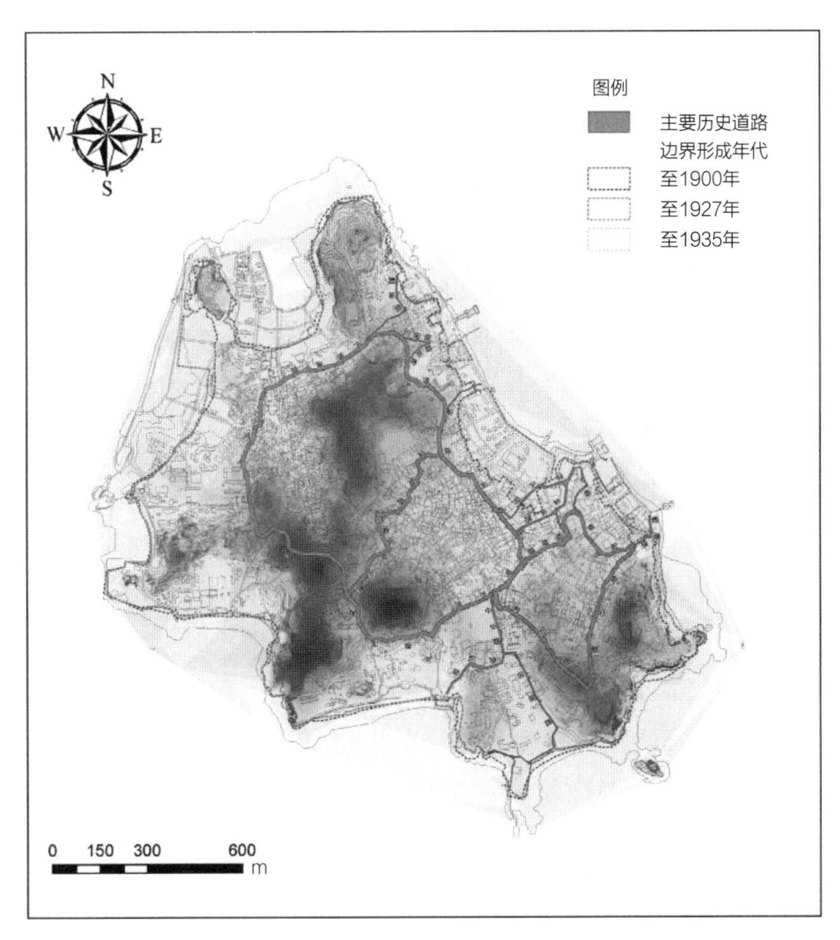

图2-18 鼓浪屿工部局时期的主要历史道路

（图片来源：中华人民共和国文物局. 鼓浪屿申报世界文化遗产文本，2015）

① 何其颖. 租界时期的鼓浪屿之研究［D］. 厦门：厦门大学，2003.

② 杨纪波. 鼓浪屿的公共事业［Z］//鼓浪屿申报世界文化遗产系列丛书编委会. 鼓浪屿文史资料（上册）. 厦门：鼓浪屿申报世界文化遗产系列丛书编委会. 2010：105.

图2-19　鼓浪屿各类历史道路

电费用由工部局支出，并负责路灯的更换、维修等工作。工部局还改善电话通信设备，安装公共电话，方便巡捕和公众使用。1924年，“私立鼓浪屿图书馆”创立（今中华路4号）；1928年，为纪念孙中山先生，改称“中山图书馆”；1936年起工部局派代表参加图书馆管理。1932年以后，工部局开始在岛上推广自来水，鼓励岛上居民安装和使用自来水，保障公共卫生，减少疾病、降低死亡率。

维持地方治安和秩序，是工部局巡捕房的重要内容。巡捕房由巡捕长直接指挥，巡捕长一般由工部局局长兼任。其主要任务是搜捕破坏鼓浪屿治安的犯罪嫌疑人，管辖违反当地章程的案件，维持当地秩序。随着社会发展，工部局自1909年起逐步制定并颁发了一系列的《律例》，以规范当地的管理秩序。[①]

工部局的日常行政工作还包括筹集市政建设及维护地方治安所需的经费。鼓浪屿工部局的经常性收入主要来自捐税收入，此外还包括收取房屋、码头等租金及经营水电等公共事业的收入。征收捐税等事宜由工部局财务股处理。产业税是工部局税收的主要来源。

3）鼓浪屿工部局的历史见证

在当时政府的授权下，作为一个近代城市管理机构，建立了更为完善的社区管理机制，行使管理职能，负责全岛的税收、市政建设、公共卫生管理等公共事务。至此，鼓浪屿成为一个在空间和社会系统上都相对独立、结构完整的社会单元。工部局在鼓浪屿岛上先后至少有三处办公地点。现存的鼓浪屿工部局遗址、鼓浪屿会审公堂旧址在鼓浪屿工部局时期，是当时鼓浪屿近代化国际社区的公共管理机构，是社区功能的重要组成部分。

① 中国人民政治协商会议厦门市委员会文史资料研究委员会. 厦门文史资料（第16辑）[M]. 厦门：鹭江出版社，1990.

2.2 都市社区的转向：鼓浪屿社会生态的变动与失衡

中华人民共和国成立后，鼓浪屿“国际社区”独特的社会生态特征开始发生转变。随着厦门城市的发展及社会经济生产的需要，鼓浪屿在行政区划上作为厦门市一个独立的下辖区建制，成为厦门的一个“都市社区”，承载着20世纪50～70年代城市中心区、工业发展区以及80年代之后的风景名胜区等功能。特别是在2003年，厦门市行政区划调整，鼓浪屿不再作为一个独立的下辖区建制，而作为“鼓浪屿街道社区”并入思明区，市政府同时成立“鼓浪屿—万石山风景名胜区管理委员会”，作为专门机构派驻并管理鼓浪屿—万石山风景名胜区的鼓浪屿部分，鼓浪屿就此实行双重管理。作为社区，鼓浪屿社区的管理机构是隶属于厦门市思明区的鼓浪屿街道办事处，街道办事处主要负责社区的社会建设、公共服务、精神文明建设、社会治安综合整治、辖区公共事务等社区日常事务管理；作为风景名胜区，鼓浪屿的管理机构是厦门市政府派出机构“厦门市鼓浪屿—万石山风景名胜区管委会”，管委会主要负责鼓浪屿的规划、保护、建设、管理等工作。作为厦门“都市社区”这一城市地理、行政单元，鼓浪屿的社会生态较“国际社区”时期发生了巨大的变动与失衡。

2.2.1 城区功能变化与社区产业结构的变动

1. 城市中心区、风景游览区的转变

1949年10月17日，鼓浪屿解放。当时的厦门城市规模较小，本岛发展区域仅限于中山路和思明南北路一带。鼓浪屿当时是厦门城市的中心区，因此，鼓浪屿后来成了厦门城市人口和经济载体的重要组成部分。为了发展城市国民经济，鼓浪屿布局了造船厂、玻璃厂、灯泡厂等市级工业；岛上大量的洋楼被政府接管，成为工人阶级的公有住房并加以合理利用；岛上新的建筑量不多，岛屿空间结构基本维持原有面貌。20世纪50年代，鼓浪屿被定位为工人疗养风景区，鼓浪屿从少数社会私人精英聚集地转变为服务社会主义民众的公共游览区。这一时期的鼓浪屿，既是城区也是风景游览区，既有居民、工厂又有游客、工人，表现为亦城亦景、城景相融的发展趋势。

2. 工业扩张与生态失衡

20世纪六七十年代，鼓浪屿风景区遭受破坏，岛上玻璃厂、灯泡厂、造船厂等原有工厂不断扩张，还建设了一批新的工厂，其中一些有污染的工厂和单位对鼓浪屿环境造成了巨大影响，如分析仪器厂、绝缘材料厂、第三塑料厂、725研究所、水产研究所、造船厂鼓浪屿车间等。除工厂外，有些单位任意圈占马路或围海填地，扩建房屋。许多单位规模越来越大，占地越来越多，房屋越来越高，建筑密度越来越大，绿化树木越来越少。鼓浪屿自然风

景也遭受了破坏和环境污染。“海上花园”名不副实。

3．风景名胜区与景观破坏

1988年，“鼓浪屿—万石山风景名胜区”成为国家重点风景名胜区。风景名胜区的确立，使得鼓浪屿的工业基本被外迁，工业搬迁后的土地被严格控制开发，并开展了一系列有效的环境整治和美化工作。这一时期的鼓浪屿发展主要围绕“风景旅游”进行，并由此带动了鼓浪屿的旅游经济。在资源保护中，强调岛上沙滩、岩石、山体、绿化等自然资源较多，对人文资源的保护相对薄弱，部分老建筑甚至还处在人满为患的状况。为了发展旅游，部分旅游设施建设还对鼓浪屿风景区造成了极大的干扰。例如，为扩大收费景区的范围和方便客流管理，在日光岩和琴园之间架设了距离最短、高度最低的缆车线路，两侧站房的建设破坏了景区环境；为了增加景区的观赏性，琴园景区内建设了电影院和百鸟园，同样严重破坏了景区的自然环境；一些沿海酒店建设专用码头，破坏了岸线的自然形态；港仔后浴场沙滩上架设了尺度和造型均不协调的连续廊架，割裂了从海边沙滩到日光岩的视线通廊等。

2.2.2 城市人口政策与社区人口结构的失衡

1．中华人民共和国成立之前鼓浪屿社区人口及职业构成

1941年，日军非法侵占鼓浪屿，鼓浪屿居民大量外逃，人口锐减。1945年8月15日，日本无条件投降，鼓浪屿被国民党政府接管。1946年，岛上人口下降为2.4万人，鼓浪屿进入修养生息时期。

据厦门市警察局调查统计，1946年12月，厦门和鼓浪屿共有外侨81人，其中英国24人、美国8人、苏联3人、荷兰6人、菲律宾11人、瑞士2人、瑞典4人、德国2人、丹麦7人、西班牙7人、葡萄牙7人。①他们的职业以商人和洋行、公司职员、传教士为主，还有少量医生、教师和仆役（图2-20）。同年，厦门市政府对全市人口职业构成的调查统计表明：1946年鼓浪屿华人居民共14554人，其中从事农业的有56人、工业从业者1489人、商业从业者2340人、交通运输人员122人、公务人员513人、自由职业者（包括医生、教师、律师、工程师、会计师、记者、宗教人员、社团事业从业者、外事人员、银行职员等）217人、人事服务人员（保姆、佣人、仆役、家政服务人员等）5769人、无业人员（含就学人员）4015人。①这些均从侧面反映了当时鼓浪屿人口城市化和建成社区的相关特征（图2-21）。

2．改革开放后鼓浪屿社区人口变动

1）政策影响与人口变动

1993年，《厦门市城市人口管理暂行规定》提出：严格控制鼓浪屿人口机械增长，要按“只准出、不准进”的原则，严格控制鼓浪屿人口机械增长。②岛上工厂陆续迁移。1997年，

① 厦门市档案局，厦门市档案馆．近代厦门涉外档案史料［M］．厦门：厦门大学出版社，1997.

② 付航．鼓浪屿居民外迁影响因素研究［D］．厦门：厦门大学，2018.

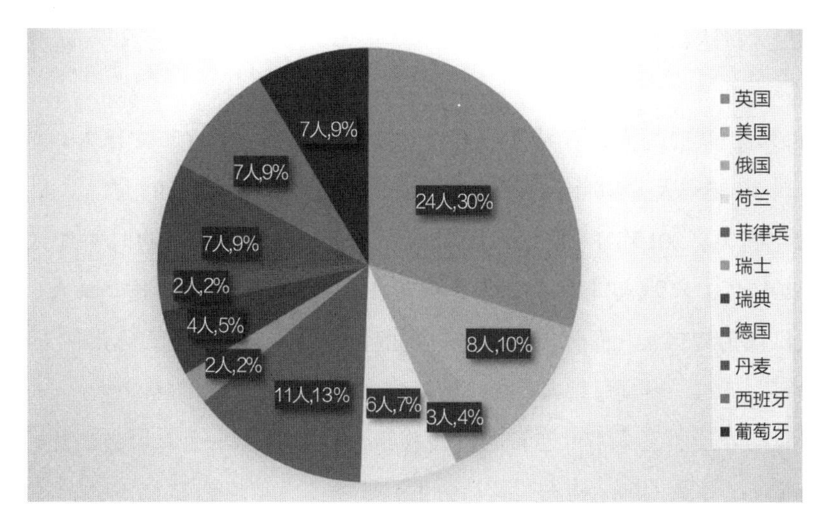

图2-20　1946年厦门和鼓浪屿外侨人口统计图

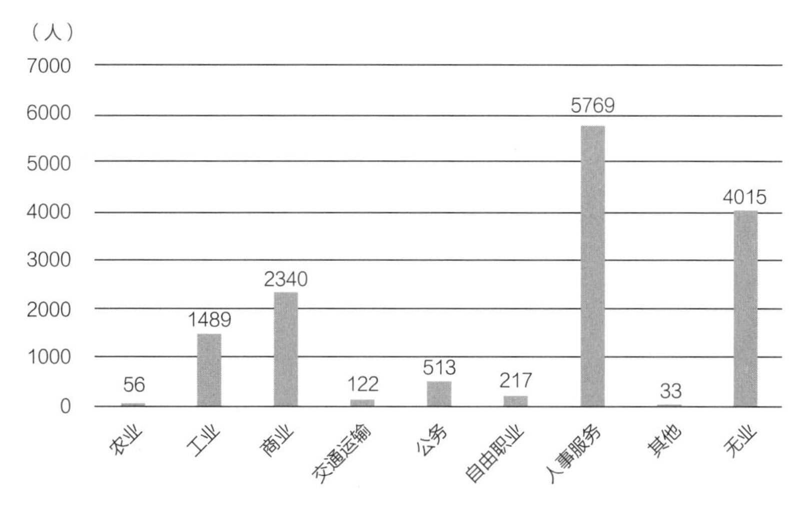

图2-21　1946年鼓浪屿华人居民从业者统计图

厦门市第二人民医院的部分科室迁离鼓浪屿。到20世纪末，一批鼓浪屿居民撤离鼓浪屿。2000年，16家工业企业、产业工人、区政府300多名工作人员及家属撤离，鼓浪屿人口再次减少。[①]2002～2006年，鼓浪屿停止对老旧建筑的修缮保护工作，实行“休眠期”政策，鼓浪屿老建筑的居住环境每况愈下，部分原住民无法忍受日益恶劣的居住环境而被迫迁离鼓浪屿。2005年，《厦门市鼓浪屿风景名胜区管理办法》确立了鼓浪屿的“景区”定位，更多的教育、医疗等机构和居民配套服务设施迁出鼓浪屿，包括厦门市第二人民医院总部、厦门市第二高中部、厦门演艺职业学院、中央音乐学院鼓浪屿校区、厦门工艺美术学院等。至此，

① 黄新华，陈芳，石术，等. 社区治理视野下的鼓浪屿“历史国际社区”[J]. 鼓浪屿研究，2019(1)：1-39.

鼓浪屿岛上居民人口达到了历史迁移的最高峰。[①]

2）人口锐减

1980～1990年，鼓浪屿人口保持着小幅度的减少。鼓浪屿1980年户籍人口为24149人；1990年户籍人口为23583人；2000年户籍人口为16376人，暂住人口1893人，总人口为18269人，人口大幅度锐减；2010年户籍人口为13847人，人口持续减少，同时暂住人口上升为4910人；截至2015年，户籍人口为13320人，但户在人不在的空挂人口达7546人，实际居住岛上的户籍人口仅为5774人，而暂住人口进一步增长至5491人，岛上实际常住人口为11265人，不到1980年人口的一半，户籍人口更少，不到1980年户籍人口的1/4。[②]

鼓浪屿居民的外迁引发了不可逆转的负面效应。“人口递减—公共服务弱化—人口缩减加剧”的恶性循环，导致人口结构失衡，社会生态破坏。[③]

3）人户分离严重

根据鼓浪屿街道办事处计生办2015年11月5日提供的相关人口数据分析，2015年户口在鼓浪屿及居住在鼓浪屿的总人口数为13259人，其中，户口在鼓浪屿且在鼓浪屿居住的“人户一致”的人口为5789人，户口在鼓浪屿但不在鼓浪屿居住的“户在人不在”人口为7348人，占总人口的55.4%，这反映出鼓浪屿“人户分离”的现象十分严重。

4）老龄化特征明显

在2015年鼓浪屿“人户一致”（户籍常住人口）的5789人中，20世纪50年代出生的人口占22.1%，40年代出生的人口占13.9%，30年代出生的人口占11.1%，10～20年代出生的人口占3.7%，合计55岁以上的人口共2941人，占比为50.8%。这意味着鼓浪屿已进入严重的老龄化社会（图2–22、图2–23）。

5）整体就业质量不高

在鼓浪屿的常住人口中，机关办事人员及有关人员占比18.8%；专业技术人员占比16.9%；商业和服务业从业人员占比6.5%；临时工、未登记在册的劳动人员占比31.8%，这部分人口的职业普遍不稳定；在校学生和学龄前儿童占比11.7%；另有13.3%的人口职业不详；1%的人口处于待业状态。由此可见，鼓浪屿上的常住人口整体就业质量较差（图2–24）。

6）流动人口比例高、文化水平低

2015年统计的鼓浪屿流动人口（外来常住人口）为4110人（内厝澳社区2391人，龙头社区1719人），占实际常住人口（户籍常住人口+外来常住人口，合计9899人）的41.52%，即在鼓浪屿生活的每10个人中就有4个是流动人口。流动人口中有2/3主要来自福建漳州和安

---

① 付航．鼓浪屿居民外迁影响因素研究［D］．厦门：厦门大学，2018.

② 王唯山．从历史社区到世界遗产［M］．北京：中国建筑工业出版社，2019.

③ 黄新华，陈芳，石术，等．社区治理视野下的鼓浪屿“历史国际社区”［J］．鼓浪屿研究，2019（1）：1–39.

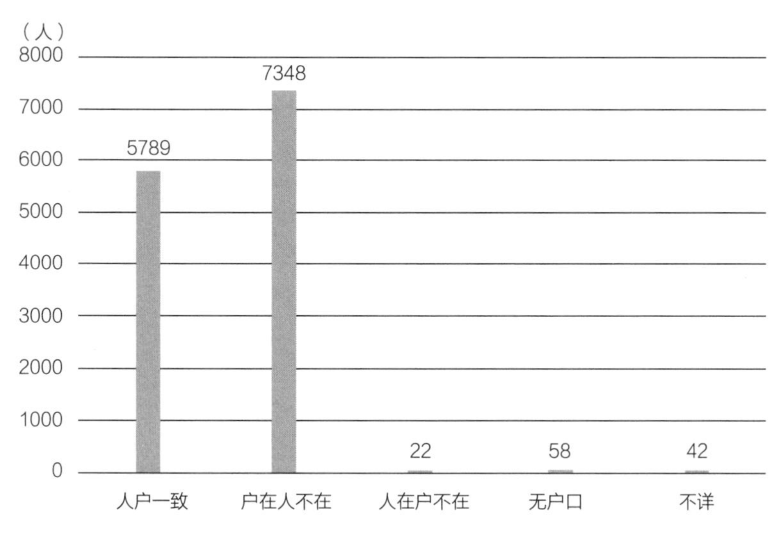

图2-22 2015年鼓浪屿人口户籍状况统计

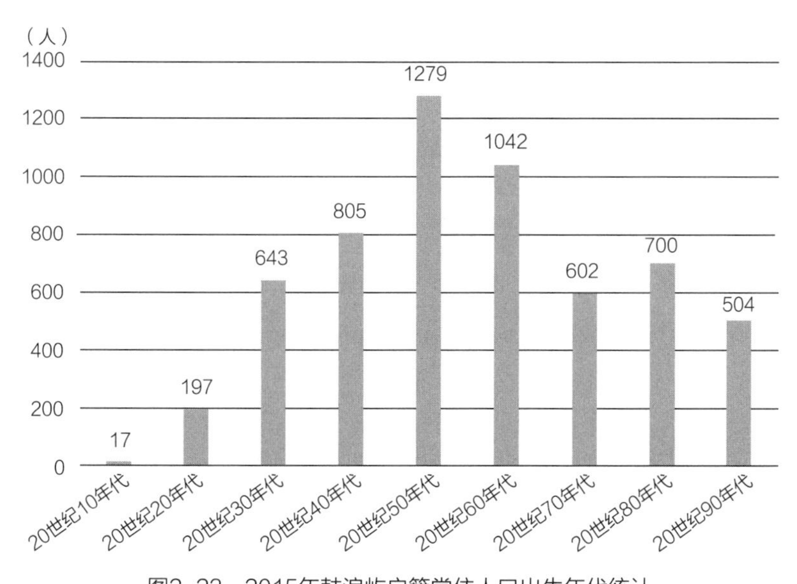

图2-23 2015年鼓浪屿户籍常住人口出生年代统计

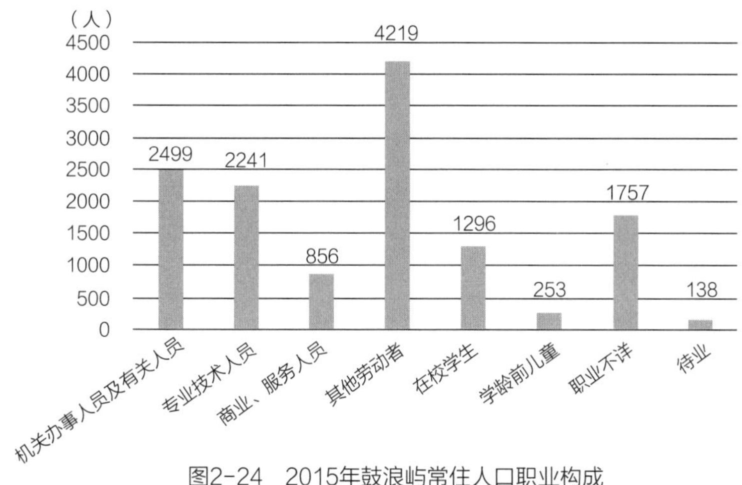

图2-24 2015年鼓浪屿常住人口职业构成

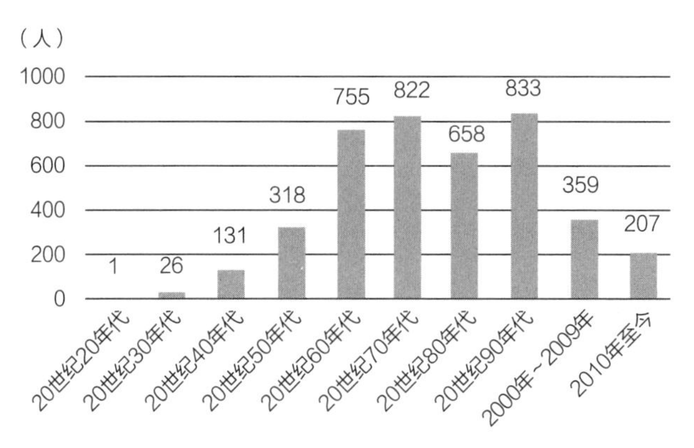

图2-25　2015年鼓浪屿外来人口出生年代统计

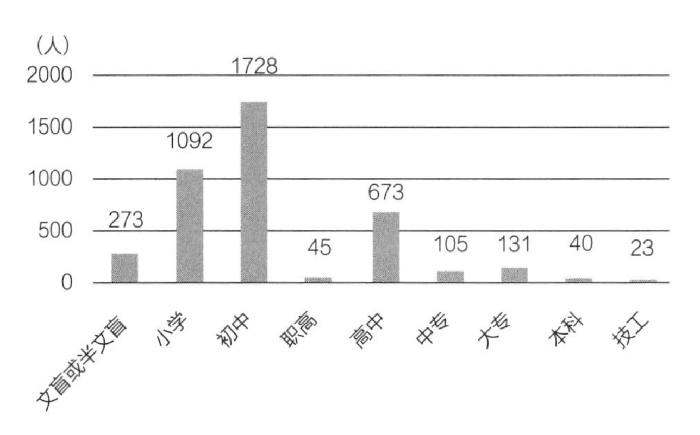

图2-26　2015年鼓浪屿外来人口文化程度统计

徽，其他来自江西、河南等地。这些流动人口中20世纪60年代出生的人口占18.37%，70年代出生的人口占20%，80年代出生的人口占16.01%，90年代出生的占20.27%，即鼓浪屿流动人口中20~55岁的中青年流动人口占比较高，约达74.65%（图2-25）。这些外来人口的文化教育水平普遍较低（图2-26），其中，文盲或半文盲人口占比6.64%，具有小学文化水平的占比为26.58%，初中文化水平的占比为42.04%，高中文化水平的占比为16.38%，合计高中文化以下水平的人口占比高达91.64%，流动人口的整体受教育水平较低，造成鼓浪屿人口素质下降，多从事商业和服务业。[①]

2.2.3 景区性质的增强与社区服务功能弱化

1．社区服务现状问题

20世纪末，鼓浪屿围绕单一风景旅游功能为发展依托，因常住人口锐减，部分基础公共

① 鼓浪屿—万石山风景名胜区管理委员会，厦门市城市规划设计研究院．鼓浪屿建筑功能与业态更新规划导则（2015年）.

服务设施撤离，岛屿的宜居性受到挑战，丧失了原来作为人文社区的多层次、多面性和多元化的内涵。从行政区划上看，2003年以前鼓浪屿是厦门市的一个辖区，区级行政配套完备；2003年厦门进行区划调整，鼓浪屿区撤销，成为思明区一个街道（办）。“撤区”使得鼓浪屿社区的服务功能极大减弱，同时由于人口的不断下降，教育、医疗等社区服务质量快速下降。

1）基础教育资源的流失。目前，鼓浪屿上有幼儿园1所，小学2所，中学与中专2所。历史上优质的基础教育资源逐渐弱化。岛上适学居民获取教育资源的便捷性与教育质量大大下降，一方面，可能造成岛上居民总体文化素质的降低；另一方面，也可能促使更多岛上居民选择搬离鼓浪屿。①

2）医疗卫生供给不足。目前，岛上医院的设计定位、专科设置、床位规模仅从满足居民、游客最基本以及应急的医疗保障需求出发，只具备解决日常一般性医疗需要和突发急救处置的能力，满足不了岛上居民日益增长的基本医疗服务、特殊医疗救护、紧急医疗救治、公共卫生服务和医疗保障等需求。医疗卫生供给的不足，降低了当地居民的安全感、归属感和幸福感。

3）商业服务设施缺位。目前，岛上的商业设施基本是为游客服务的小食店、餐馆、伴手礼礼品店、民宿、酒店等，而为岛上居民服务的便利店、洗衣店、五金店、饮食店等商业服务设施严重缺乏。商业服务的缺位、便利性的削弱以及日益增长的生活成本给岛上的居民生活造成了一定的压力。

4）文体娱乐设施缺乏。目前，鼓浪屿岛上的文化体育设施有鼓浪屿音乐厅、中山图书馆以及龙头社区和内厝澳社区综合文化服务中心，文体娱乐设施还是相对不足、类型较少，而且利用率低，为居民服务的小型电影院、专业健身场馆等较为缺乏，居民经常需要到厦门岛内才能进行更加丰富的文体活动。

5）住房条件有待提高。由于部分房屋产权不明晰、居民收入水平低等多方面的原因，仍有部分居民的住房条件较差，一方面，存在房屋年久失修、缺乏日常维护和科学保养、自然损坏严重等问题；另一方面，有些房屋由于功能布局不适合现代需求，改厨、改厕等需求也达不到舒适标准，导致居住环境不高。部分区域由于居住密度过高，公共空间狭窄，也存在消防等安全隐患（图2–27）。

图2–27　部分亟待修缮维护的住房建筑

① 黄新华，陈芳，石术，等. 社区治理视野下的鼓浪屿“历史国际社区”[J]. 鼓浪屿研究，2019（1）：1–39.

2．居民对鼓浪屿社会生态环境的满意度调查分析

2020年9月，笔者在鼓浪屿开展了居民满意度问卷调查，从居民基本情况、居民对鼓浪屿社会生态环境的满意度评价、居民对鼓浪屿旅游的感知以及居民对鼓浪屿的自我认知与总体评价等方面对鼓浪屿居民的满意度进行调查分析（附录一）。

在鼓浪屿居民对社会生态环境的满意度方面，笔者从基础设施及配套服务、公共服务、社区治理三个角度对鼓浪屿居民的满意度进行调查。将居民的满意程度分为非常满意、很满意、满意、一般、不满意5个层级，分值依次设为5分、4分、3分、2分、1分，则每个项目的相应得分*score*可通过以下公式计算：

$$score=5\times p_1+4\times p_2+3\times p_3+2\times p_4+1\times p_5$$

式中，$p_1\sim p_5$分别表示“非常满意”“很满意”“满意”“一般”“不满意”5个层级选择人数的占比。

根据本次调查结果（图2-28），64.69%的鼓浪屿居民表示“满意”及以上的态度，22.35%的居民表示“一般”，12.96%的居民表示“不满意”，综合满意度得分为2.95分，表明鼓浪屿居民对岛上的社会生态环境基本满意。

（1）居民对鼓浪屿基础设施及配套服务满意度情况

鼓浪屿居民对岛上的基础设施及配套服务基本满意，总体满意度分值为2.97分（表2-1）。其中，有67.06%的居民表示“满意”及以上态度，19.91%的居民表示“一般”，13.03%的居民表示“不满意”。

从各项基础设施及配套服务看，鼓浪屿居民满意程度较高的评价指标分别为“岛屿生态景观绿化”和“社区供水、供电设施”两项，综合满意得分依次为3.70分和3.45分；居民满意程度偏低的评价指标分别为“社区商业服务设施”“住房条件、修建保障”“社区文化体育设施”三项，综合满意得分依次为2.54分、2.62分和2.62分。这表明，鼓浪屿偏向于强化岛上与旅游业相关的基础设施及配套服务建设，但在与岛民相关的基础配套方面仍有待加强。

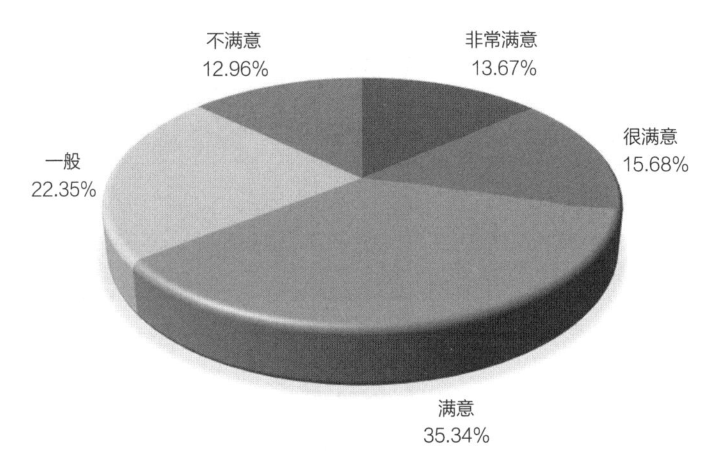

图2-28　鼓浪屿居民对社会生态环境的总体满意程度分布情况

基础设施及配套服务满意度（%）　　表2-1

评价指标	非常满意	很满意	满意	一般	不满意	分值（分）
岛屿内外交通设施	8.24	23.53	27.06	21.18	20.00	2.79
岛屿生态景观绿化	22.49	34.32	35.50	6.51	1.18	3.70
住房条件、修建保障	7.06	12.94	30.59	34.12	15.29	2.62
社区文化体育设施	7.06	12.94	30.59	34.12	15.29	2.62
社区商业服务设施	8.24	10.59	34.12	21.18	25.88	2.54
社区卫生服务设施	13.10	15.48	44.05	15.48	11.90	3.02
社区供水、供电设施	15.48	22.62	53.57	8.33	0.00	3.45
社区网络通信设施	15.66	19.28	32.53	18.07	14.46	3.04
小计	12.14	18.95	35.97	19.91	13.03	2.97

（2）居民对鼓浪屿公共服务满意度情况

总体上看，鼓浪屿居民对岛上的公共服务满意程度达到了基本满意的水平，综合分值为2.93分。其中，64.12%的居民表示“满意”及以上态度，21.26%的居民表示“一般”，14.62%的居民表示“不满意”（表2–2）。

在各项公共服务中，鼓浪屿居民最为满意的是“社会治安保障”，满意度得分达到3.88分，所有受访岛民均表示“满意”及以上态度。但居民们对鼓浪屿的“医疗服务”“基础教育”“养老服务”等方面的满意程度较低，满意度分值依次为2.45分、2.57分、2.69分。其中，超过半数（56.10%）的居民对“医疗服务”表示“一般”及“不满意”。这说明，鼓浪屿在教育、医疗、养老等基本公共服务方面仍有待加强。

公共服务满意度（%）　　表2-2

评价指标	非常满意	很满意	满意	一般	不满意	分值（分）
基础教育	4.48	10.45	38.81	29.85	16.42	2.57
医疗服务	7.32	7.32	29.27	35.37	20.73	2.45
养老服务	14.93	8.96	29.85	22.39	23.88	2.69
社会治安保障	24.71	38.82	36.47	0.00	0.00	3.88
小计	13.29	17.28	33.55	21.26	14.62	2.93

（3）居民对鼓浪屿社区治理满意度情况

鼓浪屿居民对岛上的社区治理水平基本满意，综合分值为2.93分。其中，62.20%的居民表示“满意”及以上态度，25.78%的居民表示“一般”，12.02%的居民表示“不满意”（表2–3）。

在各项社区治理的相关项目中，“邻里关系”的满意水平最高，满意度分值达到3.61分，有89.33%的居民“满意”水平较高，10.67%的居民表示“一般”，没有居民表示出不满意的态度。满意度最低的是“政府补贴/补偿”项目，36.92%的居民表示对政府补贴及补偿“不满意”，27.69%的居民表示对“政府补贴/补偿”的满意度“一般”，35.39%的居民的满意度达到基本满意及以上水平，该项目满意度得分仅有2.14分。

社区治理满意度（%） 表2–3

评价指标	非常满意	很满意	满意	一般	不满意	分值（分）
邻里关系	24.00	24.00	41.33	10.67	0.00	3.61
社区活动	13.33	17.33	36.00	26.67	6.67	3.04
居委会日常管理	13.75	10.00	55.00	15.00	6.25	3.10
社区管理中对居民权益的争取	14.08	9.86	40.85	19.72	15.49	2.87
参与基层公共决策	15.94	7.25	24.64	43.48	8.70	2.78
社区活动参与	18.18	7.79	25.97	36.36	11.69	2.84
反映意见的渠道	20.97	3.23	32.26	29.03	14.52	2.87
政府补贴/补偿	4.62	6.15	24.62	27.69	36.92	2.14
小计	15.68	10.98	35.54	25.78	12.02	2.93

2.2.4 城市旅游发展与社区“宜居性”的挑战

旅游经济爆发式增长给鼓浪屿带来了新的问题，如过度商业化、环境容量过大、旅游低端化等问题。鼓浪屿社区宜居性受到挑战。

在居民的满意度调查中，笔者从社会文化、经济氛围和社会环境三个角度考察居民对鼓浪屿旅游发展的感知情况，共设立20项问题，其中正向问题9项，负向问题11项，根据受访居民的回答情况判断居民们是否对鼓浪屿旅游发展具有积极态度。

（1）居民对鼓浪屿旅游的总体感知情况

问卷对每项问题分别设“非常同意”“同意”“中立”“反对”“非常反对”5个选项。对于正向问题，5个选项的分值依次设为5、4、3、2、1分，相应的分数*score*通过以下公式计算：

$$score=5\times p_1+4\times p_2+3\times p_3+2\times p_4+1\times p_5$$

式中，p_1 ~ p_5——分别表示“非常同意”“同意”“中立”“反对”“非常反对”5个选项选择人数占比。

对于负向问题，5个选项的分值依次设为1分、2分、3分、4分、5分，相应的分数*score*通过以下公式计算：

$$score=1\times p_1+2\times p_2+3\times p_3+4\times p_4+5\times p_5$$

式中，$p_1\sim p_5$——分别表示“非常同意”“同意”“中立”“反对”“非常”反对5个选项选择人数占比。据此计算，得到分值越高则表明居民对鼓浪屿旅游有着较为积极的态度，得分越低表明居民的态度相对消极。

根据本次调查结果，从总体上看，鼓浪屿居民对鼓浪屿旅游的态度相对消极（图2-29）。其中，30.53%的居民持有相对积极的态度，40.30%的居民持有相对消极的态度，比积极态度的居民多9.77个百分点，29.17%的居民保持中立态度。鼓浪屿居民对鼓浪屿旅游感知的综合态度偏向于消极。

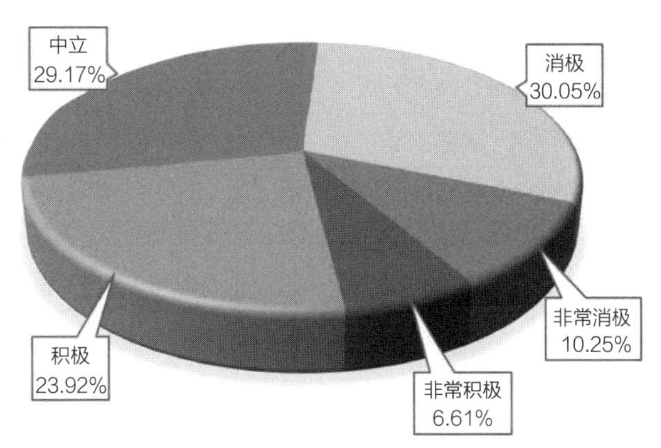

图2-29 鼓浪屿居民对鼓浪屿旅游的总体感知情况

（2）居民对鼓浪屿旅游社会文化影响的感知情况

本次调查显示，鼓浪屿居民认为旅游对鼓浪屿社会文化具有一定积极影响，旅游对社会文化影响的居民感知综合得分为3.13分。其中，有38.93%的居民持有相对积极的态度，28.34%的居民持有相对消极的态度，比积极态度的居民少10.59个百分点（表2-4）。

居民普遍表示旅游激发了大家对鼓浪屿社会文化的保护意识。居民对“社区居民（原住民）在遗产保护中很重要”“旅游发展增强了社区居民对鼓浪屿的保护意识”等这些问题的认同度，分别达到了3.92分和3.53分，对这两项问题表示赞同的居民的比例均达到60%以上。

但是，也有居民表示旅游对当地居民的生活环境造成了不良影响。“旅游迫使很多当地人迁出、外来人迁入”“游客影响了当地居民生活”“外来人的迁入破坏了当地居民形象”“旅游破坏了鼓浪屿的文化传统”等问题的综合得分依次为2.35分、2.60分、2.75分、2.76分。

旅游对社会文化影响的居民感知（%） 表2-4

评价指标	非常同意	同意	中立	反对	非常反对	分值(分)
旅游发展增强了社区居民对鼓浪屿的保护意识	9.41	50.59	25.88	11.76	2.35	3.53
社区居民（原住民）在遗产保护中很重要	22.35	49.41	25.88	2.35	0.00	3.92
旅游发展有利于塑造良好的文化氛围	10.59	37.65	34.12	14.12	3.53	3.38

续表

评价指标	非常同意	同意	中立	反对	非常反对	分值(分)
旅游发展有利于地方文化传统的保护传承	10.59	37.65	32.94	16.47	2.35	3.38
旅游使社区居民的思想更加开放	9.41	35.29	42.35	9.41	3.53	3.38
社区居民愿意与外来游客交流互动	12.94	29.41	42.35	12.94	2.35	3.38
旅游破坏了鼓浪屿的文化传统	10.59	30.59	35.29	18.82	4.71	2.76
旅游影响了当地社会治安	5.88	28.24	29.41	29.41	7.06	3.04
游客影响了当地居民生活	15.29	34.12	31.76	12.94	5.88	2.60
旅游迫使很多当地人迁出、外来人迁入	18.82	43.53	23.53	11.76	2.35	2.35
外来人的迁入破坏了当地居民形象	5.88	37.65	36.47	15.29	4.71	2.75
小计	9.09	29.84	32.73	21.92	6.42	3.13

（3）居民对鼓浪屿旅游经济氛围影响的感知情况

鼓浪屿居民认为，旅游对鼓浪屿经济氛围的影响相对消极，旅游对经济氛围影响的居民感知综合得分为2.52分。其中，有18.54%的居民态度相对积极，56.21%的居民态度相对消极，比积极态度的居民多37.67个百分点（表2-5）。

旅游对经济氛围影响的居民感知（%） **表2-5**

评价指标	非常同意	同意	中立	反对	非常反对	分值(分)
旅游增加了社区居民的收入	8.24	23.53	25.88	38.82	3.53	2.94
旅游为社区居民提供了更多就业机会	8.24	25.88	17.65	40.00	8.24	2.86
旅游促进了当地居民生活水平提高	7.06	27.06	28.24	31.76	5.88	2.98
旅游导致了当地物价上涨	32.94	44.71	20.00	2.35	0.00	1.92
旅游收益大部分被外地人挣走了，只有少数本地人从旅游中获益	21.95	47.56	21.95	8.54	0.00	2.17
商业业态雷同、品质低，影响了地方形象	12.94	49.41	37.65	0.00	0.00	2.25
小计	3.94	14.60	25.25	42.01	14.20	2.52

导致鼓浪屿居民认为旅游对岛上经济氛围产生消极影响的原因主要为，旅游导致了鼓浪屿当地物价的上涨，极少有本地人能够从旅游中获利。受访居民中，有77.65%的人认为“旅游导致了当地物价上涨”，有69.51%的人认为“旅游收益大部分被外地人挣走了，只有少数

本地人从旅游中获益”，62.35%的人认为“商业业态雷同、品质低，影响了地方形象”，这3项问题的综合分值依次低至1.92分、2.17分、2.25分。

认为“旅游增加了社区居民的收入”和“旅游促进了当地居民生活水平提高”的居民占比相对较少。其中，赞同“旅游增加了社区居民的收入”的居民占比31.77%，比持反对意见的居民少10.58个百分点；赞同“旅游促进了当地居民生活水平提高”的居民比例为34.12%，比持反对意见的居民少3.52个百分点。

（4）居民对鼓浪屿旅游生态环境影响的感知情况

鼓浪屿居民认为旅游对鼓浪屿生态环境的影响相对消极，其影响的居民感知综合得分为2.57分。其中，有23.53%的居民持有相对积极的态度，52.55%的居民态度相对消极，比积极态度的居民多29.02个百分点（表2-6）。

旅游对生态环境影响的居民感知（%） 表2-6

评价指标	非常同意	同意	中立	反对	非常反对	分值（分）
游客过多使社区拥挤不堪	15.29	37.65	31.76	14.12	1.18	2.48
旅游发展使岛屿生态环境破坏	15.29	35.29	18.82	27.06	3.53	2.68
旅游使岛屿环境质量下降（环境污染、噪声污染）	18.82	35.29	21.18	21.18	3.53	2.55
小计	2.75	20.78	23.92	36.08	16.47	2.57

这些问题主要在于，居民普遍认为过多游客来到岛上使社区拥挤不堪，对环境质量和岛屿生态造成了不利影响。其中，有52.94%的受访居民认为“游客过多使社区拥挤不堪”，有50.58%的居民认为“旅游发展使岛屿生态环境破坏”，54.11%的居民认为“旅游使岛屿环境质量下降”。这三项问题的分值依次为2.48分、2.68分、2.55分，显示出旅游对鼓浪屿居民造成了消极影响（图2-30）。

图2-30 鼓浪屿旅游景观

2.3 遗产社区的并行：鼓浪屿社会生态的修复与治理

同样是在中华人民共和国成立之后至今，与鼓浪屿“都市社区”并行发展的还有“遗产社区”，它作为鼓浪屿“国际社区”的历史遗产，其保护和发展也从未间断过。从中华人民共和国成立初期厦门城市规划对鼓浪屿“疗养区”的定位，到20世纪60年代的“风景名胜区”建设和人口政策，再到80年代后系统的保护规划管理，均体现出城市对鼓浪屿“遗产社区”这一历史文化和社会生态价值的尊重和传承。自2012年鼓浪屿列入《中国世界文化遗产预备名录》后，它又遵照世界遗产保护公约，中国古迹遗址保护理事会《中国文物古迹保护准则》（2015年），原文化部《世界文化遗产保护管理办法》（2006年），国家文物局《中国世界文化遗产监测巡视管理办法》（2006年），厦门市《厦门经济特区鼓浪屿文化遗产地保护管理条例》（2013年）等遗产地保护法律法规的要求，对鼓浪屿文化遗产的价值认定，对遗产价值载体保护真实性完整性的要求，对鼓浪屿的遗产地实施系统的保护管理。鼓浪屿申遗前后，又相继公布并执行了遗产地保护管理专项规划和全国重点文物保护规划、完善遗产地风险防御体系、关注社区需求、鼓励社区参与遗产保护等，对鼓浪屿“遗产社区”的生态修复和治理作出了积极的探索和贡献。

2.3.1 保护意识的起点（1950~1980年）

1956年，厦门城市发展的首个城市规划，《厦门市城市初步规划》界定了鼓浪屿的性质和定位——城市第一疗养区，并指出：未来将进一步美化并减少发展民用建筑，可建成全国性的为劳动人民服务的疗养院和休养场所。20世纪60年代前，福建省委对鼓浪屿的规划建设管理也明确规定，鼓浪屿要严格控制人口规模，户口只准出、不准进，岛上不要办工厂，不准开采石头，也不能搬进与鼓浪屿风景区无关的单位。因此，鼓浪屿基本保护了鼓浪屿优美的自然景观和人文景观环境，成为我国著名的风景游览区。

20世纪60年代后，针对鼓浪屿工业扩张、环境严重受损等情况，福建省委于1980年3月发布了一份重要文件，文件内容包括：重申鼓浪屿风景游览区定位，凡与景区旅游建设无关的机关、团体、工厂企事业及部队等单位不得在鼓浪屿进行扩建、新建和改建；任何单位未经福建省、厦门市人民政府正式公文批准，均不得在鼓浪屿安排新建、扩建项目；鼓浪屿岛上的工厂，根据条件有计划地逐步迁出；对于现有街区办工厂，根据发展风景旅游事业需要进行产品转向，以生产工艺旅游纪念品为主，使污染工业变为无污染工业；现有单位有围路、圈地的，把旅游区变成单位地盘的，应一律拆除；重申鼓浪屿户口只准出、不准进政策，严格控制鼓浪屿人口。这一文件成为之后一直影响鼓浪屿，并得到有效保护的重要起点。

2.3.2 保护规划的探索（1981～2000年）

1．城市发展战略对鼓浪屿价值的定调

《1985年～2000年厦门经济社会发展战略》中的《鼓浪屿的社会文化价值及其旅游开发规划》研究专题指出：有必要将鼓浪屿视为国家瑰宝，并在这个高度上统一规划其建设和保护；亟须一个统管整体和全局的统一规划，该专题为鼓浪屿的保护发展奠定了基础，指明了发展方向。[①]1980年，厦门经济特区批准设立，面积2.5平方千米，1984年厦门特区范围扩大到全岛，面积131平方千米，并实行了部分自由港政策。1994年，全国人大授予厦门特区地方立法权。这对厦门的发展及鼓浪屿的保护均具有重要意义。

2．相关法定规划对鼓浪屿保护的法规保障

20世纪80年代的规划开始侧重于鼓浪屿居住环境的改善，提出建筑的分类改造以及景观控制的原则，兼顾重视遗产的自然和人文景观价值。1982年编制的《鼓浪屿规划说明书》，提出：人口规模必须压缩，住宅区用地不能再扩大，同时重点对岛上住宅区布局及旧住宅的改造、维护和提升提出了一系列设想。1986年编制的《鼓浪屿风景区保护改造规划》指出，今后的建设应采取"先减后加"的方法，搬迁占地大且有污染的工厂，减少岛上人口，结合改造旧房，改善居住环境，改善市政设施；建筑体量"宜小不宜大"，层数"宜低不宜高"，布局"宜散不宜密"。

1988年，鼓浪屿与厦门岛的万石山以及两者之间的海域共同组成的"鼓浪屿—万石山风景名胜区"列入国家级风景名胜区，正式施行国家级保护。1993年，《鼓浪屿—万石山风景名胜区总体规划》出台。在风景名胜区总体规划指导下，1994年《鼓浪屿控制性详细规划》得以编制，规划提出了鼓浪屿全岛整体发展目标、规划原则，对历史社区进行点、线、面多层次和多元素相结合的整体风貌保护传承进行了规划，提出了分类保护历史风貌建筑、整治风貌建筑环境和改善居住条件、引导风貌建筑使用性质转变等实施要求。由此，鼓浪屿风貌建筑在这一时期开始得到系统、动态式的积极保护，建筑文脉得以延续和发展。

3．国际借鉴与地方保护法规先行探索

1997年，厦门市规划局组织开展《厦门市历史风貌建筑及区域保护法规研究》，创造性地提出了厦门市历史风貌建筑及区域保护法规建议稿。这一研究工作在我国城市同类工作中具有超前性和领先性，法规建议稿成为2000年通过的《厦门市鼓浪屿历史风貌建筑保护条例》的重要先导性工作。同时，也得益于厦门市经济特区和地方立法优势，《厦门市鼓浪屿历史风貌建筑保护条例》成为当时中国城市对历史建筑保护的首部地方性立法。

① 新华社．习近平总书记珍视的那个瑰宝　如今愈加熠熠生辉［Z/OL］．（2017-08-22）［2024-02-04］．http://china.chinadaily.com.cn/2017-08/22/content_30937175.htm.

2.3.3 申遗前的整治修复（2001~2017年）

1．申遗工作系统开展

2008年，厦门市正式启动鼓浪屿申报世界文化遗产工作。2009年，当时的国际古迹遗址理事会副主席与清华大学建筑学院副院长考察鼓浪屿，并为“鼓浪屿申报列入世界文化遗产名录办公室”揭牌，厦门市政府成立“鼓浪屿申报世界文化遗产工作小组”，鼓浪屿申遗文本及保护规划编制工作正式启动。2011年，“鼓浪屿申报世界文化遗产工作领导小组”“福建省鼓浪屿申遗领导小组”开启了申遗环境整治工作。期间，《鼓浪屿申遗文本及规划纲要》《鼓浪屿文化遗产地保护管理规划》《鼓浪屿申遗要素整治修缮设计方案》《鼓浪屿第五批申遗要素保护修缮及环境整治方案》《厦门经济特区鼓浪屿文化遗产保护条例》等规划管理条例得以制定，为鼓浪屿的遗产保护保驾护航；社区整治和文化共建等工作也得以有序开展。2012年，鼓浪屿正式列入《中国世界文化遗产预备名单》。

2．法律法规制定完善

2014年，厦门市政府公布了《遗产地保护管理规划》，它在鼓浪屿正式成为世界文化遗产地之前发挥了重要作用。其内容包括：帮助遗产地各利益相关者对遗产的价值认识达成共识，并明确整体的保护原则和对各类型遗产要素的保护要求；通过管理体系和立法系统的完善为各参与方明确在遗产地保护发展中的角色和责任，以及各项保护管理工作的执行依据；根据世界遗产突出普遍价值框架，制定一系列调查和研究工作，深化对遗产地价值的挖掘；对遗产地当前及未来可能遇到的威胁与挑战提出针对性的保护预防措施和管理机制，用以保护遗产要素的安全性。2015年，《厦门经济特区鼓浪屿历史风貌建筑保护条例实施细则》等出台。

2017年，“鼓浪屿：历史国际社区”以符合世界遗产标准（ii）、标准（iii）、标准（iv），成功列入《世界遗产名录》。

基于对鼓浪屿世界遗产突出普遍价值的认识，在鼓浪屿未来遗产保护与社会生态可持续发展中，我们需要以社区整体形态为核心复杂系统，将历史层层叠加的建筑和文化遗迹与周边环境和社区文化生态融为一体进行整体保护。同时，还要以价值传承为重点，将当代的社区保护、遗产价值传递给未来。

2.3.4 申遗后的社区治理（2018年至今）

1．立法保障

2019年，《厦门经济特区鼓浪屿世界文化遗产保护条例》通过[①]，这是厦门再度为了加强鼓浪屿文化遗产保护专门立法。“升级版”的新法规包括总则、规划与管理、传承与利用、

① 厦门日报．厦门经济特区鼓浪屿世界文化遗产保护条例（2019年6月28日厦门市第十五届人民代表大会常务委员会第二十六次会议通过）[N/OL].（2019-07-04）[2024-02-04]. https://www.xmrd.gov.cn/fgk/201907/t20190704_5291186.htm.

共享与保障、法律责任和附则在内共六章、四十七条。其升级亮点有：

一是，管理体制的优化。在宏观管理体制的设计方面，明确厦门市人民政府统筹协调、厦门市思明区人民政府、鼓浪屿文化遗产保护机构、市文物行政主管部门各司其职的管理体制。在行政执法权的微观分配方面，在《厦门经济特区城市管理相对集中行使行政处罚权规定》的基础上，"新条例"进一步整合了景区内的相关行政执法权，从而避免了各个执法部门相互推诿的现象。

二是，突出规划与管理。"新条例"参考国内外相关法律法规，在规划部分首先通过确定保护规划编制的目的与原则用以指导保护规划的编制；其次从形式上对保护规划的制定、变更等程序性内容进行规定，以保证保护规划的形式合法性为其现实运行创造条件；最后确定文化遗产保护规划与其他保护规划之间的协调关系，防止多规冲突的现象。

三是，保障历史文脉传承。在保护制度的设计上，新条例专门设置文化传承和利用的内容，以强调文化属性，保障鼓浪屿所承载的历史文脉得以继续传承。

四是，重视社区居民的利益。鼓浪屿作为"社区"的属性非常显著，"历史国际社区"的定位更是独一无二，保障社区居民享受文化遗产的权利。

2．管理体系的逐步完善

鼓浪屿以国内外遗产保护公约、法律、法规作为保护工作的有力保障，通过建立科学有效的管理机制与职能完备的管理机构，完善有针对性的政策法规，编制和执行指导遗产地保护管理的专项规划，规范保护决策机制和项目审批管理流程，积极协调遗产保护与社区发展需求，并通过鼓励社区参与遗产地保护等不同层面的手段进行遗产地的保护和管理。针对鼓浪屿的文化遗产保护，目前已经建立系统的管理机制，主要包括国家、省、市、遗产地四级行政管理体系和业务管理体系，遗产管理效率逐步提高（图2-31）。

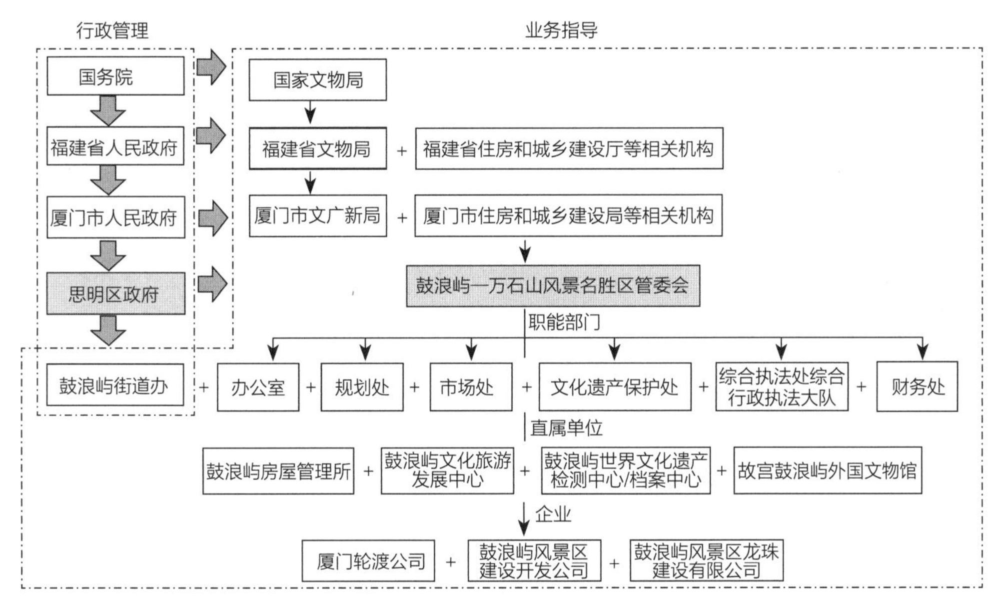

图2-31　鼓浪屿管理体系结构图

2.4 来自“地缘文化圈”遗产地的比较与经验借鉴

2.4.1 地缘文化圈比较

在全球化过程中，不同文明之间如何共生越来越受到关注。20世纪可以说是一个文化自觉被传承、被发现、被创造的世纪。这一文化也是近代以来“民族—国家”认同的一个重要源泉。[①]在全球化背景下，跨越国家边界、民族边界和文化边界的跨界群体，当他们相遇的时候，在某些方面有了认同，就会结合为一个“世界单元”[②]，即一个跨越国家、跨越民族、跨越地域所形成的新的共同的认识体系，而“和而不同”便成为其中的文明对话和处理不同文化之间关系的基本原则。

16～20世纪，亚太地区的许多国家都不同程度地经历过西方文化的冲击和影响，过程中既包含西方国家对其自然、人力资源的掠夺，对传统政治、经济、文化和技术体系的冲击，也包含有亚太国家本土居民寻求主权独立，寻求近代化社会生活的努力。期间，城市历史景观的创造与重组不仅被视为实现社会变革的有力工具，也是文化交流和融合必然的物质成果。由此，亚太地区保留至今的历史城镇，主要包括斯里兰卡的加勒老城及其城堡（Old Town of Galle and its Fortifications）、老挝的琅勃拉邦古城（Town of Luang Prabang）、越南的会安古镇（Hoi An Ancient Town）、菲律宾的维干历史古城（Historic Town of Vigan）、中国的澳门历史城区（Historic Centre of Macao）、马来西亚的马六甲海峡历史城市：马六甲和槟城（Melaka and George Town，Historic Cities of the Straits of Malacca）、斐济的勒乌卡历史港口城镇（Levuka Historical Port Town）、中国的鼓浪屿：历史国际社区（Kulangsu，a Historic International Settlement）以及泉州宋元中国的世界海洋商贸中心（Quanzhou:Emporium of the World in Song-Yuan China）等历史城镇，成为这一普遍历史变革和文化交流、碰撞的有力见证，并由于在地方管理制度、城镇功能、主导文化影响、文化之间的关系、城市规划理念和建筑风格等方面的不同而产生各自特点（表2-7）。

如果就历史发展历程对亚太地区受到西方文化影响的历史城镇进行梳理，不难发现，不同时期建立的历史城镇具有明显的差异性。16～18世纪，当西班牙和葡萄牙力量繁荣时，印度洋北岸和东南亚地区出现了一系列受到西方文化影响的沿海城镇，较为著名的如马六甲、中国澳门、马尼拉等。这个时期建立的历史城镇内部功能相对简单；部分城市的整体规划、道路结构和功能分布均移植西方理念；同时，西方人所建的建筑数量有限，多用于宗教、军事用途，集中分布于城镇较小的区域，在建筑风格上多为对西方各国样式的复制。从19世纪

① 麻国庆．非物质文化遗产：文化的表达与文化的文法［J］．学术研究，2011（5）：35-41.

② 麻国庆．山海之间：从华南到东南亚［M］．北京：社会科学文献出版社，2014.

东南亚地缘文化圈历史城镇遗产地概况 表2-7

遗产地	国家	坐标/保护范围	形成时期	城镇功能	主要文化特征	主要城镇特征	符合标准	登记时间
加勒老城及其城堡（Old Town of Galle and its Fortifications）	斯里兰卡	N6° 1′ 40.984″ E80° 12′ 58.846″	16世纪	军事城堡	以荷兰、葡萄牙、英国为代表的欧洲文化与南亚文化的交流	（1）欧洲人在南亚、东南亚建造的城堡城市的优秀范例； （2）建筑设计展示出欧洲建筑风格和南亚传统之间的相互影响	Civ	1988年
琅勃拉邦古城（Town of Luang Prabang）	老挝	N19° 53′ 20.004″ E102° 7′ 59.988″	19世纪	宗教首都	19世纪受法国文化影响	老挝传统建筑、城市结构与西方殖民政权相融合的杰出实例	Cii Civ Cv	1995年
会安古镇（Hoi An Ancient Town）	越南	N15° 52′ 60″ E108° 19′ 60″	15世纪	商贸城镇	欧洲文化与越南传统文化的交流	（1）各文化长时间融合的杰出物质展示； （2）传统亚洲贸易港口实例	Cii Cv	1999年
维干历史古城（Historic Town of Vigan）	菲律宾	N17° 34′ 30″ E120° 23′ 15″ 核心区：17.25 公顷	16世纪	商贸城镇	西班牙、北美文化与中国、菲律宾、伊洛卡诺文化之间的交流融合	（1）典型西班牙殖民地棋盘网络城市格局，但与拉丁美洲城市中心有明显不同，反映出亚洲文化的影响； （2）典型的骑楼建筑风格由菲律宾传统住宅发展而来，代表了亚洲建筑设计、建造与欧洲殖民建筑、规划的独特融合	Cii Civ	1999年
澳门历史城区（Historic Centre of Macao）	中国	N22° 11′ 28.651″ E113° 32′ 11.26″ 核心区 :16.1公顷 缓冲区: 106.79 公顷	16世纪	商贸城镇	葡萄牙文化与中国传统文化的碰撞融合	（1）城市格局反映出典型的葡萄牙居留地的特点； （2）葡萄牙和中国风格的建筑，见证了东西方文化的交融； （3）见证了国际贸易蓬勃发展、中西方交流和持续沟通	Cii Ciii Civ Cvi	2005年

续表

遗产地	国家	坐标/保护范围	形成时期	城镇功能	主要文化特征	主要城镇特征	符合标准	登记时间
马六甲海峡历史城市：马六甲和槟城（Melaka and George Town，Historic Cities of the Straits of Malacca）	马来西亚	N5° 25′ 17″ E100° 20′ 45″ 核心区: 154.68公顷 缓冲区: 392.8公顷	15世纪	商贸城镇	马来、中国、印度文化和葡萄牙、荷兰、英国等欧洲文化间的交流与共存	（1）城市格局展示出欧洲几何性格局在亚洲居住地的应用； （2）两个遗产地建筑展示了不同的历史时期和建筑风格，包括葡萄牙、荷兰、穆斯林、印度和中国的传统文化； （3）与物质要素相关的非物质遗产也是遗产地的一个重要特征，展示出不同民族社区的融合，并创造出一种特定的文化身份	Cii Ciii Civ	2008年
莱武卡历史港口镇（Levuka Historical Port Town）	斐济	N17° 41′ 0.16″ E178° 50′ 4.32″ 核心区: 69.6公顷 缓冲区: 609.4公顷	19世纪	商贸城镇	地方社区和英国、美国文化之间的融合	（1）19世纪末太平洋岛屿国家港口贸易城市的罕见案例； （2）城市规划融合了地方住区、建筑传统和西方殖民的标准	Cii Civ	2013年
鼓浪屿：历史国际社区（Kulangsu，a Historic International Settlement）	中国	N24° 26′ 51″ E118° 3′ 43″ 核心区：316.2公顷 缓冲区: 886公顷	19世纪	住区	中西方多元文化融合	（1）20世纪早期近代国际社区独特实例； （2）与岛屿自然景观特征联系紧密的道路格局； （3）以社区生活需要为发展点的公共设施系统； （4）多元建筑风格并存；融合创新的厦门装饰风格建筑	Cii Civ	2017年
泉州：宋元中国的世界海洋商贸中心（Quanzhou: Emporium of the World in Song-Yuan China）	中国	N24° 42′ 37″ E118° 26′ 39″ 核心区:536.08公顷 缓冲区:11126.02公顷	10～14世纪	商贸城镇	古代中国与世界各国文明的交流融合	（1）反映了特定历史时期独特而杰出的港口城市空间结构及社会文化元素； （2）作为宋元中国杰出的对外经济与文化交流窗口、海上丝绸之路重要节点以及世界海洋贸易中心港口； （3）当今构建人类命运共同体方面古代世界的经典案例	Civ	2021年

开始，西方各国和亚太地区的商贸往来更加频繁，对于该区域的影响和控制显著增强。以新加坡为代表性的城市建设实例展示出，该时期西方力量开始对原有传统住宅区进行有计划地城市规划和整体改造，并将城市改造作为传播和推行西方文化和近代化的重要手段。这个时期所建立的城镇大多有着明确的十字网格或放射性的道路结构，依据居住人群国籍或文化特征而严格划分生活区域，如新加坡的欧洲人区、唐人街区、印度人区和穆斯林区。进入20世纪，随着东西方文化交流的加剧，一些本土传统文化延续性较强的区域在接受西方文化影响的同时，也开始寻求自身民族文化、地域文化特征的表达，多元文化相融合，创造出与此前时代截然不同的文化特征，区域文化“涵化”[①]（Acculturation）过程及各个阶段特征凸显。

将鼓浪屿置于亚太地区东西方文化交流的整体历史演变进程之中，审视其价值并将其与该区域已列入《世界遗产名录》和《预备名录》的同主题历史城镇或其他类型文化遗产进行比较，鼓浪屿由于其形成发展的独特历史背景，使之在历史见证作用、文化特征、遗产主体和建成环境等方面与相似遗产存在较大差异，其独特性和突出价值具体表现为以下几个方面。

1．所见证历史阶段的特殊性

《世界遗产名录》和《预备名录》中亚太地区同主题历史城镇形成发展时期多为15～17世纪，时间上早于鼓浪屿。莱武卡历史港口城镇（Levuka Historical Port Town）、沙哇伦多翁比林煤矿遗产（Ombilin Coal Mining Heritage of Sawahlunto）等遗产地虽然在形成时间上与鼓浪屿接近，但是其所处地理位置、体现出的文化特征、文化间的相互关系和遗产主题都与鼓浪屿具有很大差异。这凸显出鼓浪屿作为近代早期变革时期的国际社区具有特殊的见证作用，鲜明地展示出19世纪末～20世纪初全球文化急剧地交流和对话，以及传统社区表达自身文化特征，迈入现代化的尝试和努力。

2．建成环境功能和特征的差异性

《世界遗产名录》和《预备名录》中亚太地区具有跨区域文化交流价值的文化遗产在主题上可归为军事设施、区域首都、商贸城镇、宗教建筑和工业遗产五类。其中以商贸港口城镇数量最多，占总数的32%；其次为表现宗教主题的建筑群或纪念物，占总数的21%；再次为反映东西方文化交流对工业发展影响的工业遗产，占总数的14%。而商贸港口城镇，如维干历史古城（Historic Town of Vigan）、会安古镇（Hoi An Ancient Town）等遗产地，虽然在遗产构成中保留有一定面积的居住建筑，但由于城镇发展的驱动力并非以社区居民生活需求为出发点，这使其公共建筑和设施的种类与鼓浪屿存在较大差异，从而形成了风格不同的城市历史景观特征。因此，在亚太地区《世界遗产名录》和《预备名录》中还未出现以居住建筑为主体，反映20世纪初期近代社区在社会管理体制、公共生活、文化特征和建筑形态等方

① 涵化，亦称“文化摄入”，一般指因不同文化传统的社会互相接触而导致手工制品、习俗和信仰的改变过程。文化涵化作为文化变迁的一种主要形式，指异质的文化接触引起原有文化模式的变化。

面转变的文化遗产。而鼓浪屿保留完整的城市结构，服务于社区且功能多样的公共设施，质量较好且数量众多，反映各个时期不同风格特点的居住建筑，以其突出的完整性与真实性，全面地展现了在19~20世纪中叶多元文化融合的背景下早期近代社区的建成环境。

然而，在当下全球化和现代化进程中，亚太地区的遗产城镇同样面临相似的困境和挑战，典型的如城市更新压力、基础设施建设的挑战、文化旅游的挑战、文脉丧失、地方精神的破坏、传统知识的丧失等，威胁着遗产地的完整性和真实性。[①]面对城镇发展的客观需求和遗产保护的复杂性，如何协调和平衡保护与发展的关系，不同的国家和城市作出了不同的应对，甚至成为亚太地区优秀保护的范例。下面就以四个历史城镇为例，亚太地区的遗产城镇与鼓浪屿可互鉴发展。

2.4.2 维干历史古城的经验

1．遗产地概述

维干（Vigan）位于菲律宾南伊洛科斯省吕宋岛西北海岸线上的凯西河三角洲，被占领之前是一个重要贸易站。它是亚洲最完整的西班牙风格城镇，建于16世纪。它的建筑反映了菲律宾与中国文化元素、欧洲和墨西哥文化元素的融合，创造了独特的文化和城市景观。该遗产的总面积17.25公顷。传统的西班牙棋盘式街道规划打开了两个相邻的广场。萨尔塞多广场是“L”形开放空间的长臂，布尔戈斯广场是较短的部分。这两个广场以圣保罗大教堂、大主教宫、市政厅和省议会大厦为主。古城规划符合文艺复兴时期的网格规划，在《印第安法》中对西班牙帝国的所有新城镇都有明确规定。然而，在拉丁美洲的历史核心区（被称为梅斯蒂索区），维干和当代西班牙风格城镇之间有一个明显的区别，那里的拉丁美洲传统受到中国、伊洛卡诺和菲律宾的强烈影响。这个地区由富裕的中国和伊洛卡诺混血家庭居住。该地区包含了整个城镇的历史足迹，由233座历史建筑组成，紧紧沿着25条街道网格排列。大多数现存建筑建于18世纪中期~19世纪晚期。住宅和商业建筑保留了底商居住的功能特征。公共建筑也彰显了多元文化的影响。维干是独特的，它保留了许多西班牙风格特征，尤其是其历史性的城市布局。其意义还在于如何将不同的建筑影响融合在一起，创造出独特的城镇景观（图2-32、图2-33）。1999年，维干历史古城被列入《世界遗产名录》。

2．社会生态可持续发展经验

就在维干历史古城被列入《世界遗产名录》的四年前，这座城市正经历着政治动荡、私人军队和政治暴力、企业外迁以及历史街区的衰败。传统工业正在衰落，公共市场被大火摧毁，经济资源几乎不足以支付公职人员的工资。为了利用文化遗产作为发展工具的潜力，当地政府和利益相关方根据其世界遗产提名制定了明确的愿景和行动计划。在维干历史古城被

① Engelhardt，R.A.，Rogers. P.R. HoiAn Protocols for Best Conservation Practicein Asia: Professional Guidelines for Assuring and Preserving the Authenticity of Heritage Sites in the Context of the Cultures of Asia［M］. Bangkok: Asia and Pacific Regional Bureau for Education，UNESCO Bangkok，2009.

图2-32　维干古城街巷

图2-33　维干古城民居建筑

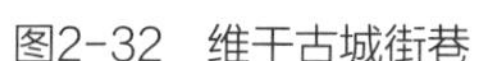

提名为世界遗产之后，当地政府为该遗产制定了一个系统的保护和管理计划。通过实施这一长期计划，维干开发了其文化旅游潜力，改善了其治理系统，保护了历史建筑，并为其公民提供了机会。该计划在2012年被联合国教科文组织评为“世界遗产管理最佳实践”。

1）四个关键目标

①增强市民对这座历史名城的认同感和自豪感——增长他们的信心和知识。②将该方法嵌入城市的长期政策和管理中，以防止短期的政治变化破坏这一势头。③建立本地和国际联系——向其他历史名城学习，确保西班牙政府对总体规划过程中渐进式变革的支持，以及与当地大学合作，利用额外的资源和研究能力，这些伙伴关系有助于在资源有限的地方交付成果。④将维干古城发展成为一个旅游目的地，丰富和保护人民的核心价值观和传统，并维持他们的生计。

2）法律、规划和管理框架

维干历史古城被列入《世界遗产名录》后不久，几项立法措施得以实施。其中包括：创建规划方案，考虑到世界遗产地的边界和缓冲区，并确定遗址内允许的用途。为历史城区内的历史建筑、新建筑和开放空间的干预制定地方性法规和指导方针。建立多部门的维干保护委员会，负责建议、评估和批准与历史地区有关的发展计划和政策，以及技术工作组，负责执行保护准则和评估恢复和发展计划，供保护委员会批准。历史中心的新交通计划，重新配置了该地区的交通流量，并将奎俊洛哥（Crisdogo）街划为步行街。预留1%的财政预算用于艺术、文化和旅游投资。在城市管理局内成立遗产管理处和遗产保护处，以监督遗址的保护状况，并管理城市规划审批，成立了城市公共安全和减少灾害风险管理办公室，以减少和管理与遗产相关的威胁。此外，当地政府与普力美（PRIMEX）公司合作，制定了维干大都市可持续城市基础设施发展总体规划，这将为更为广泛的城市提供发展蓝图。

3）知识和技能的传播

维干历史古城投资了一个关于该市历史、传统、艺术、文化和工业的研究和教育项目。首先，制图方面，市政府与圣托马斯大学热带文化财产和环境保护中心合作，对有形和无形遗产资产进行了测绘，测绘工作得到了修订和数字化，并有助于减少灾害风险。与此同时，圣托马斯大学开发的新的旅游产品，找到了更好的方式让游客体验和了解该城市的遗产。教育和培训方面，维干市投资于遗产管理和传统技能的教育和培训方案。教育设施集中在维干保护区，包括培训中心、博物馆、图书馆等。Escuela Taller提供维护、维修和修复历史建筑所需的传统建筑工艺培训。开设了关于基于文化的治理、文化活动管理和规划以及减少灾害风险和遗产地管理的新课程。三所高中的课程中增加了织布机编织和制罐等传统技能。原旅游部还向传统马车（kalesa）的司机提供了额外的培训，提高他们的导游技能。在联合国教科文组织——日本FIT项目下，旨在振兴当地传统产业作为世界遗产叙述一部分的维干对当地工匠进行了产品开发培训，制作了关于当地工艺的宣传材料，出版了大量的图书来传播城市历史和遗产，如《菲律宾维干世界遗产城：遗产房主保护手册》《维干有形遗产和无形遗产宪章》等，旨在教育和告知房主、建筑师、开发商等有关遗产保护的指导方针。

4）社区参与

举办公共论坛和利益攸关方研讨会，制定城市愿景，声明并确定文化旅游和发展战略。当地政府就法律措施进行了社区磋商，由于对其财产的限制越来越多，引起了一些房主的反对。为了增强居民的权能，使他们能够参与保护方案，成立了拯救维干祖传房主协会。同时，维干遗产保护青年理事会促进青年参与保护事务，并组织一年一度的维干遗产青年大会。在商业领域里，利益相关者的参与是通过维干旅游理事会进行的。该机构汇集了不同的利益攸关方，包括当地企业、宗教当局、学术界、手工业、基础设施部门和政府。

5）无形遗产的传承

该市通过保护和传播传统技能和知识，如手工艺，积极推广非物质文化遗产。当地文化和历史通过讲故事、戏剧和音乐剧传播。此外，全年都举行文化节，包括宗教和世俗节日，如维干嘉年华、圣保罗日、龙加尼萨节和圣周。维干艺术节包括游行、文化活动和传统艺术表演，而在世界遗产城市团结日则举行城市庆祝活动。其他节日还包括灯笼和火炬游行。

6）物理干预

在列入清单时，社区需求的优先事项包括向村庄提供清洁水的措施、固体废物处理系统、关注健康和卫生，以及开发通往村庄的道路，使其便于旅游和其他经济活动。其他干预措施侧重于增强老城的历史特色。历史街区的街道标志现在由当地的黏土制成，增强了当地的独特性。房产和公共空间也得到恢复，历史悠久的街道铺上了新的鹅卵石。

综上，通过利用文化潜力来促进当地发展，维干已经成为一个经济不断增长的繁华城市。同时，卫生和教育水平得到显著提高。以遗产为主导的复兴战略使城市能够为古城人民投资一系列其他设施。保护挑战依然存在，城市不断变化和经济繁荣的背景与旧物业和空间的使用产生了紧张关系，特别是一些物业尚未恢复，交通流量的增加产生了新的问题。通过了解其遗产旅游潜力、制定和实施行动计划的过程，维干发生了转变。行动计划和善治的效果改善了居民的生活质量和生计，同时认真考虑了大力保护历史建筑的必要性。[①]

2.4.3 马六甲和槟城的经验

1. 遗产地概述

马来西亚的马六甲和槟城是马六甲海峡历史上著名的被入侵占领的城镇，它们作为连接东西方的贸易港口，在东西方之间发展了500多年的贸易和文化交流，拥有马六甲海峡现存最完整的历史城市中心，拥有多元文化的生活遗产，源于从英国和欧洲通过中东、印度次大陆和马来群岛到中国的贸易路线。马六甲以其政府建筑、教堂、广场和防御工事展示了这段历史的早期阶段，它起源于15世纪的马来苏丹国以及16世纪初开始的葡萄牙和荷兰时期。在槟城，历时200多年的发展，不同阶段的建筑类型、城市发展的历史痕迹至今仍有迹可寻。此外，传统的人文生活、习俗、节庆也还在延续着，形成了最有价值的无形文化遗产。这两个城镇都见证了亚洲活生生的多元文化遗产和传统，许多宗教和文化相遇并共存，反映了马来群岛、印度和中国的文化元素与欧洲文化元素的融合，创造了独特的建筑、文化和城市景观。它们均为英国建筑风格的城市之一（Straits Settlements），拥有独特而丰富的多元要素混合而成的城市文化和空间特色。中、欧、亚、印等不同文化的族群混居于同一座城市，建筑元素互相影响进而造就了特殊的产物（图2-34、图2-35）。

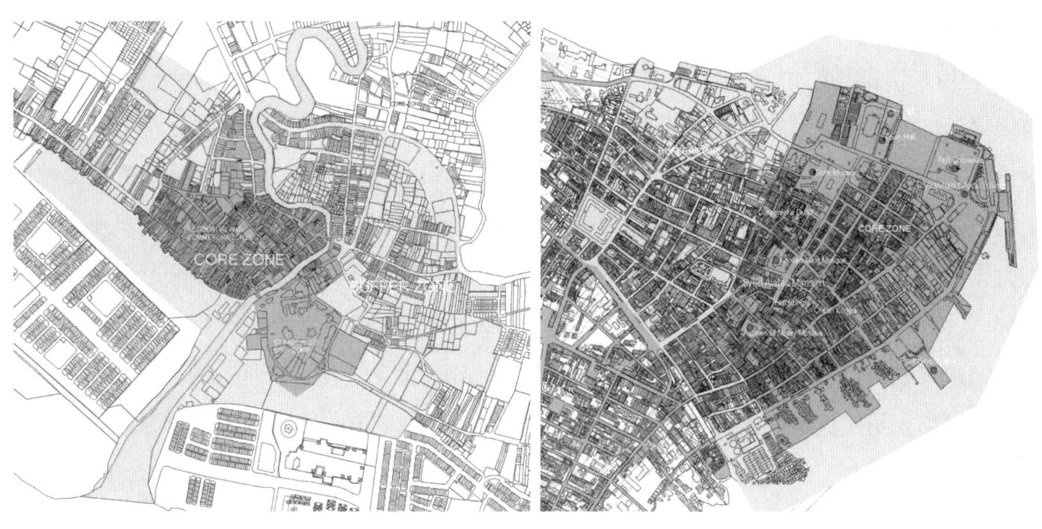

图2-34 马六甲和槟城保护范围
（图片来源：世界遗产中心官网）

---

① Conservation as a driver for development：the case of Vigan（Philippines）[EB/OL].［2024-02-04］. https://whc.unesco.org/en/canopy/vigan/.

图2-35 槟城华人社区城市肌理

2008年，“马六甲海峡历史城市（马来西亚）：马六甲和槟城”成功列入《世界遗产名录》。

2. 社会生态可持续发展经验

1）世界遗产管理框架

槟城的不同社区是其遗产的主要保管者和守护者。通过传统商业、传统活动的延续，当地社区和社区协会确保槟城不仅在物质形态上得到保护，在丰富的社会和文化方面也得到保护。自20世纪90年代以来，政府一直支持这些活动，因为这有助于槟榔屿独特的多元文化，并增加其作为遗产城市的吸引力。与此同时，不同的区域、国家和国际机构的行动者在乔治城进行积极活动。他们的行动通过当地组织得以实现，包括：槟城世界遗产公司（GTWHI），由槟榔屿州政府于2010年成立，是槟城历史古城的主要管理机构。全球妇女健康倡议的使命是动员当地利益攸关方，特别是当地社区，带头努力保护世界遗产地突出的普遍价值（OUV）。槟榔屿市议会成立了遗产保护部，用以执行法定的遗产相关事务。槟城保护与发展公司（GTCDC）的使命是完成历史地区公共空间和建筑的景观和修复干预。不同的合作伙伴共同致力于保护遗产的突出普遍价值，遵循基于证据的方法实施城市保护和再生过程。《槟城特别地区计划（SAP）》于2016年公布，它作为槟城世界遗产保护管理计划，是历史城市规划和保护的主要法定参考，包含保护突出的普遍价值的管理战略和行动计划。该文件还详细介绍了城市规划的经济和社会方面，以及保护城市遗产属性的指导方针。

2）保护倡议

槟城保护活动通常涉及政府和社区行动者的合作，例如亚美尼亚公园、中国街等进行公共空间的修复。在槟榔屿市议会的资助下，由“思考城市”组织（Think City）开发的景观干预设计基于历史照片和文件，特别关注社区用途和可居住性。康沃利斯堡的保护和修复工程，涉及马来西亚理科大学全球考古研究中心的考古挖掘，以及储藏室的修复。当地社区对一类文物建筑进行了保护和修复，如家族住宅、图阿白岗寺、中国商会等。恢复私人住宅，社区成员在向市议会提交申请之前，接受妇女平等与妇女健康倡议的免费咨询。在申请获得批准之前，由技术审查小组对申请进行审查等。由于公共和私人资金的结合以及社区的参与，这种广泛的倡议变得可行和可操作。许多项目由联邦政府、槟榔屿州政府和地方议会公开资助。例如，2009年，“思考城市”组织启动了槟城赠款方案，在与改善公共领域、保护、能力建设和内容开发有关的特别项目中支付赠款。此外，当地居民和企业主对历史建筑进行了保护和适应性再利用干预。当地企业经常赞助文化活动和节日，社区成员自愿参与筹备和举办。

3．华侨社会的重要作用

虽然近代海外华侨社会移植了闽南侨乡传统的社会关系，如以华侨会馆作为原乡宗族、同乡会的海外延续，但在与原乡截然不同的东南亚城市，海外华侨社会需要改变调整以适应多元复杂的文化环境，并逐渐形成符合自身文化传统的华人社会空间（图2-36）。

槟城的华侨家族在侨居地建立起家族聚落，兼备原乡与侨居地社会文化特征。长期以来，华侨会馆组织是隐藏在华人社会中的主导力量，来自中国闽粤两省的华人移民在地缘、血缘、业缘以及秘密会社的基础上，构建了一个交织复杂的东南亚华人社会网络。[①]马六甲

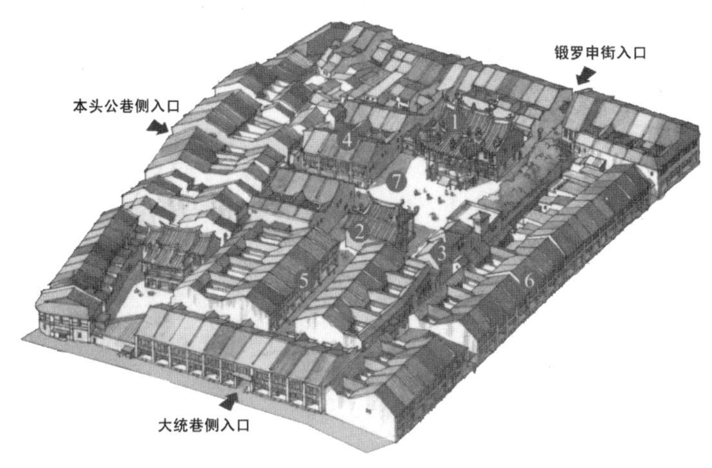

图2-36　槟城华人社区邱氏宗族聚落

① 陈志宏．马来西亚槟城华侨建筑［M］．北京：中国建筑工业出版社，2019.

和槟城共同列入《世界遗产名录》后，大马槟城和马六甲两地的华团组织，担负起义务向年轻一代灌输文物保护意识的义务，并主动协助推进保护和宣扬文化遗产的工作。[①]

当然，古城镇也出现了一些新的挑战。例如，对旅游业日益增长的依赖威胁到槟城历史地区的长期平衡。

2.4.4 澳门历史城区的经验

1. 遗产地概述

作为中国历史最悠久的欧洲人聚居地以及亚洲早期贸易的中转港口，澳门自16世纪中叶开埠建城至今，其城市街道的布局、演变、发展模式以及建筑的典型风格特征都代表性地表现出中西方在美学、文化、建筑与技术等方面的多元共存性，同时由于历史上以及当今国际贸易的繁荣，澳门被视为中国与西方文化碰撞最早和最悠久的见证之一（图2-37～图2-39）。2005年，澳门历史城区被正式列入《世界遗产名录》。

在全球化语境中，澳门历史城区成功列入《世界遗产名录》，一方面表现了澳门历史文化的独特性和差异性，增强了民族文化的自豪感和认同感，提升了民族凝聚力；另一方面，

图2-37 澳门历史城区保护范围
（图片来源：联合国教科文组织世界遗产中心官网）

图2-38 澳门历史城区标志建筑

① 黄木锦. 槟城乔治市与世界文化遗产［J］. 闽商文化研究，2015（2）：44-46.

图2-39 中西文化融合的澳门历史城区建筑

图2-40 澳门城市现代化发展与旧城品质提升的压力

文化遗产也增强了城市竞争力和吸引力，为城市文化、社会经济、休闲旅游等多方面带来了连锁反应和城市发展的新契机。如澳门旅游业的持续繁荣，据统计，澳门游客的总量由2006年的2199万人次增长到2019年的3940多万人次。[①]与此同时，澳门与其他世界遗产地一样，也面临旅游业、城市建设高速发展等带来的诸多压力和新问题（图2-40）。

2．社会生态可持续发展经验

1）简洁高效的遗产地管理架构

一个简洁、高效的遗产地管理架构是遗产地社会生态可持续发展的先决条件（图2-41）。澳门世界文化遗产的管理、保护、利用等工作主要由特区政府文化局负责，相关部门主要包括：文化活动厅、文化财产厅、文化创意产业促进厅等。其中，文化财产厅主要负

① 光明旅游网转载人民网-人民日报。(海外版)。澳门2019年接待游客达3940多万人次。[Z/OL].(2020-01-22)[2024-02-04]. https://travel.gmw.cn/2020-01/22/content_33502372.htm。

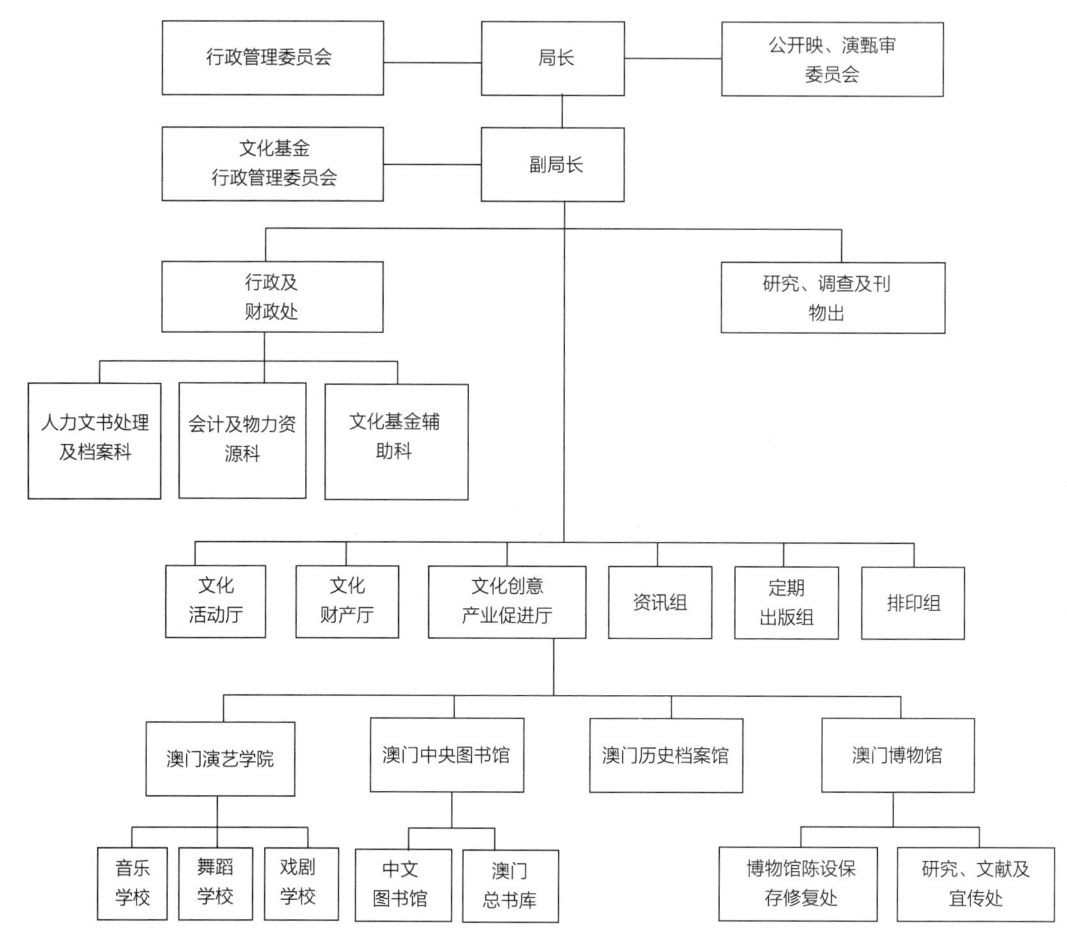

图2-41 澳门世界遗产管理机构图

（资料来源：澳门特别行政区政府文化局官网）

责文化遗产保护的具体工作，并配合特区政府推动文化和旅游发展。文化活动厅、文化创意产业促进厅也推出一系列文化活动和文化产品。此外，澳门当地很多民间社团组织也积极参与到相关活动中，推动保护策略的开展，提高公众保护意识。

2）从“功能城市”到“文化城市”的城市产业调整

为减轻澳门社会对博彩业的依赖及其负面影响，促进社会经济的可持续发展，澳门将“文化旅游”作为澳门今后旅游业发展的目标，以取代“博彩旅游”，使澳门从“功能城市”向“文化城市”转型。澳门特区政府提出利用澳门丰富的文化旅游资源，发挥文化旅游对社会经济发展的支撑和带动作用，提高历史文化遗产资源的共享水平，丰富和扩大澳门文化旅游的内涵，使世界文化遗产的地位进一步得到强调和突出。同时，澳门特区政府还提出，通过区域合作拓展更多具有优势的连线旅游资源，打造特色区域旅游品牌，致力于将澳门建设成为优质多元的旅游之都和亚洲独特的休闲、娱乐和会展目的地。从公共行政、社会服务及个人服务的从业人数看，自2005年开始突然下降并保持在较低水平。同时，团体、社会及个人其他服务的从业人数不断攀升。由此可以推断，澳门世界文化遗产的身份从一定程度上促进了民间社会团体的培育和发展，改善并优化了城市第三产业结构，促进了城市社会经济的健康和可持续发展。

3）以人为本、生态有机的设计策略和更新改造

澳门将可持续发展的理念具体贯彻到城市与建筑的更新过程中，可以概括为“生态有机”设计策略，包括技术生态和人文生态。技术生态主要体现在经济性、节能型与使用过程中的低消耗等内容；人文生态则强调保存地域文化的独特性，突出独特的文化传统。

（1）多层次、综合性城市交通网络。在区域、岛屿、城区内部三个层级构建澳门新交通模式体系，内部城区以步行系统、非机动车交通为主导，外部靠近海域部分以环形轨道交通布局，逐渐形成内部与外部呼应的环形交通格局，并促使历史街区保护、城市旅游和商业购物元素融入新交通系统内。一方面，积极发展高效便捷的城市公共交通系统，促进公共基础交通建设，改善步行环境，以减少穿越城市中心的私车通行，鼓励步行和无污染非机动车使用，以解决城市交通拥堵和环境污染问题，同时借助以行人、历史街道为主导的道路网络美化城市景观，创造出更多的绿地，降低污染，改善人居环境品质，提升旅游质量。另一方面，通过可持续的混合土地利用，促使人口和经济集中，形成高密度簇团状社区，使生活设施系统充满活力，增强社会的可持续性。①

（2）景观视廊的设定和管理。基于澳门城市历史景观特征，在四个方面重点考虑了景观视廊的设定和管理，即各个制高点或标志性历史建筑物之间的景观视廊、体现人工与自然环境的历史空间格局的景观视廊、能感知历史或特色的城市肌理的景观视廊、具有历史意义的城区制高点的眺望景观。澳门历史城区共设定了11条景观视廊，并制定了相应的管理措施。澳门历史城区景观视廊的设定与管理具有三个方面的意义。首先，它实现了澳门城市历史景观的整体保护，综合了从人工到自然，从陆地到海洋，从过往到未来的城市景观保护。其次，景观视廊突破了遗产缓冲区保护的局限，将缓冲区之外的城市发展作为历史景观的重要组成部分，其实质是把遗产保护纳入到城市发展规划中。最后，景观视廊考虑了重要旅游点和活动线路上的景观控制，无疑为澳门旅游业的可持续发展提供了保障。

（3）街道风貌和城市肌理的保护。澳门历史城区街道风貌和城市肌理保护的特点充分体现了文化的多元性表达。除了历史城区核心区之外，风貌保护还包括其他景观类型的18处街道。针对每处街道的景观特点，在建筑外立面设计、铺地和设施等方面作了明确规定，并鼓励保持和增强特色街道的功能特征。城市肌理维护既包括核心区在葡萄牙式海港城市布局上自然发展而成的主街和辅街的空间形态，还包括城区内华人生活聚居的传统围、里的街巷肌理，同时还有适应地形地貌、有特色的公共空间肌理。城市肌理的维护措施主要有保持空间的形态、尺度感、连接关系等。这些街道风貌和城市肌理的维持和保护，体现出对文化主体性、多样性及价值多元化的尊重。

---

① 朱蓉．澳门世界文化遗产保护管理研究［M］．北京：社会科学文献出版社，2015.

（4）历史建筑的整饬修复与活化利用。对历史建筑的整饬与修复，除了遵循国际通用修复原则之外，澳门文化局还特地对城区内与历史建筑相邻的地段作了景观上的限制，即保护历史建筑的环境景观。保护措施包括：与历史建筑相邻的地段，须在建筑高度、体量、色彩以及立面设计上，与历史建筑相协调；避免在空间上对历史建筑构成压迫感或影响其景观品质；不干扰及遮挡从主要街道节点或开敞空间观看历史建筑的视线，以确保其良好展现，等等。对于城市历史景观的延续性而言，历史建筑的活化利用最为重要，又由于澳门土地资源异常紧缺，因此政府把小区内的历史建筑作为社区的文化设施进行了活化利用，这样既保持了街区的历史景观，又满足了居民的文化活动需求，真正地提升了澳门高密度人居环境的品质。[①]

2.4.5 琅勃拉邦古城的经验

1. 遗产地概述

琅勃拉邦古城建在由湄公河和南康河汇合处的半岛上，位于老挝北部山区中心，群山环绕。琅勃拉邦古城是19～20世纪欧洲人建造并与老挝城市结构相结合的突出典范，反映了老挝传统城市建筑与西方建筑的融合。其保存完好的城镇景观，反映出这两种不同文化传统的结合。西方的城市形态包括街道网络，与之前传统的佛教村庄模式和谐地重叠在一起。由于未受到重大建设的干扰，古城的景观和城市肌理保留了高度的真实性。宗教建筑得到定期维

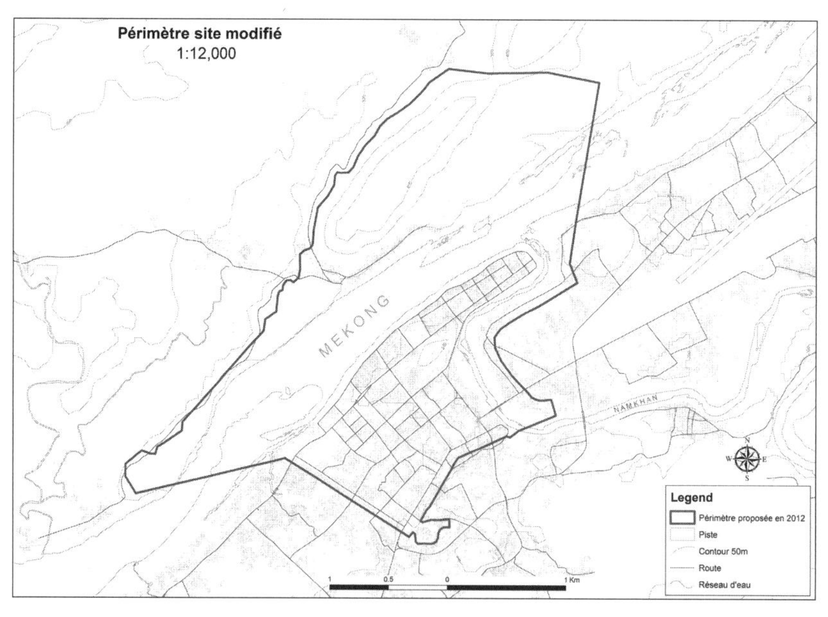

图2-42　琅勃拉邦古城保护范围
（图片来源：联合国教科文组织世界遗产中心官网）

① 梁智尧，赵云，张玉敏，等. 基于城市历史景观（HUL）的历史城区保护策略——澳门历史城区案例的启示［J］. 中国文化遗产，2021（3）：4-12.

图2-43　琅勃拉邦古城城镇景观

护；僧侣们向年轻的僧侣传授传统的遗产修复技术。此外，佛教和与之相关的仪式和典礼等文化传统仍然存在，并得以传承实践（图2-42、图2-43）。

1995年12月2日，琅勃拉邦古城被列入《世界遗产名录》。世界遗产委员会对琅勃拉邦的评价是："琅勃拉邦古城反映了19～20世纪欧洲的传统建筑与城市结构相融合的风格。它独特的景区被保存得十分完美，表现出了两种截然不同的文化传统的融合。"

琅勃拉邦古城的完整性与自然景观中的建筑和文化遗产相关联，反映了其突出的普遍价值。所有重要的元素，尤其是城市结构和寺庙、公共建筑、传统房屋等主要遗迹都得到了保护。然而，由于城镇的快速发展和强大的经济压力，该遗产面临一些威胁，如旅游业发展、建筑物用途转变、居民离开、非法建设等。

2．社会生态可持续发展经验

1）保护和管理

老挝国家信息和文化部1990年第139号法令将遗产保护的责任分配给国家、地区和地方各级相应机构。1999年第09/NA号《环境保护法》侧重于历史、文化和自然遗产保护，同时，要求在进行任何发展和基础设施项目之前须进行社会环境影响评价。2005年颁布的关于国家遗产的第08 / NA号法律加强了《环境保护法》这一法律文书。当局开发了管理遗产的必要工具：城市遗产保护法，与法国希农镇（Chinon）建立合作关系，建立琅勃拉邦世界遗产部，以及建立国家和地方遗产委员会。保护和改善计划包括一个具有法律效力的监管部分和一个关于支持项目的建议的适应性部分，同时留有一定的灵活性。为了应对城市快速发展的负面影响，公共教育部的条例包括遗产部必须在地方遗产委员会和国家委员会的负责下实施的措施。新城镇、大酒店等大型项目被推迟，直到可以根据计划评估它们的影响。此外，小学、美术学校等公共建筑不会让给私营部门，但它们将得到修复，并将保留其文化使命。2009年，遗产之家改组为遗产部。新的遗产部确保严格执行公共教育部和城市规划。其任务还包括协调地方委员会的行动，提高对琅勃拉邦遗产普遍价值的认识，并为参与发展和基础设施项目的人提供咨询。保护中将加强与使用传统材料和技术（木材、砖、瓦和当地陶瓷）有关的措施，以保护建筑遗产和当地建筑传统的完整性。

2）整体保护

在琅勃拉邦古城列入《世界遗产名录》之前，老挝政府早已有了对琅勃拉邦市进行文化遗产资源保护及自然保护区的规划。在列入《世界遗产名录》之后，琅勃拉邦市成立了一个“遗产办公室”，由老挝政府与联合国世界遗产委员会合作，目前已有608个单体建筑被列入保护名录。其中，除了寺院建筑以外，大多数建筑遗产是私有资产。政府要求对这些建筑进行遗产价值评估，记录实物的性质特征。无论是私有还是公有资产，都必须经过该遗产办公室的评估证实。经过遗产办公室的研究后把琅勃拉邦市划分为几个主要保护区域。

（1）遗产保护区（中心区）。该保护区为包括居住、商贸、旅社和社会服务等的综合区，建筑密度较大，有着重要的佛教建筑群、皇宫、办公楼以及几条有老挝传统特色的街道，它们在老挝历史上扮演着最重要的角色。也可以说，因为有了这一区域的独特历史文化，有了体现老挝古都风貌的历史遗存，琅勃拉邦古城才被联合国教科文组织列入《世界遗产名录》。制定建筑修复方案，新建筑必须与传统建筑的风格相协调。

（2）宗教建筑区。其位于沿湄公河岸边，这些佛教建筑大部分建于15～16世纪，当时是小乘佛教在老挝的鼎盛时期，随处可见新寺院的建造活动。而人们对小乘佛教的热情也很高，几乎每家每户都要送自己的子孙去当僧人。到18世纪，琅勃拉邦的寺院多达65处。目前保存比较完整的只剩下34处。现在琅勃拉邦规定，把寺庙（佛堂）的屋顶作为城市的最高点。也就是说，新建的建筑一般控制在9米以下，高度不得超过寺庙（佛堂）的高度。

（3）中心区周围的历史保护区。该保护区包括居住区、经济区和综合服务区。这一区域在以前曾经是发展区。在此区域内严禁建设大型停车场、大型宾馆、加油站、维修厂和具有明显噪声污染的设施，但可进行新规划，新建筑要符合传统建筑风格，以保证城市风貌的统一。

3）动态发展

城市和建筑能够展现城市发展的个性特色，实质上是一个民族历史文化总体风格在都市计划和建筑中凝结、表现的特征，它从各个侧面反映出社会某一发展阶段的生产关系和生产力，是人们研究社会发展史的实物资料，妥善地对其加以保护是我们义不容辞的责任。社会是向前发展的，保护是对过去的尊重，城市中保护、更新和再开发三部分又是不断变化、交替进行的，也是城市基本而持续的生长活动。琅勃拉邦在城市的规划与建设发展中始终把保护工作与城市经济发展计划同时进行，一方面改善居民的社会生活，推动着社会的动态发展；另一方面又处处体现出老挝民族的传统文化，把最富有生命力的个性特色传给后代继承、保护和发展，如寺院的教育、民间艺术的弘扬、宗教生活方式的保存等，综合反映了老挝的社会文化、艺术、科技以及宗教信仰等各个方面历史成就的传统文化遗留。①

2.5 小结：价值凸显与自适应性

1．鼓浪屿社会生态价值的凸显

本章从国际社区、都市社区、遗产社区三个层面梳理了鼓浪屿社会生态发展的脉络。鼓浪屿在19世纪中叶～20世纪中叶的百年建设中经历了国际社区的发展与演变，形成了具有突出价值的国际社区，展现出东西方多元文化经过接触、碰撞和交融的过程，见证了亚太地区传统社会在社会文化、教育医疗、公共生活、城镇建设、经济商贸、社会治理等多层面寻求近代革新的实践，是中国文明近代化转变的缩影，是亚太地区近代国际社区的独特实例。

2．鼓浪屿社会生态的动态演化与自适应发展

从城镇发展的角度而言，城镇发展定位、土地资源、设施配套、人口构成等核心因素直接影响着城镇发展的方向和道路。从发展定位上看，从乡土渔村到国际社区、再到城区和景区，鼓浪屿发展历程中的不同定位对其的影响是显著的。1840～1940年的这个时期中，鼓浪屿作为高端国际社区，社会治理先进，城镇设施完备，是一个精英化的人文社区；中华人民共和国成立后，鼓浪屿作为厦门城区，有了工业化及相应设施配套，但却破坏了自然生态环境，人口结构失衡，社区逐步平民化；1980年后，风景名胜区的定位转变，给鼓浪屿带来了空间挤压和生活干扰，人口结构的失衡使得社区结构几近瓦解。与此同时，鼓浪屿在复杂的社会生态系统中也在进行着病态困境的适应性修复。特别是在21世纪后，政策、规划、经济等多个方面的综合干预，使得鼓浪屿在“社区+景区”的动态演化中得以自我修复和适应性调整（图2-44）。

① 全峰梅，侯其强．居所的图景：东南亚民居［M］．南京：东南大学出版社，2008.

时间轴线	1840年以前	1840~1902年	1903~1945年	1949~1980年	1981~2010年	2010年以后
演化特征	**乡土聚落** 乡土性 | 乡族化	**现代社区** 现代性 | 精英化	**国际社区** 国际性 | 高端化	**城市城区** 倒退性 | 平民化	**风景名胜区** 调适性 | 商业化	**社区+景区** 修复性 | 可持续
社会生态主要体现	•滨海渔村 •自然村落 •闽南乡土 •闽南大厝+庙宇 •乡村治理	•城镇格局 •外来文化传播 •市政现代化 •外廊式+古典式+外廊本土化 •现代医疗教育 •西方商贸+近代商业	•城市格局、海上花园 •多元文化融合 •国际人文社区 •早期现代建筑+西方乡村风格+厦门装饰风格（建筑的适应性发展） •文教医疗繁盛（文化的适应性发展） •国际商贸+新式产业（经济结构适应性发展）	•城区功能划定 •城市工业化 •人口增长、结构变化 •生态环境破坏 •增加厂房+民房 •人文价值衰退	•景区性质增强 •社区功能弱化 •人口结构失衡 •教育医疗资源流失 •社区商业缺位 •过度商业化 •旅游低端化 •管理职权分化	•社区景区孪生 •文化遗产保护 •人口结构调整 •配套服务完善 •遗产资源活化利用 •文化艺术资源再生 •社区人文修复 •新型社区产业发展
标志节点	√1684 年：清单口岸 √1840 年：鸦片战争	√1840 年：厦门开埠 √1878 年：鼓浪屿道路墓地基金委员会成立 √1902 年：《厦门鼓浪屿公共地界章程》签署	√1903年：鼓浪屿工部局会审公堂设立 √1911年：辛亥革命 √1925年：华人纳税者会 √1928年：华人议事会	√1949年：中华人民共和国成立 √中华人民共和国成立初期：工业布局 √1959年：风景疗养区 √1966年：工业扩张	√1988年：国家重点风景名胜区 √1993年：人口减法政策 √2000年："退二进三"政策 √2003年：行政区划调整 √2005年：《厦门市鼓浪屿风景名胜区管理办法》	√2011 年：申遗环境整治 √2014 年：《遗产地保护管理规划》颁布 √2017年：《世界遗产名录》
社区状态	社区起步	社区兴盛	社区繁荣	社区异化	社区冲突	社区修复

图2-44　鼓浪屿社会生态的特征与生长足迹

3．东南亚社会生态圈历史城镇的发展互鉴

16～20世纪，亚太地区的许多国家都切身经历了西方文化的冲击并受到了影响，鼓浪屿是其中的一个“世界单元”，通过与东南亚社会生态圈中的菲律宾维干历史古城、马来西亚马六甲海峡历史城市：马六甲和槟城、中国澳门历史城区、老挝琅勃拉邦古城等世界文化遗产的比较可以得出，在全球化进程中，以“人”的发展为中心，以可持续发展为目标，以地方政策为导向，以规划管理为工具、以社区自治为基础，兼顾历史文化传承，是推动遗产地生态、社会、经济、文化全面可持续发展的有效方法和路径。

第3章 遗产地社会生态可持续发展的模型构建

历史真正的趣处并不在于令人困惑的自我证明，而是在于人类针对现实反应的复杂性和多变性。

——彼得·霍尔

随着全球性社会生态问题的日益凸显，人们已深刻认识到人类社会发展与社会生态系统之间的复杂性。那么，什么是复杂性？复杂系统有何特征和规律，其方法论如何？社会生态系统又是怎样的系统？其复杂性特征和特殊属性如何？世界文化遗产地是一个典型的复杂社会生态系统吗？其复杂性和特殊性如何？如何实现遗产地社会生态的可持续发展？基于这些疑问，本章的目标在于梳理复杂及复杂适应系统、社会生态系统特征、规律和方法，并用于世界文化遗产地的复杂性分析之中，进而试图构建遗产地社会生态可持续发展的理论模型，为下一步鼓浪屿的社会生态修复与可持续发展做理论准备。

3.1 复杂及复杂适应系统

3.1.1 复杂科学

人们把复杂性科学（Complexity Sciences）的研究对象定义为复杂系统。保罗・西利亚斯（Paul Cilliers）概述了复杂系统的主要特征：复杂系统由大量要素组成；系统要素相互影响；系统要素相互作用是非线性的；相互作用通过若干方式得以增强、抑制或转换；相互作用形成了回路、反馈、归复（Recurrency）；复杂系统是与环境相互作用的开放系统；它在远离平衡的条件下运行；复杂系统具有历史性；复杂系统参数分布。①

莫尔・科尔则把实证科学与复杂性科学的特征做了对比（表3-1），得出：本体论上，复杂性科学认为决定论和非决定论共存；认识论上，复杂性科学认为主客体相互依存，认为知识具有内生本性和语境依赖；方法论上，复杂性科学追求和超越整体论方法，兼容还原、演绎等方法，同时强调定性分析与定量分析并重。②

实证科学与复杂性科学特征比较　　表3-1

	实证科学	复杂性科学
本体论	•实在的存在论 •决定论 •离散的实体和事件 •线性因果 •普遍规律 •总体可预测	√实在的本体论 √决定论和非决定论并存 √涌现性 √非线性 √复杂性规律 √有限的可预测 √不确定性 √自组织性 √协同进化
认识论	•实证主义认识论 •主客体相分 •客观知识 •真理符合论 •事实一价值相分 •普遍的法则 •工具主义	√后实证主义的认识论 √主客体不完全相分 √知识的内生性 √语境依赖 √工具主义
方法论	•还原论、分析模型 •演绎主义 •定量优先	√整体方法、仿真 √利用某些分析和演绎方法 √定性和定量的方法

（资料来源：黄欣荣. 复杂性科学的方法论研究［M］. 重庆：重庆大学出版社，2006.）

① 西利亚斯. 复杂性与后现代主义：理解复杂系统［M］. 曾国屏，译. 上海：上海科技教育出版社，2006.

② 黄欣荣. 复杂性科学的方法论研究［M］. 重庆：重庆大学出版社，2006.

3.1.2 复杂系统研究范式

“范式”（Paradigm）的概念最早由托马斯·塞缪尔·库恩（Thomas Sammual Kuhn）提出，范式一词来自希腊文，原意是指语言学的词源、词根，后来引申为规范、模式、范例等。库恩在解释“范式”时说：“按既定的用法，范式就是一个公认的模型或模式……但是借用这个词所能表示的‘模型’和‘模式’的意义，并不完全是通常用来定义‘范式’的意思。”他说的范式是一套世界观及规范，往往体现了、支撑着某个常规科学共同体的共同信念。而与这些常规科学的共同信念相反，“科学革命是……在其中一套较陈旧的规范全部或局部被一套新的不相容的规范所代替。”科学革命就是一种新范式取代另一种范式的革命，即所谓的“范式转移”。在科学范畴里，范式转移指基本理论根本假设的改变，出现范式转移，就意味着发生科学革命，而科学革命是科学的一种颠覆式发展，是世界观的改变。库恩认为这种变革是困难的，它不仅是科学家个体世界观的根本改变，也是科学共同体的价值观的根本转变，范式转移意味着学科确立了新的价值取向及一整套新的规范。由于理论的核心是价值观，因此评价范式转移是否出现，其根本标准应该在于是否出现了体现新价值观的新理论。①

按照库恩的范式理论，法国哲学家埃德加·莫兰（Edgar Morin）归结出“复杂性”范式的系列原则，并与“简单性”范式做了对比（表3-2）。“简单性”是古代科学和近代科学研究的主要传统和发展动力，并在实践中取得了巨大成就。但随着人类认识水平的提高、科学的迅速发展，“简单性”信念和方法受到越来越大的冲击。从第一代“复杂性”研究的一般系统论、信息论、控制论，到第二代“复杂性”研究的耗散结构理论、自组织理论、混沌理论、分形理论等，预示着“简单性”科学研究范式正在逐步向“复杂性”科学研究范式转化。②

简单性科学与复杂性科学研究范式　　表3-2

类别	简单性范式	复杂性范式
主客关系原则	客体性原则	主客体统一原则
	对象环境相分离原则	对象环境一体化原则
	摒弃目的性原则	兼容目的论原则
客体原则	普遍性原则	统一性与多样性并存原则
	决定论原则	非决定性原则
	线性因果性原则	非线性因果性原则
	时间可逆性原则	时间不可逆性原则
	构成性原则	生成性原则

① 库恩. 科学革命的结构［M］. 4版. 金吾伦，胡新和，译. 北京：北京大学出版社，2017.

② 莫兰. 复杂思想：自觉的科学［M］. 陈一壮，译. 北京：北京大学出版社，2001.

续表

<table>
<tr><th>类别</th><th>简单性范式</th><th>复杂性范式</th></tr>
<tr><td rowspan="3">逻辑方法原则</td><td>还原论原则</td><td>涌现性原则</td></tr>
<tr><td>形式化和数量化原则</td><td>有限形式化和有限数量化原则</td></tr>
<tr><td>单值逻辑原则</td><td>双重性或多值逻辑原则</td></tr>
</table>

（资料来源：莫兰. 复杂思想：自觉的科学［M］. 陈一壮，译. 北京：北京大学出版社，2001.）

3.1.3 复杂适应系统

1．复杂适应系统及其方法特征

美国科学家约翰·霍兰提出了复杂适应系统（Complex Adaptive System，简称CAS）及其方法，是指由大量的按一定规则或模式进行非线性相互作用的行为主体所组成的动态系统，行为主体通过“学习”产生“适应性”（Adaptation）生存和发展策略，导致CAS进行创造性演化。CAS中有“聚集”“非线性”“流”“多样性”“意识”“内部模型”“积木”7个基本点，这7个基本点在各种相关实验中反复出现，从而引出一系列机制和方向。霍兰的CAS理论主要有几个特征：第一，适应性造就复杂性。适应主体与环境以及其他主体进行交互作用、相互协调的过程，使整个宏观系统产生复杂性演变或进化。第二，复杂系统具有内在主动性的内部模型（Internal Model），它是适应性主体的一种实现预知的机制，变化后的内部模型就是通过自然的选择作用而形成的适应性性状。第三，复杂系统的涌现现象由混沌边缘完成，涨落机制引导着复杂适应系统的演化。

在此认识论的基础上，CAS理论的方法论特征有三个：其一，建立回声模型，它是一种用来模拟解释自然选择，造就复杂性的计算机模型，实现了还原论和综合论的统一。其二，开创遗传算法，即通过模拟自然进化过程为适应性主体搜索最优解的方法。其三，借用隐喻的方法，将喻体的意义向适应性主体投射、映射、暗示，使适应主体获得新知、洞见规律。霍兰德的CAS理论为复杂系统的研究提供了一个新的视野，具有重大的方法论意义。[①]

2．适应性循环与病态困境

1）适应性循环

以霍兰为首的著名国际性学术组织“恢复力联盟”（Resilience Alliance）运用适应性循环理论对社会生态系统的动态机制进行描述和分析，提出社会生态系统将依次经过开发（r）、保护（K）、释放（Ω）和更新（α）4个阶段，构成一个适应性循环。适应性循环可被用来解释或描述自然、经济或社会系统的行为，具有普适性[②]。开发阶段（r）具有资源的可用性，结构的累积性和系统的高韧性；系统结构和系统组件之间的联系增加，需要更多的

① 霍兰. 隐秩序：适应性造就复杂性［M］. 周晓牧，韩晖，译. 上海：上海科技教育出版社，2011.

② Walker B，Holling C S，Carpenter S R. Resilience，adaptability and transformability in social-ecological system［J］. Ecology and Society，2004，9（2）：5-13.

资源和能源进行维护。保护阶段（K），系统增长放缓，相互关联日益紧密，变得不灵活以及更多易受外部干扰。从r到K将生产和积累最大化，稳定增长；潜力增大、连通度增加，恢复力降低，系统变得更加脆弱。释放阶段（Ω），系统的僵硬度逐渐趋于临界水平，在干扰的作用下系统随时可能崩溃。由于系统的低恢复力，以前微不足道的干扰，此刻可能导致巨大的危机和转变，导致“创造性毁灭”，被束缚的资源得以释放，积累的结构受到坍塌，最终导致另一个更新阶段（α）的到来，一个新奇的事物得以产生，潜力和恢复力逐渐增强，此时各要素间连通度依然较低。Ω到α的过程系统以外的联系格局和构成至关重要，资源和联系如信任，自我决策制度、社会网络、物质资本，或金融资源在这些阶段将发挥重要的作用[①]。更新阶段具有巨大的不确定性，前一过程积累的变化、创新、资本等在本阶段将进行分类和重组，同时系统中出现了无秩序的状态。在区域发展和经济管理的案例中，适应性循环的属性也已经用来解释生态系统、人类社会应对危机时的各种反应[②]。适应性循环是基于生态系统演替的传统观点之上，并对其加以补充和延伸。社会恢复力可以用制度变革和经济结构、财产权、资源可获取性以及人口变化来衡量。

2）病态困境

适应性循环中，系统由于多种原因偏离了适应性循环，称为进入了病态的困境，包括贫困困境、僵化困境、锁定困境和未知困境[③]。克劳福德·斯坦利·霍林（Crawford Stanley Holling）等对贫穷困境和僵化困境进行了辨识，认为贫穷困境中，系统的潜力、恢复力、适应力的特征处于低值，形成了一个不可持续的枯竭系统。若对某一自然资源过分依赖，如对土地潜能过分开发，超过自身可承受能力时，同时缺乏适应性创新机制，则社会生态系统容易进入贫穷困境，并导致系统的最终瓦解。在我国的矿业枯竭型城市中体现得较为明显。在僵化困境中，脆弱性应对机制系统组织成员之间和其机构变得高度连接、僵化和无弹性。锁定困境中系统具有低潜能、高连通度和高恢复力。

3．跨尺度联系或扰沌（Panarchy）现象

扰沌是描述复杂适应系统进化本质的术语，是复杂适应系统嵌套在适应性循环中的“层次”，是跨尺度的联结模式，其结构是通过演化而产生的。系统内不同尺度、不同等级的循环通过“记忆”或“反抗”相互作用。记忆是通过利用在较大尺度、较缓慢循环中积累和储存的潜力进行更新。即当某一层次发生灾变后的重生过程中，其处于K阶段的上一层次会对其起到了很大的影响作用。“反抗”是用来描述源于更小的尺度变化，但穿越尺度则是更为广泛的空间尺度或更长的时间尺度，使低层次的相互作用在一定时候会产生高层次的适应性

① Adger W N，Hughes T P，Folke C. Rockstrom J［J］. Social-ecological resilience to coastal disasters. Science，2005，309（5737）：1036-1039.

② Folke C，Carpenter S，Elmqvist，Resilience and sustainable development: Building adaptive capacity in a world of transformations［J］. Ambio，2002，31（5）：437-440.

③ Allison H E，Hobbs R J. Resilience，adaptive capacity and the lock-in trap of the Western Australian agricultural region［J］. Ecology and Society，2004，9（1）：3-27.

循环。“反抗”会在一个循环中引发关键性的变化，使系统运行到一个更大尺度、更缓慢循环的脆弱阶段。[①]扰沌模型既体现了创造性，又体现了保守性，进一步阐明了可持续发展的意义。社会生态系统扰沌轨迹取决于自顶向下和自底向上的跨尺度联系。尺度之间的等级联系提供了机会使高尺度的记忆和学习影响更新低尺度系统或促进或抑制低尺度系统中新轨迹的产生。同时，不可忽略低尺度的由下而上的扰动，以及各种扰动因素的协同作用导致整个社会生态系统的不稳定。扰沌是一套具有普适性的理论，已成为构建恢复力不可或缺的重要基础，在社会生态系统振兴和修复中具有重要意义。[②]

3.2 社会生态系统

3.2.1 社会生态系统的复杂性特征

与生物学相似，社会生态系统是由不同子系统构成，子系统又可分解为不同层级。根据埃莉诺·奥斯特罗姆（Elinor Ostrom）的研究成果，社会生态系统主要由资源系统、资源单位、管理系统、用户四个核心子系统构成，这些子系统直接影响社会生态系统最终的互动结果，同时，也受彼此互动结果的反作用。

奥斯特罗姆认为，社会生态系统框架应该强调在人文因素和自然因素的双重背景下，做出的三个层次的制度选择：操作规则、集体选择规则和宪法规则。一个层次行动规则的变更，是在更高层次上的一套“固定”规则中发生的，层次越高，规则的变更就更难以完成，成本也会更高。奥斯特罗姆对先前提出的框架做了扩展性研究，从社会制度层面和自然生态层面对社会生态系统的影响机制建立了社会生态系统动态总体分析框架。在这个动态分析框架中，学习过程是相当重要的，因为与先例有关的信息往往是使用者作出占用、投资、监测和惩罚决定时所必须知晓的。对结果的评估和主张制定矩形框会分别形成群体目标框、规范、规则与职位框以及例行集体选择框之间的学习循环。

在整个决策过程中，信息是最关键的因素。资源和信息流的走向主要由两个循环圈构成：第一个循环圈是资源和信息流从互动的结果框开始流向评估和主张的制定框，对结果的评估和主张的制定当然会成为例行集体选择的重要信息来源；例行集体选择的决定也会影响操作层面上的互动选择，具体包括对信息的观测以及作出四种重要的选择决定。这个互动选

① Walker B，Holling C S，Carpenter S R. Resilience，adaptability and transformability in social-ecological system [J]. Ecology and Society，2004，9（2）：5-13.

② 余中元，李波，张新时. 社会生态系统及脆弱性驱动机制分析 [J]. 生态报，2014，34（7）：1870-1879.

择最终会影响资源水平、资源维持、规则遵守和结果分配，导致一轮新的评估和主张制定。第二个循环涉及资源水平、资源维持、规则遵守和结果分配的矩形框，会对动态变化的资源和基础设施产生影响，也会进一步影响资源和基础设施的增长和更替速度，直接影响对紧密关联的资源和物种、基础设施以及资源的可用性。资源可用性及相关信息，将会对操作层面上的最后选择起到重要作用，同时也会反馈到结果本身。

社会、经济和政治层面的影响和反馈主要通过管理系统来实现。外在生态系统的影响和反馈主要通过动态资源系统来实现，其中还包括外在生态的影响。这个影响贯穿整个社会生态系统的全过程，但是其反馈主要是通过外在生态的影响来实现的。外在生态因素对系统资源使用和投资选择有一定的影响：资源系统本身是动态变化的，其结果好坏与资源使用不一定有直接的关联；外在生态因素对于和外在变化紧密相关的资源和物种、基础设施条件、资源可用性以及对动态资源和基础设施的恢复更新能力也产生了影响；外在生态因素还对使用者选择的实施行动的情景的相关信息的观测能力也产生了影响。①

3.2.2 社会生态系统的特殊属性

1．恢复力/弹性

霍林将恢复力正式引入社会生态系统。霍林认为恢复力是系统经受干扰并可维持其功能和控制的能力，即系统可以承受并可维持其功能干扰大小或“生态系统吸收变化并能继续维持的能力量度”，并对生态系统吸收改变量而保持能力大小，或对生态系统受到外界干扰后的自身动态平衡能力进行的研究。②恢复力研究在生态学、经济学、人类学、管理学、社会学等多学科研究及环境变化领域中，在政府部门的日常运作、区域发展、经济管理乃至恐怖袭击的预警措施中都有涉及。

2．适应力/适应性

适应力是指参与系统的行为者管理系统弹性的能力。一般来说，自组织是复杂适应系统的主要特点。人类行为主导着社会生态系统，社会生态系统的适应力是人类管理自身行为的主要途径。人类行为的过程和产生的结果影响社会生态系统的恢复力③。人类有目的性的管理社会生态系统的恢复力决定了他们是否能成功地跨越不理想的系统稳态或者是否能成功地进入一个理想的系统稳态。

3．变革力/转化性

变革力是当现有的系统是不再适应现有状态时，创建一个全新系统的能力。社会生态系

① 谭江涛，章仁俊，王群．奥斯特罗姆的社会生态系统可持续发展总体分析框架述评［J］．科技进步与对策，2010，27（22）：42-47.

② Holling C S. Resilience and stability of ecological systems［J］．Annual Review of Ecology and Systematics，1973，4（1）：1-23.

③ Berkes F，Colding J，Folke C. Navigating Social-Ecological Systems: Building Resilience for Complexity and Change［M］．Cambridge: Cambridge University Press，2003.

统有时会陷入一个具有恢复力但是不理想的稳态，这种情形下采取适应力策略并不是最佳选择。摆脱这样的稳态可能需要大的外部干预或者内部变革带来的变化，即需要借助转化力策略。转化一个社会生态系统可以是资源危机引发的，或者由社会价值观的变化驱动对过去的失败政策和行动的认知的一种回应[①]。

4．应对力/脆弱性

社会生态系统的应对力，指面临风险（压力）情况下社会生态系统的敏感程度和应对能力，是其演替阶段所具有的功能结构的综合反映，是系统所受压力和自身敏感性的相互作用的结果。社会生态系统压力源于其所处的风险威胁和内部的演替机制，在压力面前系统所具有的弹性决定于其对威胁的敏感程度，在风险面前能否迅速作出反应。以规避风险或从灾难中恢复及其所采用的方式决定于社会生态系统所具备的应对能力。风险、应对能力和敏感性之间的相互作用决定整个社会生态系统的脆弱性。风险增大、系统敏感性增强和应对能力减弱都会使系统脆弱性增强。当脆弱性达到一定程度和具有一定的风险时，系统会发生变革，走向另一种循环阶段或进入另一种稳态。社会生态系统的脆弱性是在不断演替变化的，不同的演替阶段具有不同的功能特征和跨尺度联系。系统与其上级或更大尺度或相同尺度的其他系统，与过去的脆弱状态和未来的发展趋势之间存在着时空的相互作用，给系统带来压力或影响其敏感性和应对能力。

压力—状态—响应（P–S–R）结构模型是评估资源利用和持续发展的模型之一。其中，压力指标用以表征造成发展不可持续的人类活动和消费模式或经济系统，状态指标用以表征可持续发展过程中的系统状态，反应指标用以表征人类为促进可持续发展进程所采取的对策。在模型中，系统压力、敏感性和应对能力又分别由次一级的驱动因素驱动。自然风险、规划目标和人为干扰对社会生态系统形成、对社会生态系统的风险（压力）因素，也反映了系统承受的来自系统内部和外部、来自社会经济和自然的以及不同时空尺度要素对系统的干扰所产生的压力；自然环境、经济结构、资源利用、文化意识、历史脆弱性决定了社会生态系统的敏感性，反映了系统面对风险时所固有的反应特质，即所处的状态；环境管理、生态效率、科技教育、幸福指数、社区组织影响系统的应对能力，即系统所作出响应和应变的能力。[②]

3.2.3 适应性治理：社会生态系统可持续发展的思想方法

1．社会生态系统适应性干预的管理实践

社会生态系统的研究关注人类在与环境以及社会的复杂适应性中发挥的作用，关注可持

① Gunderson L H，Holling C S，Light S S. Barriers and Bridges to the Renewal of Ecosystems and Institutions [M]. Cambridge: Columbia University Press，1995.

② 余中元，李波，张时新. 社会生态系统及脆弱性驱动机制分析 [J]. 生态学报，2014，34（7）：1870–1879.

续发展实践和治理模式。只有把可持续发展视为社会生态系统的可持续性问题，揭示和把握社会生态系统的动态演化机制，人类才能够有效地进行系统干预，使社会生态系统自组织地有序发展，具有可持续性。围绕适应性对社会生态系统进行系统干预的管理思想和实践大约经历了三个阶段：

1）适应性管理（Adaptive Management）

适应性管理源于科学管理思想，是一种以资源管理为核心的、旨在实现最优化决策的过程。由于生态系统具有大量复杂的不确定性因素，传统的管理模式在复杂的变化面前显得力不从心。于是，以人与自然的关系为基础的、强调在社会需求和生态系统的动态演变过程中反复不断地弹性调整的一种新管理方式——适应性管理应运而生。

2）适应性共管（Adaptive Co-management）

随着“内生人群”“地方知识和传统”进入研究视野，研究者发现，管理过程并非完全是自上而下的，社区和区域等地方层面应当和国家层面分享管理权力，由此形成一种“共管”的理念。相对于适应性管理，适应性共管更加强调底层地方管理者的主体地位，认为应该更多地将利益相关者的诉求纳入管理的决策过程。但适应性管理和适应性共管的理念中有一个共同点，即将人类（具体而言，是制定和执行政策的管理机构）视为管理者，而将生态系统视为被管理者。生态系统只是人类管理的对象，只具有工具价值。然而，自然和人类都具有内在价值，在社会生态系统中，人类和自然作为适应性主体的价值地位应当是平等的[①]。

3）适应性治理（Adaptive Governance）

社会生态系统是由社会系统和生态系统耦合而成，其中复杂的非线性相互作用以及价值的缠结，往往使得试图精确控制和预测SES的管理思想和管理模式在实践中捉襟见肘。由此，一种新的适应性治理理念随着复杂性科学的发展而兴起。最初，奥斯特罗姆从SES的复杂性中得到启发，将适应性治理作为处理复杂系统中的公共资源的可持续利用问题而提出。[②]之后，被作为传统环境管理的代替方案引发广泛关注。因此，适应性治理可以说是一种依据SES复杂性的治理模式。它强调，适应性是SES的一种固有属性，是复杂性的一种重要特征。人类应该减少SES内部的不确定性，适应环境以及提高SES应对干扰的适应能力。

2. 适应性治理的特征

适应性治理强调SES的复杂性和不确定性以及基于多元主体的利益冲突引发的控制难度，它考虑不同的利益相关者之间的协商对话，并给出一系列符合SES动态发展的不断变化的制度策略，是一种不断学习并改变以适应SES的变化，意在增强治理的弹性的多中心的可持续治理模式。例如，面对SES中复杂的公地悲剧问题时，传统管理力不从心，而适应性治

① 范冬萍，付强．中国绿色发展价值观及其生态红利的构建［J］．华南师范大学学报（社会科学版），2017（3）：26-31，189.

② 奥斯特罗姆．公共事务的治理之道——集体行动制度的演进［M］．余逊达，陈旭东，译．上海：上海译文出版社，2022.

理却能提供一个容纳复杂的涉及诸多人类因素和自然因素问题的分析框架。另有研究表明，情节性干扰和跨尺度的相互作用在适应性治理中能起到触发重组的作用，通过扰沌的视角能更好地识别适应性治理中的突现以实现可持续。[①]

相对于适应性管理和适应性共管，适应性治理特别强调多个子系统之间的非线性适应性作用，因而是一种强调多边协同的多元主义的治理思想。同时，在治理中考虑了SES的高度不确定性以及人类知识的不完备性，因此强调了一种动态的治理策略。由于新制度的产生可能伴随着由于资源使用和分配等问题导致的人为冲突，适应性治理还试图兼顾各利益相关者，通过制度分析和利益协调机制达成共识。然而，相对于SES的复杂性，特别是作为一个CAS，适应性治理还存在一些局限。适应性治理认为一些大规模的社会干预可以提供创造性破坏，继而引发SES重组甚至形成了新的更具适应性的机制，但未能认识到强行引入大规模的外力未必能使系统走向整体的有序。

适应性治理理论在可持续发展和环境治理的实践中发挥了重要作用，它强调了社会生态系统的适应性和不确定性，以及基于多元主体的利益冲突引发的突现性，提出了一种不断学习、适应变化、增强治理弹性的治理模式。根据CAS理论的新发展，社会生态系统作为一种复杂适应系统，其适应性治理理论可以从关注适应性主体间的非线性关系，吸收多层级突现的下向因果关系的观点，增加涨落与混沌边缘的理论视角等方面得到完善和发展。[②]

3.3 遗产地：一种复杂的社会生态系统

3.3.1 遗产地社会生态系统的内涵

遗产地社会生态系统由自然系统和社会系统两大分系统组成。各分系统下又有若干子系统和若干子项（图3-1）。

具体而言，自然系统由生态系统和空间系统两个子系统组成，包含生态环境和物质空间。生态系统的子项主要包括自然景观和园林景观，其理想状态面向的是遗产地韧性空间；空间系统的子项主要包括网络空间、社区单元和建筑细胞，其理想状态面向的是遗产地宜居品质空间。

社会系统主要由5个子分系统组成，即管理系统、服务系统、治理系统、文化系统、经

① Chaffin B C , Gunderson L H. “Emergence, Institutionalization and Renewal: Rhythms of Adaptive Governance in Complex Social-Ecological Systems” [J]. Journal of Environmental Management, 2016, (165): 81-87.

② 范冬萍，何德贵. 基于CAS理论的社会生态系统适应性治理进路分析 [J]. 学术研究，2018（12）：6-11，177.

济系统。管理系统包含遗产体制内管理规划和相关规划子项，面向的是遗产地的科学管理；服务系统包括住房服务、文化教育、医疗卫生、设施服务、就业培训等若干子项，面向的是遗产地社会福祉；治理系统包括社区自治、利益机制、资金机制、监测机制等子项，面向的是遗产地社区能力建设；文化系统包括遗产地的物质文化和非物质文化，面向的是遗产地文化精神；经济系统则包括社区商业、文化经济和旅游经济等，面向的是遗产地生产效率。

遗产地社会生态系统中的主体要素——自然、人和社会，在各系统的协同发展中得到和谐共生，幸福感和满足感得以提升，以及全面健康的可持续发展。

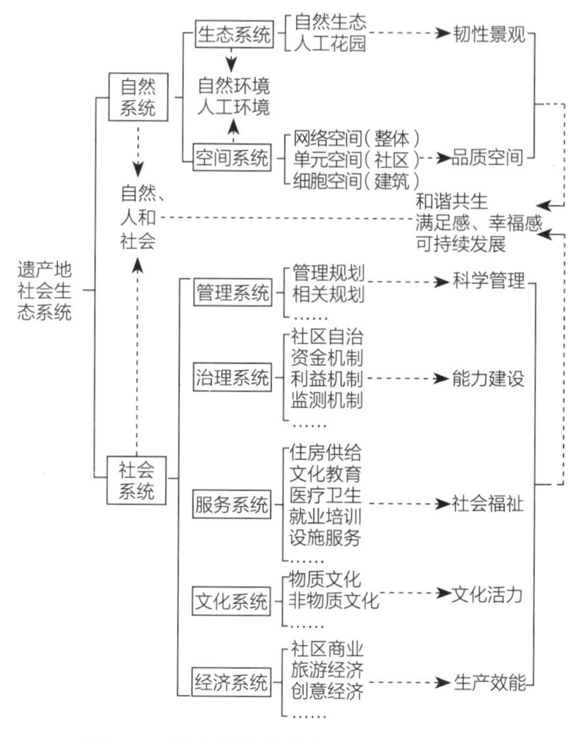

图3-1　遗产地社会生态系统的内涵示意

3.3.2 遗产地社会生态系统的复杂特征

结合前述复杂系统和社会生态系统的分析，遗产地社会生态系统具有一切复杂系统的特点，典型的有：

（1）遗产地系统的结构具有相互紧密联系的层次和系列。资源系统、经济系统、文化系统、管理系统、生活系统等各个子系统之间，既有统一性，又有非均质性和各向异性。

（2）遗产地系统的作用大于系统各个部分的简单加和。遗产地系统的整体作用和优势明显，有了系统的优化组合，遗产地就具有生态、文化、经济、旅游等特有的核心作用。遗产地中完整的硬件、良好的软件以及软硬件的配合，会使遗产地的作用得到强化，效益得到增强；反之，建设不当、管理不善，就会造成遗产地特性的丧失和社会生态的衰败。

（3）遗产地系统中高层次系统决定性地影响着相对低层次系统。所以，做好遗产地的规划管理需要有全局观。当然，低层级的小系统也会反过来影响高一层级的大系统。

（4）遗产地系统有边界，并和更大的城市系统、其他系统进行政策、资源、信息、物质、能力等种种交换。遗产地系统的边界既有封闭性又有渗透性，既有静态性又有动态性，既有有形的也有无形的，既是实质的也是虚拟的。随着时代发展，遗产地内部系统也日趋复杂，外部系统影响日益增强，无论遗产地的自然生态，还是保护建设、社会经济、文化发展都与外界日益密切。这种紧密的交换、共享贯穿于遗产保护与发展规划编制、控制管理等全过程。

（5）遗产地系统的非匀质性和相互作用。这就需要加强规划管理的控制，更加注意防治非均质性带来的负面影响，如综合解决环境问题，注意区域之间的交通联系，提高社区的生活质量等。

（6）遗产地系统具有自组织性和自适应性。许多遗产地存在规划、管理建设中考虑不到，但实际生活中必须解决的问题，往往通过遗产地的学习功能得以适应性地解决。这种自适应和自组织作用最后会取得集体经验，以优化遗产地发展问题中的解决方案

（7）遗产地系统的复杂性。简单化对待遗产地的复杂系统问题，忽视系统的相关因素和问题，往往会产生决策失误和发展失控。对遗产的相关系统工程，如果不看透其长远影响，不深入调查研究而匆忙决定，也会造成本质上的缺陷和不可逆的损失和后果。只有认识了遗产地系统的复杂性特点，才能在保护与发展中进行科学决策、慎重决策、民主决策，避免主观性、表面性、片面性。

（8）遗产地系统运行的非正常规律。由于系统的开放性和复杂性，对遗产地的相关预测，如游客容量、生态承载力等，需要根据时间和实际变化作短期预测计算，一段时间之后，必须根据新的宏观观察进行新的适应性调整和修改。

3.3.3 遗产地社会生态系统的当下困境

1．遗产地的脆弱性

世界遗产受到的威胁多种多样。一类是由不可抗拒因素造成，这类因素并不在人类的控制之中，诸如火山、地震、洪水等自然灾害；另一类则是由人为因素造成的破坏，如战争与武装冲突、环境污染、日益城市化与迅速发展的旅游业等。①这些因素都使世界遗产保护工作面临空前的挑战。

2．环境退化与气候问题

近几十年来，影响遗产地的环境因素，如污染、垃圾和工业废弃物、酸雨、车辆交通拥堵等，其破坏性均大幅度提高。同时，许多遗产地极易受到气候的影响，气候变化所带来的负面影响已成为当今遗产地最为严峻的挑战之一。气候变化带来的危及遗产地的直接影响包括海平面上升、雨季和旱季循环变化、暴雨和极端天气更加频繁、水纹和植被模式变更等。气候变化对遗产地自然环境和人工建成环境的影响日益严重，尤其是沿海地区，其生态环境更为脆弱。

虽然城市和人类住所随着时代变迁已逐渐适应气候的突变，但目前气候变化的密度和速度已是前所未有，需要立即采取行动积极应对。一些重要的战略要求将缓解和适应气候变化问题纳入国家政策和计划，从而触发了一系列法规和各级政府政策文件的制定。联合国推动了针对气候变化影响的遗产地的经验教训而展开的讨论，发起了许多国际大会、协议书和倡

① 童明康．世界遗产发展趋势与挑战应对［J］．中国名城，2009（10）：4-10.

议，整合了技术、财务和人力资源，并促进了处理气候问题的专门机构的建立。这些基本方法为将环境“可持续性”纳入遗产地人工环境建设的规划和管理提供了依据。

3．城市发展与建设性破坏

自工业化时代以来，城市化被视为经济增长和社会发展的关键动力。城市化为城市居民生活质量的提升创造了便利条件的同时，由于城市化的迅速发展和管理的无序，一些“外部效应”开始显现，其中包括污染和土地消耗等环境的压力，住房和电力、供水、排污、垃圾等城市服务设施的压力，以及收入差距的增大和社会不公的加剧，这些外部效应可能使遗产地在空间发展和政治上更加支离破碎，造成建设性破坏。住房、基础设施和服务设施对土地的竞争在城市中心地区尤为激烈，一旦城市无法再向外扩张或城市蔓延受到限制，便产生了城市中心区发展与历史街区或遗产地的保护矛盾。

例如，维也纳历史中心（Historic Centre of Vienna），由于2002年一个城市开发项目对整体遗产地视觉的完整性造成了重大威胁，公众的强烈反对迫使城市当局对设计方案中心做出考量。在秘鲁，库斯科的新机场威胁着马丘比丘（Machu Picchu）的保护。利物浦海上商城（Liverpool Maritime Mercantile City，UK），随着城市中心区大规模扩展和开发项目的增多，逐渐改变了其原来的轮廓，2012年被列为濒危遗产。2007年第31届世界遗产大会期间，世界遗产委员会共审议了33份文化遗产的“保护状况”报告，这些报告均涉及城市发展和更新项目的潜在的负面影响，包括由基础设施建设、现代建筑和高层建筑等带来的威胁和建设性破坏等，这一比例占委员会收到相关报告的世界文化遗产总数的39%。这些现象表明，主管部门在面对城市发展及历史城市的现代化进程，以及它们所传承的特性和价值保护的时候所遇到的困境，同时也难以很好地兼顾保护和发展。这在发达国家和发展中国家都存在相似的状况。

4．经济发展与原生态破坏

在遗产地的历史发展中，经济的发展往往被作为重中之重来考虑，经济层面的考量多凌驾于其他要素之上。这对遗产地的可持续发展造成了一定程度的干扰和破坏，其中又以旅游业为典型。

世界旅游组织（UNWTO）指出，在过去的半个世纪里，旅游业经历了持续增长并日益多元化，成为世界上增长最快、规模最大的经济类型之一。国际入境游客呈现显著增长的趋势：从1980年的2.77亿人次，到1990年的4.38亿人次，到2000年的6.84亿人次，再到2010年的9.39亿人次，最终在2019年达到15亿人次。[①]单个遗产地的游客量也增长惊人，如威尼斯成为世界上接待游客量最多的旅游目的地之一，2016年游客总量达到5200万人次，日均游客接待量达到6万人次，当地居民仅剩5.5万人，加之气候变化和洪涝灾害的威胁，威尼斯已不

① 数据来源：世界旅游组织，http://www.unwto.org/tourism-statistics/tourism-statistics-database。

堪重负。①

联合国环境规划署（UNEP）和世界旅游组织共同发布的一份指南明确了旅游业可持续发展必须满足的三个条件：第一，必须以最优的方式来利用旅游业发展所需的重要环境资源，从而维持基本的生态过程并促进自然资源和生物多样性的保护；第二，要尊重遗产地社区文化的真实性和社会的完整性，从而保护他们的建筑和活态文化遗产及其传统价值观，并促进文化间的理解和宽容；第三，必须具备长期且可行的经济活动，让所有参与方获得社会和经济收益，包括对当地社区而言稳定的就业和获得收益的其他机会，以及相关的社会服务，并通过收益的公平分配促进扶贫、公共事业等方面的发展。②

然而，发展旅游产业，并使之推动、监督和缓解环境和文化所受到的负面影响、促进地方能力的建设，这一过程在当前仍处于起步阶段。只有少数历史城市实施了旅游管理和公共使用（如对遗产地的阐释和游客体验、商业计划，以及依据历史城市可接受的改变程度为游客增长带来的影响制定标准并实施监测）方面的规划，以有效应对游客量上升以及与之带来的负面影响。

5．社区变异与人文衰落

遗产社区中无论是遗产的“保护”“开发”还是“改造”，都将牵动世代生活于此的居民的感情，涉及现实中人的生活和未来后代子孙的利益。传统聚落既体现了传统文化的价值，又构成了人们的生活图景，因此在遗产社区的保护开发中，既要根据现实需求改善人居环境，更重要的是维持好其中“人”的社会网络关系，留住社区的传统文化。但在实际的城乡建设中，部分政府和开发商在各自利益的驱动下，对遗产地资源进行了大规模的整治和改造，造成历史建筑无法挽回的损失和建设性的破坏。一些开发商打着“微改造”的幌子，实际上却对遗产社区进行着“手术式”的拆旧建新、居民迁建，以致一些地方看似物质环境得到了很大改善，但却因没有处理好“人”的关系，导致原有的社会组织结构、社区网络及居民间的邻里关系受到破坏。随着文化遗产旅游目的地的开发，许多遗产地的旅游人数越来越多，“繁荣”的商业、旅游发展貌似给当地带来了最大的收益，但有些地方的过度商业化和超负荷旅游却破坏了遗产地特有的历史风貌与人文环境，许多建筑遗产也因为旅游而“过度开发”“超前消耗”。以丽江古城为例，旅游经济繁荣的背后却是以牺牲古城历史特色和建成环境为代价的，商铺的雷同、民居变客栈、古建筑的破坏、传统文化的流失，使得古镇变成了一个异化的“生意场”，物质性的追求正在掏空这座城市的精神内核。2008年，丽江因“过度商业化与原住民流失”而遭到联合国教科文组织的批评和警告。③

---

① 人民网. 游客太多困扰水城威尼斯［Z/OL］.（2018-05-22）［2024-02-04］. http://world.people.com.cn/n1/2018/0522/c1002-30004377.html.

② UNEP，2005:11.Making Tourism More Sustainable-A Guide for Policy Makers. Nairobi: UNEP and UNWTO.

③ 全峰梅，王绍森. 转型 · 矛盾 · 思考——谈我国城乡文化遗产保护观念的变迁［J］. 规划师，2019，35（4）：89-93.

6．语境更迭与管理变革

然而，遗产保护一直充斥着理想主义色彩，对历史的重现、个人和集体的记忆价值以及场所精神等，都根植于大众对往昔建成环境的美好向往中。而这些遗产保护者所面对的现实是支撑遗产价值的物质结构和社会结构，它们正随着社会的发展和环境的变化而不断遭受侵蚀。例如，遗产保护的决策权从国家逐渐向地方政府转移，旅游业、房地产业、现代商业等逐渐从地方走向国际等，不同利益和力量正朝着不同方向拉扯，使遗产保护陷入困顿和混乱。联合国教科文组织近十多年来的定期和系统性监测表明，欧洲、亚洲、拉丁美洲和伊斯兰国家，许多重要的历史城镇遗产的传统功能正在丧失，这些地区正在经历着转型、变异，遗产地的完整性和历史、社会、文化及艺术等价值都在遭受着损害。遗产保护者逐渐意识到，20世纪90年代以前，关于遗产保护的理念和方法，主要受到西方理论和价值体系的影响，理想中的保护原则和现实操作之间存在着差距，甚至鸿沟。尤其在那些新兴社会中，这一现象更为突出。为了找到能够适应不同传统的价值体系和发展模式，遗产保护者开始越来越重视不同文化区域的文化背景，尤其是1994年来的《奈良真实性文件》(*The Nara Document on Authenticity*)，谨慎地开启了基于不同文化保护的价值观，并由此带来了操作手段的重要变革。也即，理解文化多样性是保证社会与其遗产之间有效和可持续链接的重要解决途径。

综上，环境退化与气候问题、城市发展与建设性破坏、经济发展与原生态破坏、社区变异与人文衰落等矛盾和问题，在遗产地保护与发展过程中相互交织。随着不同利益相关方关系的发展、群体圈的不断扩大以及相互间利益的竞争，形成了一个复杂而动态的社会生态环境。然而，随着地区层面任务和责任的加大，无论是机制、技术还是资金方面的能力，都尚未能与之形成相应的匹配，由此产生的真空地带往往由市场来填补，从而造成了一系列扭曲和矛盾的发生。当下的遗产地已成为由持续的资金流、商品流和服务流交织而成的、分散的传播网络的组成部分，与此同时也反过来受到它的影响。这种情况下，急需一种新方法和新技术体系以应对新的挑战，通过对现有遗产管理战略和工具的创新来应对日益复杂和变化的职责。

3.4 基于复杂适应系统的遗产地社会生态可持续发展模型

3.4.1 历史性城镇景观：一种动态适应性平衡方法的借鉴

遗产保护是国际上许多国家提出并开展的一种政策和规划实践。在过去，保护者可使用的保护工具很多，但一些遗产保护往往根植于历史印记、集体意识，过于强调对历史建成环境的重现和幻想，而忽视了遗产所处的社会结构变化、城市发展诉求以及人本身的发展，可能降低遗产地的活力和适应性，并造成毁灭性的后果。我们必须认识到，遗产地是一个动态的有机体，遗产保护既要面向过去，对历史建成环境进行保护，尊重场所精神，也要面向未来，对不同的发展力量进行协调，寻找一种新的适应性平衡。[①]

1．历史性城镇景观

“历史性城镇景观”（Historic Urban Landscape，以下简称为HUL）及其方法的提出，为我们进一步认识文化多样性对保护理念和方法的影响、理解建成环境保护中社会生态要素之间的联系、应对快速的社会经济变革对遗产地所带来的新的挑战，提供了一种新的当代可持续发展的方法和路径。

“历史性城镇景观”首先出现在2005年《维也纳备忘录》，它不是一种新的遗产类型或保护对象，而是一种视角和方法。[②]2011年5月27日，在联合国教科文组织总部召开的关于HUL的政府间专家会议上，HUL作为一种管理历史城市保护和发展的新概念和新方法得到共识。同年11月，《关于历史性城镇景观的建议书》（以下简称为《HUL建议书》）获联合国教科文组织大会的通过。

《HUL建议书》提到：有必要更好地设计城市遗产保护战略并将其纳入整体可持续发展的更广泛目标。《HUL建议书》为在城市大背景下识别、保护和管理历史区域提出了一种历史性城镇景观方法。这种方法“将文化多样性和创造力看作促进人类发展、社会发展和经济发展的重要资产，它提供了一种手段，用于管理自然和社会方面的转变，确保当代干预行动与历史背景下的遗产和谐地结合在一起”“旨在维护人类环境的质量，在承认其动态性质的同时提高城市空间的生产效用和可持续利用，以及促进社会和功能方面的多样性。该方法将城市遗产保护目标与社会经济发展目标相结合。其核心在于城市环境与自然之间、今世后代的需要与历史遗产之间可持续的平衡关系”。

从这个意义上看，历史性景观城镇方法是一种融合了发展目标的多维度、整体化的城市保护方法，其目标是为了使遗产在当代城市空间中重获生命力。[③]

2．历史性城镇景观方法的适应性平衡图式

如图3-2所示，要在动态变化的城市遗产地发展过程中寻求适应性平衡，一方面需要我们对历史文化遗产进行缜密的价值辨识，对社会发展与演变的规律以及当下社会发展的综合需求进行分析研究；另一方面也离不开科学、理性、多维的当代干预，这些干预介入不仅包含诸多利益群体共同参与下的适应性发展目标设计，也包含了强化遗产特征、赓续地方文脉、激活遗产空间的适应性空间规划设计，还离不开面向生产效能提高、生活品质提升、人

① 全峰梅，镡旭璐，王绍森．基于适应性平衡的遗产地保护与规划干预研究——以厦门工艺美术学院鼓浪屿校区为例［J］．规划师，2022，38（2）：102-107.

② BANDARIN F，VAN OERS R. The historic urban landscape: managing heritage in an urban century［M］. Chichester: Wiley-Blackwell，2012.

③ 班德林，吴瑞梵．城市时代的遗产管理——历史性城镇景观及其方法［M］．裴洁婷，译．上海：同济大学出版社，2017.

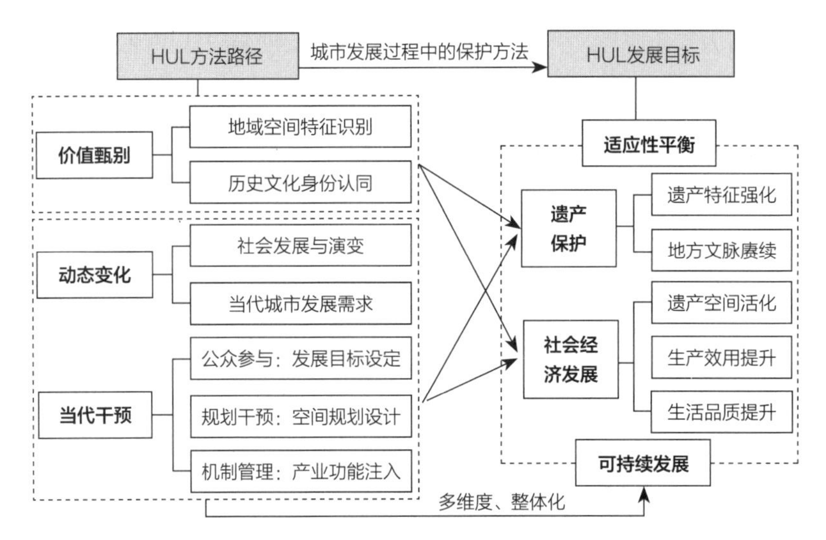

图3-2　历史性城镇景观核心思想及其方法目标释义

与社区共同发展的产业适应性和社区适应性机制管理，以此寻找传统与现代、保护与发展、经济与文化、城市与社区、人与社会、物质与非物质、有形与无形等遗产地社会生态的可持续发展与适应性平衡。

“历史性城镇景观方法”为我们提供了一种遗产地在城市发展中的适应性平衡和可持续保护方法，它通过时间连续性的角度对城市空间进行价值甄别，识别城镇在动态变化中的文化身份和地方特征，尊重不同时期在城市发展中遗留下来的印记，包括现代的和当代的，是一种更新过程的遗产管理方法，目标是力图避免在现代城市的规划和发展过程中因为这些价值被分离而遭到忽视并抛弃。它既是一种识别角度，也是一种价值观，强调了在不同时期因为不同的城市发展机制带来的不同变化所具有的积极意义。这为当代全球化、多样化的社会经济背景和城市发展机制环境下的城市遗产保护和城市发展的平衡提供了新的理论基础。①

3.4.2 整合：遗产地社会生态可持续发展模型

基于以上分析，本书构建出了世界文化遗产地社会生态可持续发展的理论模型（图3–3）。

1）模型基于独特的复杂系统认识观、方法论及价值观

（1）从遗产地的认识论出发，承认遗产地社会生态系统是一个由生态系统和社会系统耦合而成的复杂巨系统，受生态资源、自然灾害、历史文化、制度变迁、政治环境、经济发展、开发建设、权益关系、旅游开发，甚至人类战争的影响和威胁；是一个终将经历“生长—成熟—停滞—萎缩—修复—重生”螺旋发展的复杂适应系统，具有复杂性、稀缺性、脆

① 班德林，吴瑞梵. 城市时代的遗产管理——历史性城镇景观及其方法［M］. 裴洁婷，译. 上海：同济大学出版社，2017.

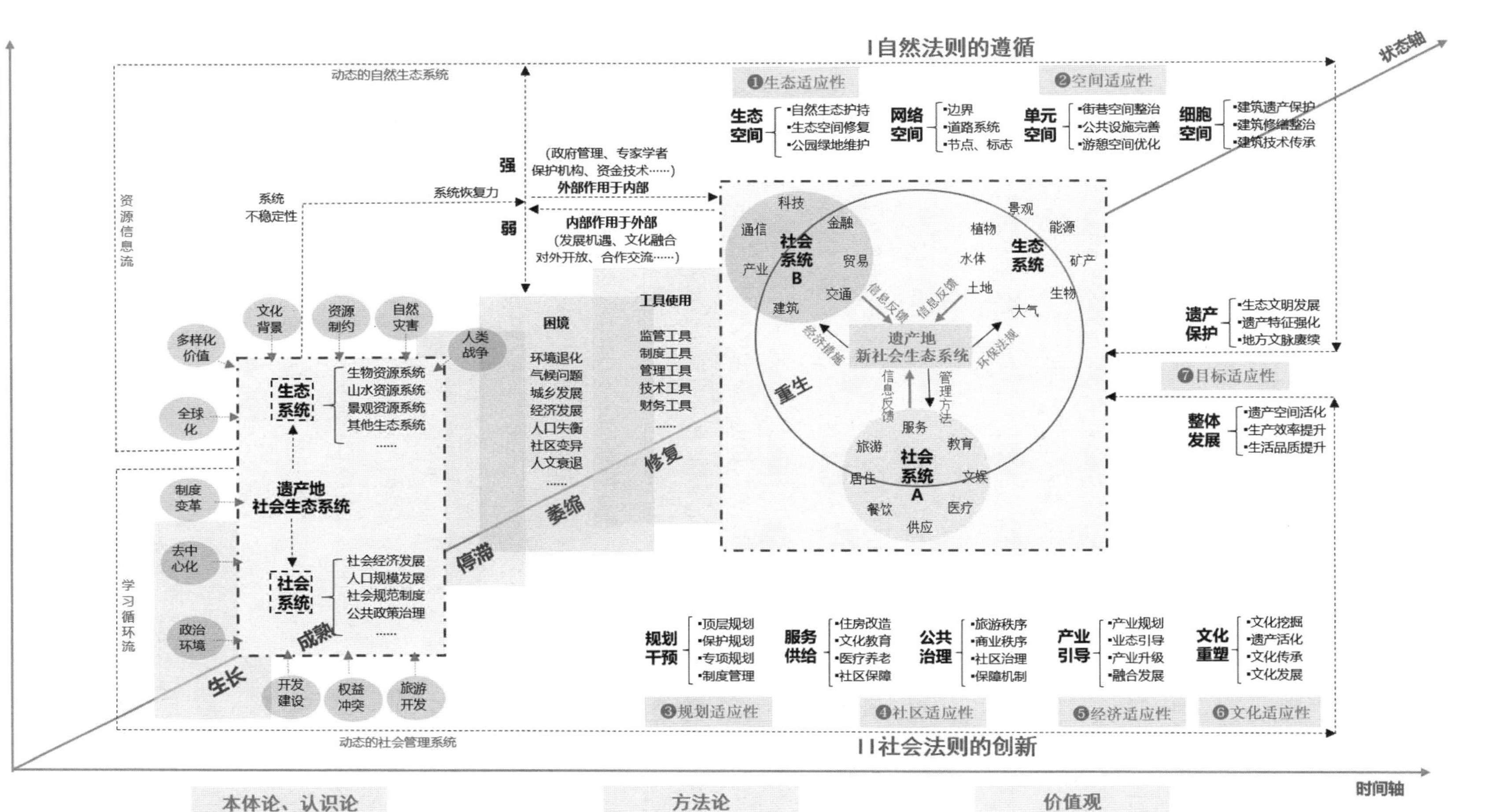

图3-3 世界文化遗产地社会生态可持续发展的理论模型

弱性和独特的普世价值。

（2）方法论上注重遗产地复杂社会生态系统的动态性、开放性、自组织性、适应性平衡和协同发展论。遗产地的发展演进是一个动态发展的过程，既具有系统发展的稳定性、系统要素间的有序联系，又能与环境和外界交换物质、能量、信息，由此维持系统的持续发展；同时，遗产地社会生态系统又具有系统发展的不确定性和变异性，当内外部要素相互作用，并在其系统恢复力强时，就会上向变异，使社会生态系统进化发展，当系统恢复力弱时，就会下向变异，使社会生态系统退化和异质发展。在遗产地社会生态系统发生萎缩并需要修复重生的进程中，要注重两个“流向”——“资源信息流”和“学习循环流”的适应性改造和自适应发展，二者分别对应动态演进的自然生态系统和社会管理系统。

（3）模型同时关照遗产地复杂社会生态系统的整体性、多样性、存同求异和可持续发展的价值观和效益观。模型遵循系统的整体性原则，遗产地社会生态系统具有整体性效益，即“整体大于各部分综合（1+1+1>3）”的价值规律。

2）模型遵循两大法则

（1）自然法则。遗产地自然生态流向的可持续发展需要遵循自然法则，做好生态适应性修复和空间适应性修补。生态适应性修复包括对自然生态的护持、公园绿地等韧性景观的营造以及生态承载力的调适等，其目标是打造韧性生态空间；空间适应性修补则包括道路、边界、标志、节点等网络空间，社区街巷、公共设施、游憩场所等单元空间，以及建筑院落等细胞空间三个层次的遗产保护和整治改造，其目标是打造品质场所空间。

（2）社会法则。遗产地学习循环流向的可持续发展需要遵循社会法则，做好规划管理的适应性干预、服务供给的适应性完善、社区秩序的适应性治理、城镇经济的适应性发展以及文化传承的适应性复兴。规划干预包含基于遗产地发展的顶层规划、保护规划、专项规划、管理规划以及法律法规等；服务供给包括提升社区居民满足感和幸福感的住房条件改善、文化教育、医疗养老、就业培训等基础设施和服务的有效供给；社区秩序的治理包括旅游秩序、商业秩序、社区自治、制度框架等治理和构建，目标在于建立一个公平、高效的社区治理环境；遗产地社会经济的发展则需要科学的产业规划、合理的业态引导，目的在于提高当地居民的收入水平、促进地方经济的转型升级和高质量发展；文化发展方面，需要对地方独特的文化遗产进行充分发掘，兼顾物质与非物质遗产的传承发展和活化利用，重塑遗产地精神。

3）模型构建终将达成两大目标

（1）遗产保护。即在促进遗产地生态文明可持续发展的同时，激活遗产空间，强化遗产地遗产特征，促进地方文脉的赓续和文化的传承发展。

（2）整体发展。即面向未来，寻找传统与现代、保护与发展、经济与文化、城市与社区、人与社会、物质与非物质、有形与无形等遗产地社会生态的整体可持续发展和适应性平衡，力求社会生产效能的提高、居民生活品质的提升、人与社区的共同发展。

4）模型的适用性

世界文化遗产地社会生态可持续发展模型适用于历史性城镇景观遗产地社会生态系统各生长阶段的动态观察、适应性修复与适应性治理中，促进遗产地社会生态的创新更迭与可持续发展。

3.5 小结：方法整合与模型创新

运用复杂系统论和社会生态学的相关理论和方法，认识到遗产地是一种复杂的社会生态系统，具有“自然与社会”“有形和无形”的双重属性，是一个“增长、成熟、停滞、萎缩和重生”动态发展的生命有机体。遗产地具有系统发展的脆弱性，如环境退化与气候问题、城市发展与建设性破坏、经济发展与原生态破坏、社区变异与人文衰落等，进而威胁文化遗产安全。但通过监管工具、技术工具、财务工具等的使用以及社区参与力度的加大，遗产地社会生态系统有自我修复能力，遗产地往往需要通过现代化过程、适应性过程和再生过程来获得补充和再创造。复杂系统论和社会生态理论方法，将为世界文化遗产地的保护发展提供一个独特的视角，是遗产地社会生态修复与可持续发展的新路径。

在复杂系统论、社会生态理论以及历史性城镇景观方法的指引下，构建世界文化遗产地社会生态可持续发展的理论模型。模型体现出遗产地社会生态复杂系统独特的认识观、价值观和方法论；遗产地在其社会生态发展和修复过程中需要遵循自然法则和社会法则，创新保护方法；模型构建终将达成遗产保护和遗产地整体发展两大目标。

第 4 章 鼓浪屿社会生态可持续发展的社会法则

无论是自然界还是人类的创造，在一个往复式系统中，如果任何一部分过程停止，整个系统都将崩溃。

——简·雅各布斯

1998年，《欧盟城市可持续发展：行动框架》中明确将文化遗产的保护、地方文化的强化和文化的提升作为一项重要的财富资源，并作为一个国家或地区发展的重要发展目标。那么，在不断变化的城市遗产管理背景下，在复杂的现代遗产管理体系中，如何结合鼓浪屿的现实问题，借鉴国际先进的理念经验，提出适应性解决方案，实现鼓浪屿遗产地遗产有效保护、社区高效治理、文化传承发展、经济高质量发展呢？以此问题和目标为导向，本章将结合上一章遗产地社会生态可持续发展理论模型中学习循环流向的社会管理系统，提出鼓浪屿社会生态可持续发展的社会法则。

4.1 规划管理：制度干预与整合协调

4.1.1 遗产管理：保护机制的适应与范式变革

“管理”，即“采取明智的手段以实现目标”。遗产的“管理体制”可以被看作一系列复杂而系统的流程。这一系统流程共同产生了一系列的后果，其中一部分会反馈回到制度本身，帮助制度以及其行为及成果呈现持续改善的螺旋上升状态。每个国家都有某种形式的文化遗产保护制度，这些管理体制各不相同，有的已经数百年没有变化，有的近年来发生了长足的改变，有的是国家级的，有的是省级或地方级的，还有的则是只针对遗产本身的管理体制。“文化遗产管理体制”有助于用一种能保护遗产普遍价值的方式保护和管理特定遗产和遗产群，并在可能的情况下帮助每个遗产创造超出其自身局限的更广泛的社会、经济和环境价值。这种更广泛的参与可能会带来不利于文化遗产的行为，同时也可能有效推动遗产价值的认定和推广。除此之外，它还会为文化遗产赋予促进人类发展的建设性角色。长远来看，这一角色又会给文化遗产本身带来回报，增加其可持续性。

遗产管理是近几个世纪以来世界上许多国家提出并付诸行动的一种公共政策和规划实践。当下的遗产保护工具变得极为丰富和多元，包括一整套已经确立的国际公认的保护原则体系，如1972年的《世界遗产公约》等重要的国际法律文书，以及近一个世纪以来不同语境下积累的大量经验。这一趋势加速了历史城镇遗产作为一种遗产类型进行保护的进程，并促进了城镇保护概念在国际上的普及。[①]当下，大量的历史城镇景观凭借其所具有的高质量空间环境、持续性的场所精神、支持地方身份的集中性文化和艺术事件，以及成为文化旅游目的地所带来的日益重要的市场经济地位，在人们的现代生活中占据了重要的位置。

鉴于遗产的复杂性，传统遗产保护和管理方式发生了重大变革，更加专注于整体管理（表4-1）。随着遗产范围的扩大，遗产所面临的问题也日益复杂，加上可持续利用的需要，遗产保护不可避免地会要求我们对可以或不可以接受的变革做出决定。这种在不同选项间做出抉择的需要，意味着遗产领域的管理方法正在发生改变。对遗产的特殊价值认定也更加有必要，只有这样才能决定应该如何变革才不会对遗产价值带来负面影响。人们对遗产管理的要求越来越高，对管理成果的期望也越来越高，决定管理体制和管理文化的整体框架正变得越来越重要。

① 周俭．城市遗产及其保护体系研究——关于上海历史文化名城保护规划若干问题的思辨［J］．上海城市规划，2016（3）：73-80.

遗产保护与管理方式变革　　表4-1

	传统范式	现代范式
遗产认知	（1）主要被视为国家资产； （2）与国家相关联	（1）同时也被视为社区资产； （2）与国际相关联
管理目标	（1）主要负责生态保护； （2）主要针对稀有生态环境和风景区保护； （3）主要针对游客和参观者进行管理； （4）重视原生态	（1）同时有社会、经济目标； （2）通常因为科学、经济和文化原因而设立； （3）在管理中关注本地居民； （4）重视社会“原生态”的文化意义
遗产监管	主要由中央政府负责	由合作者负责，一系列利益相关者参与
本地居民	（1）规划和管理； （2）少量采纳本地观点	（1）与本地人一起，为本地人着想，甚至直接由本地人管理； （2）满足本地居民的需要
管理方式	（1）单独发展； （2）“孤岛式”管理	（1）作为国家、地区和国际系统的一部分规划； （2）“网络式”管理和发展
管理技巧	（1）在较短的时间跨度内进行反应式管理； （2）以技术方式管理	（1）以长期视角进行适应性管理； （2）以政治关注的方式加以管理
财政来源	由纳税人支付	通过多财政渠道和经济来源进行支付
管理技巧	（1）由科学家和自然资源专家管理； （2）由科学家领导	（1）由具备各种技能的人管理； （2）利用本地知识管理

4.1.2 管理体制内的管理规划

“管理规划”无疑已经成为世界遗产系统内最为大家熟悉的工具之一。就世界遗产而言，管理规划应当针对遗产的整体文化价值以及遗产周边地区出现的可能对遗产造成影响的变化进行包容式规划。这种包容式方法是管理规划的特质之一，因为它需要与其他计划（如土地使用或开发规划）和遗产系统外的利益相关者建立联系。有形资产之外的管理规划旨在更好地保护突出普遍价值和其他文化价值，管理规划流程的主要目的是对文化遗产地进行战略性的长期保护。最基本的一部分是针对特定遗产地制订出决策和变化管理框架，这一框架和所有参与文化遗产管理各方集体决定的管理目的、目标和行动一起被归档、记录下来。本质上，管理规划是在某一特定的管理体制内部发展形成并对这一系统做出规定的指导性文件，它是特定文化遗产整个管理周期（规划、实施、监测）所有环节的重要工具，需要周期性审查及更新。

管理规划是一个相对较新的工具。管理规划需要描述遗产的整体管理体制，提供针对复杂流程的分析结构，提供一个便于做出明智决定及管理变化的框架，提供协调所在地各种活动或责任的指导性原则，协助管理不同利益集团在公私两方面的协作，确保所采取的介入行动经过周密设计以保护突出普遍价值以及其他与保护突出普遍价值协调的价值，协助现有投入资源合理化以及推动资金筹集。它决定并设立恰当的战略、目标、行动和实施结构，用于管理并在恰当的时候以有效和可持续的方式开发文化遗产，使其价值得以保存，以供当前及未来使用。管理规划应平衡并协调文化遗产自身的需要与“使用者”、负责任的政府部门以及私人、社区机构的需要。

管理规划的制订是集体参与的结果，其内容包括（表4-2）：

遗产保护与管理规划内容　　表4-2

	管理规划内容
1	深化《世界遗产公约》责任的官方承诺
2	所有利益相关者，尤其是产权人和管理者，参与管理并达成的对遗产的共同理解的机会，让管理规划获得更强有力的支持
3	对遗产的清晰描述，将其作为评价遗产价值，尤其是突出普遍价值的基础
4	对现有系统如何运作，并具有何种改善空间，得其清晰透明的描述
5	对文化遗产突出普遍价值的声明，该声明已经得到世界遗产委员会的批准或已提交给世界遗产委员会，它认定了有待管理的特征，以及需要加以维护的真实性和完整性状况
6	对于遗产其他价值的评估，在管理中也应对这些价值加以考虑
7	对遗产现状及可能对遗产的特征、真实性和完整性产生正面或负面影响的其他因素的概述
8	对遗产管理的共同愿景
9	为达成愿景而采取的一系列管理政策和目标
10	保存、阐述并展示遗产、服务社会等一系列行动
11	实施战略，包括监测和审查
12	多个计划或系统所必需的整合，或者保证它们彼此互补
13	遗产对社会的惠益，这些惠益反过来又可以保证遗产自身的利益，提升所有的价值，并保证新形式的社区支持

（资料来源：《世界文化遗产管理》）

管理规划还应该反映：关键利益相关者和更大社区的参与、对世界遗产概念以及被收入的名录对遗产管理的意义的共同认识；对现有管理体制（法律及法规框架、管理结构和方法）、开发计划和政策，以及遗产地土地使用现状的共同认识；利益相关者对遗产突出普遍价值、真实性和完整性状况、遗产地影响因素的共同认识；所有利益相关者对维护遗产突出普遍价值所需采取的行动和方法的共同职责和支持；一种包容式的规划方法，让所有相关机构和利益相关者分担任务，制订具有可行性的、能够确保将来对遗产进行可持续管理的决策框架；实施规划的管理结构，以及完成所需管理行动的准备和能力。如此，规划便成为“达到目的的手段”。

管理规划所要求的规划过程既不是线性的，也不是由上至下的，而是一种迭代进程模式，每个阶段都会参照之前或之后的另一个阶段。例如，在评估遗产状况时，可能需要回到数据收集阶段以收集补充信息。规划过程、实施过程及监测过程联系紧密，三者可以同时展开。从准备到数据/信息收集，到重要性/状况评估，再到响应/提案，最后是实施监测，管理规划不是一个静止、独立的过程，而是一个动态的，需要不断相互交错、检验、反复联动、适应性调整的过程（图4–1）。

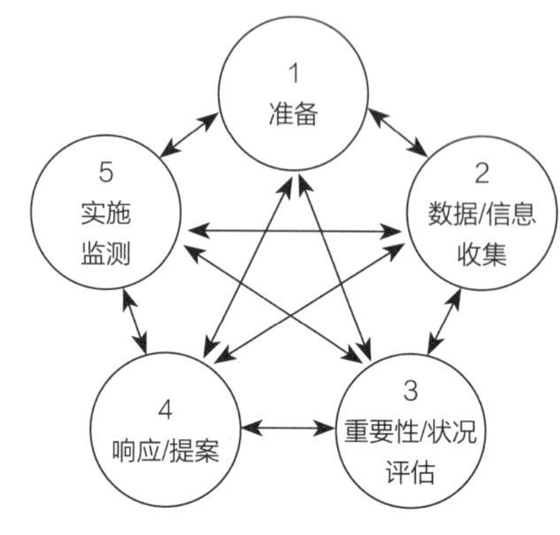

图4–1　管理规划的迭代进程模式
（图片来源：《世界文化遗产管理》）

4.1.3 鼓浪屿规划管理整合与适应性发展

在《实施〈世界遗产公约〉操作指南》要求的遗产地保护管理体系中，遗产地的保护管理规划是其中的重要内容，它是以遗产价值为基础、针对整个管理体系制定的管理实践框架，目的是为文化遗产地应对变化和可持续发展提供战略性的长期保护策略。①鼓浪屿是一个以社区整体形态为核心的复杂系统，它来源于历史上社区群体的创造积累，又要将当代社区的保护传承给未来，这就要求遗产地的保护与发展规划的制定要整体关注鼓浪屿历史国际社区在社会、经济、文化、技术、环境等多向度的复杂变化，且应具备系统性、关联性、整体性和动态性。

鼓浪屿以国内外遗产保护公约、法律、法规作为保护工作的有力保障，通过建立科学有效的管理机制与职能完备的管理机构，完善有针对性的政策法规，编制和执行指导遗产地保护管理的专项规划，规范保护决策机制和项目审批管理流程，积极协调遗产保护与社区发展需求，并通过鼓励社区参与遗产地保护等不同层面的手段进行遗产地的保护和规划管理。

1．以城市发展战略为指引

成为世界遗产的鼓浪屿激发了人们对这座小岛未来的无限想象。实际上，鼓浪屿核心价值的提出是一个历史研究维度，而未来的功能定位则属于以核心价值为基础的实践创新，科学的发展目标与功能定位必须以其核心价值为基础，与时俱进地探索与之相契合的新功能体系，应在历史核心价值和当代社会经济条件之间实现和谐共存，从而最大限度发挥其社会效应与经济实效。

2020年12月25日，《中共厦门市委关于制定厦门市国民经济和社会发展第十四个五年规划和二〇三五年远景目标的建议》和《厦门高素质高颜值现代化国际化城市发展战略（2020–2035）》（以下简称《发展战略》）得以通过。《发展战略》提出了2035年厦门城市战略定位：高素质标杆、高颜值典范、现代化前沿、国际化枢纽。其中的“高素质标杆”指出，要打造更具全球竞争力的人才特区和高素质创新创业之城；“高颜值典范”指出，要打造更富现代化国际化魅力、更具闽南文化特色、更有大爱情怀的高颜值生态花园之城；“现代化前沿”指出，要推进治理体系和治理能力现代化……加快城市智慧化、精细化、人性化建设，人民

① 《世界文化遗产管理》由联合国教科文组织驻华代表处编写并出版。

生活水平显著提高，城市更加宜居宜业；“国际化枢纽”指出，要提高城市全球链接能力，成为“一带一路”倡议中的“海丝”支点城市和西太平洋的重要节点城市，打造全球重要的区域性资源配置的枢纽平台。[①]

新时期的鼓浪屿发展，需要基于厦门城市发展战略进行更为科学合理的定位。鼓浪屿有条件作为厦门高素质、高颜值、现代化、国际化城市的引领示范区。第一，鼓浪屿海上花园是厦门高颜值的典范，有理由成为厦门高品质发展的示范区，它应借鉴百年前的社区自治经验，进一步完善自身适应性治理的能力，推动鼓浪屿的生态品质、生活品质、人文品质、宜业品质的不断提升，满足鼓浪屿社区可持续发展的内在要求。第二，鼓浪屿历史上就是国际高素质人才的集聚区，在其当代的转型发展中，其作为一个世界遗产地和独特的地理文化单元，更应通过开放引领和创新驱动，吸引国际文化、艺术、教育等领域高素质人才的回归，形成现代国际高素质人才和社区的标杆。第三，鼓浪屿百年前就是中国近代城市现代化的前沿示范，那么在当下，更应通过现代化、科技化、智慧化等手段推进社区治理，彰显城市人文与现代化魅力，提升城市竞争力，增强人民群众获得感、幸福感和安全感，使鼓浪屿成为一个“现代国际社区”。第四，鼓浪屿是世界的鼓浪屿，开放引领是其繁荣发展之道，当下的鼓浪屿更应以创新促发展，当好国家开放门户厦门市的城市客厅，再次通过“一带一路”倡议，链接全球，形成国际文化遗产城市的重要资源创新平台，领跑全球遗产社区。

2．以遗产地整体保护为框架

鼓浪屿遗产资源是在各个发展阶段累积下来，由各种文化和空间类型组成并相互联系交织的整体。因此，对鼓浪屿物质形态资源的保护，必须是建立在要素之间关联性上的整体保护，且包括对物质遗存和社区关系的强调。在鼓浪屿遗产地规划管理中需要充分认识到，从历史社区到当代社区的传承变化关系，物质空间形态和当代社区文化传统，文化特质之间的依存关系等问题基础上，实践世界遗产保护理念，改善社区文化与物质遗存之间的共生环境，推动社区在参与遗产保护活动中恢复文化活力，是遗产保护不可推卸的责任。

鼓浪屿遗产资源是一个复杂的系统，由遗产核心要素、各级文物保护单位、保护性历史建筑、一般性社区风貌建筑、全岛环境基底五个层级构成（图4–2）。这个系统既具有文化多样性，又能呈现不同文化元素之间的相互关联。这种复杂性能够综合展现鼓浪屿及“中国故事”，是鼓浪屿的文化特征及价值所在。

1）遗产核心要素

鼓浪屿文化遗产核心要素是鼓浪屿遗产突出的普遍价值（OUV）的体现，集中体现了19世纪中叶~20世纪中叶鼓浪屿的物质形态及其社会、经济、文化、生态等面貌，包括51组代

① 资料来源：厦门市人民政府网站转载厦门日报，标题为：厦门中共厦门市委关于制定厦门市国民经济和社会发展第十四个五年规划和二〇三五年远景目标的建议（2020年12月25日中国共产党厦门市第十二届委员会第十二次全体会议通过）。

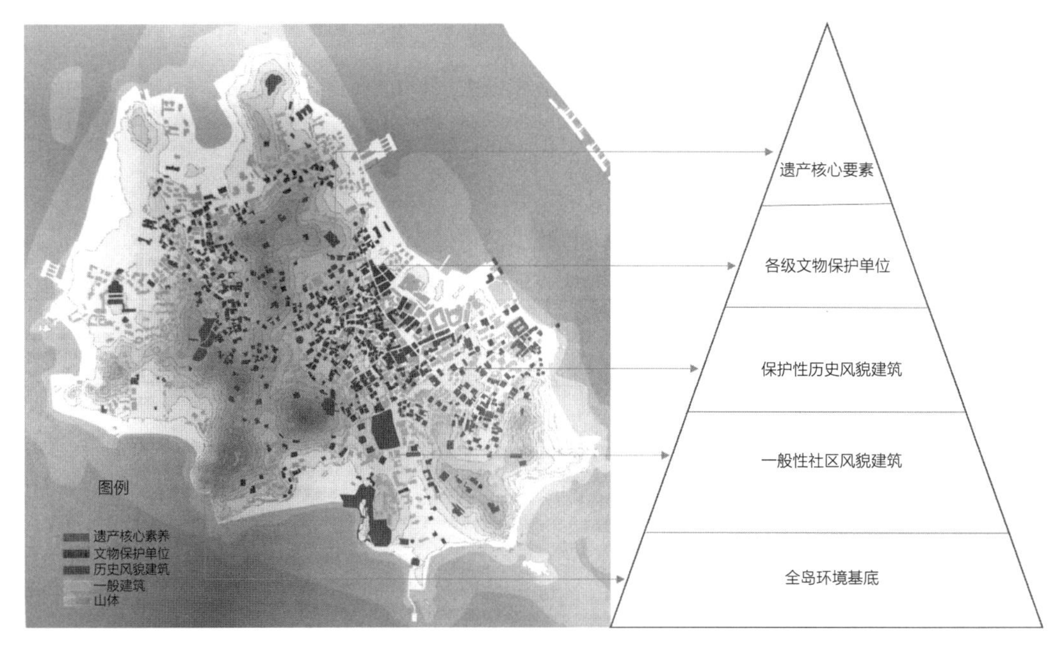

图4-2　鼓浪屿整体保护框架
（图片来源：作者根据材料改绘）

表性历史建筑和宅院、2组文化遗迹、4组历史道路、7处蕴含丰富的自然景观要素。[①]这些核心要素有工部局、会审公堂等历史社区公共管理机构遗存，有各国领事馆、商贸金融机构等岛内机构遗存，有教堂、学校、医院、文娱设施等社区公共设施遗存，有传统民居、别墅洋楼、私家园林等各类住宅遗存……既关照了鼓浪屿自身历史发展阶段，又包括了文化的多样性和功能系统性。这些核心要素在空间上实现了全岛覆盖。

2）各级文物保护单位

鼓浪屿现有各级文物保护单位共154处，其中各级文物保护建筑151处。这些各级文物保护单位往往与鼓浪屿上重要历史人物、历史事件密切相关，与核心要素一样具有突出且鲜明的特征，是对鼓浪屿突出普遍价值有支撑作用的典型历史遗存，能有效补充和拓展遗产核心要素在遗产价值阐释中的类型和主题，丰富了鼓浪屿历史叙事的可读性。对这一层级的保护对象，需按照各自保护身份纳入相关保护体系。

3）保护性历史风貌建筑

从2000年鼓浪屿正式启动历史风貌建筑普查、挂牌和实施保护利用工作以来，被正式公布挂牌列入保护的历史风貌建筑有391处，同时被列入《历史风貌建筑预备名录》并将分批挂牌列入法定保护的历史风貌建筑540处。至此，鼓浪屿全岛认定的历史风貌建筑共计931处。这些历史风貌建筑多为20世纪中叶以前建造，属于多元文化社区主要功能类型的建筑和

① 魏青．从鼓浪屿文化遗产地保护管理规划的编制与实施谈规划系统中的整体性、关联性与动态性［J］．中国文化遗产，2017（4）：32-43.

设施，尚未被严重破坏和改造，真实反映了当时岛上完整的社会阶层和社区形态。

4）一般性社区风貌建筑

除上述三个层级的遗产要素和保护建筑之外，鼓浪屿岛上还有上千栋一般建筑，这些建筑多为近现代建设，有单位集体宿舍、板房、楼房，有的破损严重，有的为新建民居，风格风貌杂乱不一。虽然这些建筑在风格代表性、功能典型性、历史相关性方面完全不突出，但这些建筑却承载着岛上上万个社区当下的社区形态和居民的生活风貌。因此，这一层级的建筑更需要对其更新改造提出风格样式上的指导意见，以完善社区配套，提升历史社区的人居环境品质。

5）全岛环境基底

环境基底包括鼓浪屿全岛陆地1.88平方千米的景观生态环境和岛屿周边礁石所界定的316.2公顷海域范围，它所对应的是鼓浪屿作为公共地界时的地理单元范围，包含了承载鼓浪屿遗产价值的所有载体。同时，环境基底还包括886公顷鼓浪屿周边海域的遗产地缓冲区。这一层级的保护规划主要对全岛风貌、天际线、重要景观廊道、鼓浪屿和周边城市、港口区域历史上的空间距离和视觉对话关系等提出了保护要求，保持了历史环境的真实性。

3. 以法律法规为保障

作为要素类型复杂的遗产地，包括历史道路、空间布局、街区环境等在内的整体保护，主要依赖于世界遗产及中国风景名胜区两个体系下的法律法规及要求，由建设、规划、文保等相关管理部门实施保护。

自2012年鼓浪屿列入《中国世界遗产预备名录》后，就遵照《保护世界文化与自然遗产公约》（1972年）、《实施〈保护世界文化与自然遗产公约〉的操作指南》（2008年）等世界遗产保护公约，中国古迹遗址保护理事会《中国文物古迹保护准则》（2015年），原文化部《世界文化遗产保护管理办法》（2006年），国家文物局的《中国世界文化遗产监测巡视管理办法》（2006年），厦门市《厦门经济特区鼓浪屿文化遗产地保护条例》（2012年）等遗产地保护法律法规的要求，厦门市政府和鼓浪屿管理委员会根据对鼓浪屿文化遗产的价值认定，对遗产价值载体保护真实性、完整性的要求，对鼓浪屿的遗产地实施系统的保护管理。同时，鼓浪屿作为鼓浪屿—万石山国家级风景名区的重要组成部分，依据中华人民共和国《风景名胜区管理条例》（2013年）、《厦门市风景名胜资源保护管理条例》（2003年）等法律法规进行保护管理。特别是2012年，厦门市政府为了加强鼓浪屿文化遗产的保护、保存与展示，彰显了鼓浪屿文化遗产所体现的多元文化交流与融合的居住型社区之独特性，继承和发扬了文化遗产的价值，鼓励和确保了社会公众对文化遗产的共享，遵循了法律、行政法规的基本原则，结合厦门市的实际情况，依照法定程序制定了《厦门经济特区鼓浪屿文化遗产保护条例》。2019年，厦门市再次立法出台《厦门经济特区鼓浪屿世界文化遗产保护条例》，用以加强鼓浪屿文化遗产保护。

尽管如此，在现行的法律法规中，对管理主体的地位、管理机构的设置、人员结构及资质、遗产地的土地权属、遗产收益及其使用、保护管理项目的申报、保护资金的投入、经济制约、部门协调、民间保护组织作用、鼓励公众参与等具体问题和操作规程尚未做出明确的规定，使得管理部门经常陷入有法不知如何依的尴尬境地。因此，完善和充实遗产保护法律法规体系和加强法规的操作性仍是鼓浪屿遗产保护立法和管理的现实需求。

4.2 服务供给，重塑宜居社区

4.2.1 公平：住房、工作和社会福祉

《保护世界文化和自然遗产公约》（以下简称《公约》）强调，要在不断变化发展的世界中认识遗产，并确定其在社区生活中的作用和功能的重要性。当代世界面临的挑战在不断发生变化，《公约》通过世界遗产的支持性政策文件和《实施〈保护世界文化与自然遗产公约〉的操作指南》来应对降低风险、原住民抗议、气候变化、可持续发展以及其他有关世界遗产的议题，因而它是处于动态之中的。此外，遗产作为发展进程中的关键资源，其发挥的关键作用也已被提上各项国际议程，如《2030年可持续发展议程》《新城市议程》。后者更是提出了一种以人为本的新方法。因此，我们不应再将保护视为一种限制，而应将其理解为一种实现可持续发展与生活质量间平衡的战略。那么，如何使社会、环境、经济和文化目标（即变革的驱动力）与保护目标相一致？世界遗产如何成为推动居住在遗产地内部和外部的人们生活质量改善的杠杆？遗产价值及其内在性质如何对高质量的新发展产生积极影响？这需要我们通过规划设计和实施管理逐步实现。[①]

地理学家大卫·哈维（David Harvey）曾建议，当确保最弱势地区的未来利益最大化时，公平的分配不需要考虑结果公平，但是要反映需求的标准、公共物品的分配和社会价值。[②]个人机会的平等和集体资源获取的平等是最基本的权利，在收入、住房、教育和医疗方面应该有一个最低门槛。但随着社会经济的转型，许多遗产地社会公共利益和市民社会让位于大的城市发展，结果导致住房、学校、医院等公共服务的投资削减以及福利再分配项目的缩减。经济下行的因果关系被社会下行的因果关系所叠加，经济的下行和投资的缺乏导致了工作岗位的流失、人口外迁以及对本地物质和服务需求减弱、日益薄弱的税收、衰败的基础设施和对新经济投资缺乏吸引力的投资环境。低收入、有限的经济机会、社会和服务设施确实引发了消极的社会情绪，同时社会经济的不平等也在逐渐削弱社区的凝聚力，阻碍了社区的

① 亚太遗产中心，“世界遗产与生活质量”，纪念《世界遗产公约》50周年“世界遗产对话”系列活动第一期，2022年6月11日。

② HARVEY D. Social Justice and the City［M］. London：Edward Arnold，1973.

可持续发展。

高质量、可负担的住房问题是遗产地面临的较为迫切的问题之一，这会威胁遗产地的长期活力和生存能力。如果没有足够的可负担的住房供给和服务保障，一些原住民和社会家庭就会失去常住遗产地的机会，相应地造成社区人口结构的失衡。教育和医疗等公共服务是遗产地社会可持续发展的重要元素，这些服务的供给通常因人口减少或政策的改变而造成投资和供给的不足。但是，经济和社会的繁荣依赖于受教育的程度和健康的人口，需要政府和社会做出正确的政策支持和投资决策，实施因地制宜的计划，确保教育和医疗的高水平以及失业和贫困的低水平，保证经济社会的繁荣。此外，政府和社会应为年轻人提供教育和发展的机会，很多国家的遗产地也在积极努力为年轻人提供社会、文化、就业等服务。

德国的一些城镇越来越清楚地认识到城镇环境“家庭友好”的重要性，多种教育设施、儿童保育等服务的提供对于生活质量非常重要，这些考量的背景首先是人口的变化。以德国瓦尔德基尔希小镇为例，小镇位于德国黑森林地区风景如画的山谷，约2万人，其特别之处是常态性地组织一系列市政和社会活动，以及公众参与的社区规划，还有一系列关注社会可持续发展的示范性项目，为城市宣传社会可持续发展以及在考虑社区成员社会福祉的前提下强化经济发展提供了示范。如“家庭友好”计划，其目标是创造一个家庭可以感受得到温暖城镇环境以达成更好的工作—生活平衡。提供足够的儿童保育和教育设施是其中一个重要措施，通过“儿童空间”项目的规划实施，一些全日制学校、蒙台梭利学校、华德福学校、森林幼儿园等多种教育方法和教育服务得到供给。家庭友好以及对公平和社会可持续发展的关注影响了小镇的发展规划。①

4.2.2 鼓浪屿公共服务供给

原住民作为遗产地的主人和文化遗产中的重要组成部分，是传统文化得以传承和延续的基础，原住民及其生活本身是遗产地“活”的见证，是遗产地生命力和活力的象征。因此，尊重和保障原住民的利益及生存发展权，特别是与社区居民息息相关的居住条件、子女教育、医疗卫生、文化体育、商业服务、金融邮电、市政服务等基础设施和公共服务供给，直接影响着社区居民的生活品质。近十年来，鼓浪屿结合申遗工作，逐步完善社区基础设施和服务供给，但仍有一些重点和系统工作需要进一步研究、细化和落实。

1．住房改造

在鼓浪屿人口迁移政策实施过程中，作为社区发展所需的基本公建配套设施及服务也随之迁移，导致鼓浪屿的宜居性受到挑战，同时也加剧了岛上人口老龄化、社区空心化以及居住建筑和居住环境的严重衰败。这种衰败使得岛上的一般建筑物业价值低于同期厦门的其他地区，而这些低价物业又吸引了相应层次的就业人口，如为岛上服务的搬运工、缺乏规范管

① 诺克斯，迈耶．小城镇的可持续性：经济、社会和环境创新［M］．易晓峰，苏燕羚，译．北京：中国建筑工业出版社，2018.

理的导游、餐饮从业人员，以及水产、干货等低层次的零售商业，进而形成了“低居住条件—低建筑物业—低商业业态—低宜居品质”的恶性循环。因此，出台更为利民的住房改造政策，解决原住民的居住舒适性问题，加快岛上住房质量和人居环境改造，提升人居环境品质，是吸引原住民回归、塑造宜居社区的重中之重。

2．文化教育

遗产地可通过立体教育改革，一方面传承特色教育文化、提高人口教育水平/素质，另一方面切实有效地改善社区人口的结构层次。

在基础教育方面，一方面，通过市级教育资源调配，积极实行鼓浪屿幼儿园、小学、中学等与市优质学校的联合办学；另一方面，通过探索引进国际双语学校等形式，提高鼓浪屿教学质量，增强鼓浪屿学校的生源吸引力。同时，在基础教育过程中，恢复少年儿童的音乐、体育等特色教育传统。

在高等特色教育方面，通过利用岛上丰富的音乐、美术等教育资源，举办音乐、美术等全日制或短期特训班，吸引国内外著名音乐家、艺术家及年轻人前来居住、学习。例如，利用工艺美术学院的传统文化优势，通过校企合作等方式开办艺术大师工作坊、训练营、研学基地等国际艺术培训交流，使鼓浪屿社区人群多样化，优化社区人群素质与教育结构，凸显鼓浪屿艺术气息。①

在教育政策方面，鼓浪屿管理部门可将闲置房产资源以优惠的政策提供给学校办学或作为学校教职工宿舍配套，综合改善办学条件；对于鼓浪屿原住民，可探索创立“终身免费教育”福利政策，吸引鼓浪屿原住民及后代的回归。同时，打造“学习型社区”，特别关注特殊职业人群发展，通过社区学堂、外来人员之家、社区互助社等平台，让流动人口及其子女享受社区均等化学习、教育、工作与生活服务。

3．医疗养老

将鼓浪屿社区医院重新提升为综合性二甲医院，大力提升鼓浪屿社区医疗服务水平；同时针对鼓浪屿社区老龄化问题，进一步推行“智慧医疗”，增设养老护理、家庭医生、上门服务等特色项目。一方面，基于鼓浪屿当前大部分老年人用于养老支出的能力有限，无法享受到高质量的服务，客观上也制约了养老产业的发展，应探索建立政府、机构与个人综合的养老服务支付机制，增强养老服务的购买力，同时要注意为困难群体的养老底线兜底，为鼓浪屿原住民谋福利；另一方面，坚持政府主导，同时激发市场力量，丰富社区养老内涵，在养老体系建设中提升社区养老的医养结合功能，增强社区养老的辐射带动作用，制定相关政策吸引国内老音乐家、艺术家到鼓浪屿养生、养老。

4．设施保障

社区基础设施保障方面，通过设置居民专用码头和航线以及24小时全天候的航班，提高

① 王唯山．世界文化遗产鼓浪屿的社区生活保护与建筑活化利用［J］．上海城市规划，2017（6）：23-27.

居民进出岛的安全性、便利性和舒适性。同时，充分考虑大量游客和民宿的需求影响，对全岛的用水、用电进行扩容增量，改造道路管线，改良道路路面材料，提升社区市政基础设施的服务水平。

再如，防灾减灾方面，鼓浪屿是一个开放型遗产社区，火灾是其主要的安全隐患。鼓浪屿历史社区绝大部分建筑老旧，建筑内部电线、电器设备大多处于老化状态，加上社区空心化、老龄化等因素影响，存在较大的安全隐患。[①]长期以来，岛上已逐步建立较为成型的消防体系。申遗后，也重点加强了老旧社区和老旧建筑的电气线路等改造提升和电器设备使用的安全管理，但遗产管理部门和电力部门仍需加强协作，有计划地实施社区电力安全改造提升工作。针对社区用户，可设置高灵敏性能的过电保护装置，避免由于电器和线路老化引发火灾，特别是社区中的半空置房屋和老人独住房屋，应加以重点防范和监管。针对部分社区的通达性不畅，区域内可以采取社区微型消防站和加设消火栓、消防水池等实用措施加以防范和应对。此外，还应对岛上夜间火灾隐患处加强有针对性的巡查和应急措施。[②]

4.3 韧性治理，遗产社区共同缔造

随着城市化和全球化进程的加快，现代城市发展均进入风险高发状态，遗产地各类问题同样日益凸显，风险的复杂性和不确定性与日俱增，韧性系统建设成为抵御风险的重要战略。社区作为生活共同体，是面临自然灾害、公共危机、重大事故等风险时的基层治理单元。随着风险不确定性的日益增加，加上权力结构、社会资本、治理机制本身的复杂性、异质性和模糊性，社区风险应对面临着新的挑战。风险应对范围从特殊自然灾害扩大到了综合性、系统性风险，应对方式也从被动的灾后减防转变为主动的前置赋能，社区韧性建设成为城市风险治理的重要目标之一。[③]“韧性治理”为遗产地社区管治提供了新的视角，是韧性遗产地社区建设的有力保障。

“社区韧性”指邻里或其他一定边界的生活共同体应对、适应外部变化和干预的能力，包括对干扰的消解、自组织和应对外部压力的能力等，也包含社区或组织中的个人适应能力、压力事件本身、信息和沟通、经济发展状况、社会资本和社区能力等各项适应能力

① 王维山．从历史社区到世界遗产——厦门鼓浪屿的保护与发展［M］．北京：中国建筑工业出版社，2019.

② 王唯山．世界文化遗产鼓浪屿的社区生活保护与建筑活化利用［J］．上海城市规划，2017（6）：23-27.

③ 钟晓华．纽约的韧性社区规划实践及若干讨论［J］．国际城市规划，2021，36（6）：32-39.

交织组成的能力网络，[①]这些能力被分类概括为包容性（Inclusion）、倡导力（Advocacy）和胜任力（Competence）[②]。2005年，联合国减灾行动纲领《兵库行动框架2005–2015》、2011年英国伦敦发布的《国家韧性社区战略》以及2015年第三届世界减灾大会通过的《仙台框架2015–2030》等倡议，都明确提出要构建更具韧性的风险治理的城市或社区[③]。在危机情境下，富有韧性的社区及其成员能够通过自组织、资源创新性利用等方式，主动适应各种外部冲击及新环境条件。韧性并非社区要达到的某种最终状态，而是社区固有的一种能力或属性，贯穿社区全生命周期。同时，社区韧性是动态变化的，而非静态的，能够通过引导、建设以及成员的学习、积累实现可持续提升。[④]一般认为，善治是实现韧性的关键，追求善治是一项有益的策略。2019年，林科夫（Linkov）和特朗普（Trump）建立了"韧性—治理"分析框架（图4–3），将二者作为整体进行研究。在该框架中，韧性治理包括多个领域和时间阶段。

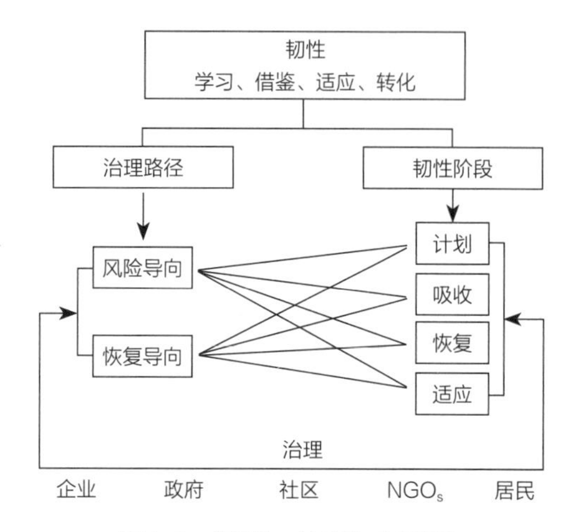

图4–3 "韧性—治理"分析框架
（图片来源：Linkov. I. and B.D.Trump.The Science and Practice of Resilience［M］. Cham: Springer，2019.）

2019年7月8日，《厦门经济特区鼓浪屿世界文化遗产保护条例》（以下简称《条例》）颁布施行。《条例》为鼓浪屿体制改革预留了接口和空间。《条例》规定，市政府应根据文化遗产保护的实际需要，适时调整相关行政管理体制，创新工作机制，提升管理水平。在执法体制方面，《条例》授权市政府可以依法组建综合执法机构，在遗产区开展综合执法，有效破解多头管理等"瓶颈"问题。《条例》设置多个条款对社区发展、居民利益保障、社会共治等做出了制度的安排，旨在让鼓浪屿更好地融入现代生活，为延续历史文脉、保护文化基因、塑造特色风貌注入更多鲜活的力量。

① 朱华桂. 论风险社会中的社区抗逆力问题［J］. 南京大学学报（哲学. 人文科学. 社会科学版），2012，49（5）：47–53，159.

② Alonzo Plough，Jonathan E. Fielding，Anita Chandra，et al.Building community disaster resilience: perspectives from a large urban county department of public health［J］. American Journal of Public Health，2013.103（7）：1190–1197.

③ 刘佳燕，沈毓颖. 面向风险治理的社区韧性研究［J］. 城市发展研究，2017.24（12）：83–91.

④ 周霞，毕添宇，丁锐，等. 雄安新区韧性社区建设策略——基于复杂适应系统理论的研究［J］. 城市发展研究，2019，26（3）：108–115.

4.3.1 旅游秩序治理

遗产地一直以来都是世界各地的旅游目的地，然而在当代社会，旅游已经成为一种日益复杂的现象，尤其是在世界文化遗产地，其涉及文化、生态、社会、经济、政治等多个层面。“大众旅游”所伴随的旅游业和旅游相关产业的过度开发或管理不善，可能会威胁遗产的物理特性、真实性、完整性和遗产的其他重要特征，遗产地的生态环境、文化和生活方式也可能随着游客的到访而退化。换句话说，虽然旅游可以为遗产地带来可观的收入，但同时也会影响该地的生态、文化及精神文明，造成新的“文化贫困”和社区“失活”。一个地方的真实性若丧失了，其文化、精神地位也将逐渐丧失，尤其是在旅游者到访率很高的地方，这种现象更加明显。当地社区居民也会在其日常生活的空间被大量来访的游客“侵占”之后，不得不搬离遗产地。一方面，因为他们在“旅游地”的生活成本变得越来越高；另一方面，可能意味着他们与遗产地的紧密联系正在逐步消失。从长远看，这些遗产地区的吸引力也将逐渐变弱。遗产地“地方精神”的消失等同于“生命力”的丧失。

此外，近年来游客需求发生了很大的变化，变得更加多样。现在知识型的文化遗产旅游者能够比前几代人更好地进行旅游活动和接受更好的文化遗产教育，他们期望从旅行经历中收获更多，这使得旅游质量和旅游目的地的真实性比以往任何时候更为重要。游客较高的期望和目的地对游客体验的激烈竞争，也意味着游客的体验期待必然使遗产地或旅游项目活跃起来。因此，恢复遗产地的活力和文化精神是一项复杂的工作，不能通过简单的资金投资和遗产的物理性恢复予以获得，相反，它往往涉及影响当地社区的社会问题，这是遗产社区共同过去的一部分，是社区认同的源泉。

因此，遗产地首先需要制定一个可持续的旅游发展规划，制定地方旅游秩序，使旅游为遗产地和具有精神感染力的当地文化做出可持续的贡献，从而为遗产地提供保护并增强其吸引力。

其次是以研究、保护和宣传为先导，建立鼓浪屿特有的旅游产品体系，改变鼓浪屿传统的观光旅游主题，积极引导公众向高品质文化体验型旅游主题和产品发展，进而提升旅游品质。

最后是做好鼓浪屿的旅游宣传及管理。遗产地的旅游发展与管理计划需要优先考虑当地社区和利益相关者的参与，并为项目执行制定指引方针；遗产地旅游业的经济利益必须直接且主要归于当地社区，国家及省市相关管理部门必须管理旅游的相关活动，必须为旅游人员（导游、服务提供者、旅行社经营人员等）和世界遗产地相关管理人员提供特殊的培训服务；除了旅游管理工具，当下基于互联网的遗产地宣传工具也同等重要。互联网在第一阶段主要通过广告信息推广遗产地，并为游客提供有用的信息；第二阶段互联网更具交互性，其涵盖了遗产地相关管理组织、电子商务等互动功能；第三阶段的互联网则以社交互动为主要特征，使用博客、维基百科、虚拟社区等，涉及遗产地策略的市场营销和沟通建模为社交互动提供了新空间。同时，随着传统观光旅游比例的逐步下降，“私人订制”的旅居需求越来越多，这个趋势将需要大量的信息在相关利益者之间流通和控制管理，互联网作为重要的信息管理工具将创造更大的旅游价值。

4.3.2 商业秩序治理

1．商业模式探索

鼓浪屿既是城市社区，又是世界文化遗产、国家级风景名胜区、国家AAAAA级旅游景区。这一综合属性决定了其保护发展的复杂性。从土地和产权经济学角度看，鼓浪屿社区文化遗产，其本质上属于一块因保留传统土地利用方式而具有特定历史文化价值的土地，这种历史文化价值是一种以公共历史环境为核心并以众多私有房产为基础的、有机而统一的整体性价值。从历史文化价值这一分析基准看，社区遗产具有清晰的空间边界，但内部产权关系复杂模糊，难以确认个体房屋对鼓浪屿整体价值的具体贡献度，从经济学意义上讲，它又属于一个易损的历史文化价值的公共区域，即公地（Public Domains）。因此，鼓浪屿可以被视为一个具有复杂性和特殊性的“社区文化遗产公园”。第一，在内部，政府为维护鼓浪屿整体历史文化价值而对大量私人房屋的产权进行了综合管控，这将给房屋产权人带来相关土地权利的损失，由此会引发复杂的内部博弈；第二，鼓浪屿是一个在时空的两个维度都具有外部正效应的高层级遗产公园，各个层级的外部支持是其可持续发展的必要条件；第三，鼓浪屿作为城市社会经济的重要组成部分，必须在保护的前提下不断探索创新，创造新的社会功能，释放新的社会价值和经济效益；第四，鼓浪屿的建设运营涉及巨大的公私投入，如政策、法规、专业、资金、管理等，是一个复杂的动态博弈过程，面临高额的交易费用，且巨额成本与收益存在时空分离。因此，自发市场机制无法为社区遗产公园的建设提供足够的行为激励，极易造成“公地悲剧”和基于历史文化价值的土地市场失灵。因而，鼓浪屿遗产保护发展需要依托和围绕自身的土地空间和遗产价值建立特定的商业模式，在更大的时空范围内平衡保护成本与收益，由直接或潜在的长远和整体受益者对当前利益受损者进行必要补偿，并为当前保护活动提供足够的行为激励，最终在更高层次上使社区遗产的综合价值得以最大化。

商业模式的确立都基于特定制度环境和社会经济条件约束下人们进行制度成本与收益分析，也是各方利益博弈的结果。适宜的保护商业模式不仅是文化遗产保护良性发展的必要条件，也是各项保护工作开展的核心。好的商业保护模式可以实现不同市场主体与保护之间的激励相容，让各种公私力量充分参与保护与利用，在保护遗产核心价值的前提下最大程度实现其综合价值。如周庄，其“门票制”就突破了传统的单一景点的门票。其通过古镇门票，建立了与其整体性历史文化价值相适应的古镇商业模式，是地方政府主导的一项有益的古镇保护制度的创新，极大地提升了古镇保护与发展的整体效率，并成为中国古镇保护与旅游开发品牌的开创者。随后，乌镇、南浔等相继学习周庄经验，均采取门票模式。而今，周庄、乌镇等均已升级为“度假型”景区，并不断探索更多新的模式。很多人认为，门票模式行将就木，但未来门票模式仍将在我国历史村镇保护商业模式中占据主导地位。

鼓浪屿目前的“观光型”景区，以及现行零敲碎打的商业模式缺陷越来越明显。为了摆脱当下困境，实现超越，鼓浪屿必须尽快建立契合自身实际的保护性发展商业模式。考虑到我国整体制度环境和鼓浪屿海岛空间环境，可在科学论证基础上，依托进岛船票建立门票制度，这值得进一步探讨。首先，依托现有轮渡船票系统，有关门票模式的建设、运营等综合成本很低，不但收费方式简单，流失成本低，而且通过对厦门或岛上居民的优惠或免票等精细化管理，也能有效地控制相关社会成本。其次，在管理上，门票模式将为鼓浪屿的系统管理和规范运营提供基础和手段，例如，设置门槛以限制低层次业态、鼓励历史文化消费、控制流量、提供差异化服务等。最重要的是，门票制还可以有效杜绝对岛上基础设施及历史文化资源的过度使用，同时还能很大程度上解决保护资金投入不足等问题，从而大幅提升鼓浪屿历史文化资源的保护、管理及服务水平和效率，最终让所有利益相关者从鼓浪屿保护发展中获益。与此同时，在创新创意环境和移动互联网条件下，通过文化遗产与科技、创意的融合，使鼓浪屿的商业业态进行提质升级，构建一个可以让更多人分享和体验鼓浪屿核心价值的新功能商业业态体系。例如，博物馆酒店、音乐艺术工作坊、跨文化建筑工作营、科创岛、艺术岛等前沿参与式的文化体验等，让鼓浪屿从独有变成共享、从封闭变为开放、从单一变为复合，成为一个基于自身特色并可以自我生长的生态平台，紧扣时代发展的脉搏并不断生发新的功能和活力。[①]

2. 商业规划管理

修编《鼓浪屿商业规划》，并严格执行规划要求，严格实行“经营准入制度”，清理整顿与鼓浪屿风貌、文化特色不相符的经营项目，对鼓浪屿岛上不符合《商业规划》的商家、商铺、民宿等建筑风貌及内部装修提出整改要求，规范店铺风格，控制店铺类型和数量。对具有鼓浪屿文化特色的商铺、餐饮店、民宿等进行挂牌保护与经营。

“吃”的方面：鼓浪屿主要集聚于龙头路，这里人员密集，喧嚣嘈杂，有些餐饮存在不明码标价、宰客等现象，商家无序的沿街叫卖也过度扰民，造成了高品质景区低品质经营等问题。因此，应按照商业规划布局，对岛上餐饮业实行精细化经营管理，出台严格限制低俗、宰客、油烟污染、垃圾污染等明令法规和惩罚措施。同时，出台相关政策鼓励鼓浪屿居民参与旅游餐饮业，既满足游客需求又促进社区经济增长，又能通过早市、夜市等人性化管理，形成旅游特色风情。针对商业经营产生的垃圾，通过“计重收费”等做法提高收费标准，用以补贴岛上污水垃圾处理成本，改善社区环境品质。

“住”的方面：自2008年鼓浪屿出台家庭旅馆相关管理办法以来，鼓浪屿摸索形成了总量控制、资格限定、分级审批、卫生安全等管理策略，有力促进了岛上建筑的再利用，为岛

① 李昕，柴琳. 从鼓浪屿看我国社区文化遗产保护的认知与实践困境［J］. 现代城市研究，2018（1）：2-8.

上居民提供了就业机会，促进了鼓浪屿社区经济发展。2015年《厦门市鼓浪屿家庭旅馆管理办法》实施，进一步规范了鼓浪屿家庭旅馆的经营和管理，保障旅游者和经营者的合法权益，营造优良的旅游环境，满足游客度假休闲的需求。与此同时，仍出现了一些历史建筑在民宿改造过程中遭到风格改变、违建改建等问题。因此，须进一步规范鼓浪屿民宿改造及产业发展政策，在促进岛上历史建筑得到应有保护的基础上，充分发挥历史建筑空间的当代价值，发展社区民宿经济。例如，鼓励有经济实力、有社会担当、有保护经验的企业对部分历史建筑群进行民宿的整体改造与运营；在政府第三方的专业指导下鼓励房屋业主自行改造运营民宿，同时对于自行运营者给予税收减免等优惠政策，对租用经营者加大税收调控。

“购”的方面：同样应根据商业规划进行业态调整，对同质化、过量化、低俗化的旅游纪念品等产品经营进行严格控制，进一步开发出更具鼓浪屿特色的文创产品和伴手礼，提升鼓浪屿的商业品质。

4.3.3 社区自治赋能

社区自治的前提是社区发展，只有让社区居民从遗产保护中获得实实在在的好处，才能将“你得保护”变为“我要保护”。对社区自治尤其是社区参与进行“赋权增能”，通过经济、文化、社会、政治等方面的赋权能够消除社区参与在遗产保护利用中的“无权感”，改善社区所处的边缘地位，从而建立主人翁意识、增强能力、发展技能，达到更多参与、更加平等、更大影响的效果。“赋权增能”作为一种权利的分享，要求国家和地方必须从法律上或政治上支持和授予社区增权的合法性，并建立起一套正式的支持性制度来保障社区参与的权益，将传统的“自上而下”的社区参与方式调整成“自上而下+自下而上”的双向互动合法赋权形式，从而将强势的力量与相对弱势的力量均衡地安排在一个制度框架内，通过第三方力量的制约来实现资源利用和旅游发展中各种权利关系和利益关系的平衡，进而实现社区参与资源利用和旅游发展的制度化、规范化和有效性。

1．人口结构管控

社区共生型遗产地最主要的吸引力在于以传统住区为背景的、与地方民俗生活融为一体所体现出来的生活气息，并由原住民传承和延续，一旦原住民比例失衡，将破坏遗产地应有的生活气息和真实性。因此，遗产地保护管理中离不开对遗产地合理人口结构的有效调节和管控。针对人口调查中人口结构失衡问题，首先要根据鼓浪屿遗产价值，研究合理的原住民比例，出台一系列的经济调控手段和惠民政策，吸引原住民回流。同时，地方政府应当扶持和帮助原住民社区保持文化传统，弱化外来人口带来的文化冲击，帮助、维持传统和谐的社会关系。其次要控制外来人口比例，对于外来人口特别是外来经商暂住人口进行严格管控，这是减少外来文化对本地传统文化冲击和同化的必要手段。

2．增强社区参与决策的权利

遗产地社区居民是遗产地真正的主人，他们应对遗产地的保护、规划、计划、管理规章等制定和实施有知情权，有机会参与讨论、发表意见和参与决策。具体包括：

一是制定规划时要尊重原住民的利益和要求，广泛听取原住民的意见，使规划的制定能够具备原住民视角的合理性，同时原住民的合理性要求可以得到合理性补偿。

二是规划期间建立良好的咨询、建议和反馈机制，通过多种形式的制度安排，民众能够积极参与规划设计、政策制定、建设改造、管理实施等工作。既保证了规划的科学性，又能使规划在执行过程中得到社区的主动参与和顺利实施。

三是让社区居民参与遗产管理工作中的重大决策，并具有表决权等。

以日本为例。遗产保护中民间力量壮大和社区营造是其最大的特征。在日本，社区代表通常能够起到表率作用，他们能将其认识的遗产地价值和保护政策以更快、更易接受的方式传递给社区居民，并在促成整个社区达成保护共识、组建相关保护组织的行动上起到核心作用。而由社区自发成立的保护等相关组织，通常社区代表会担任其领导职位，规范的组织机构、审议规则的社区保护组织能够成为遗产地保护相关政策的推动和实施机构，能够在保护发展中起到更加重要的作用，而政府行政机构则将主要精力放在政策支持和资金筹措等方面，并发挥更大、更重要的作用。通过特殊的保护运动、事件，或者社区代表的引领作用，形成社区全体保护共识的遗产地在面对过度商业化、文化趋同等冲击力时方能形成更加“韧性社区”，如妻笼宿“不卖、不租、不破坏”的住民宪章[①]。“社区营造，保存了居民的集体记忆，勾勒了人民对明日城市的想象。”“就社区营造的过程以及目标而言，其实，它要改造的是人。在社区营造的行动中，浮现了新社会……”“他对传统古迹保护的关切角度，全然不同于我们过去熟知的、传统式的技术取向为主的保存。他总是首先关心地方居民的感受，从社区参与的角度，保存地方特色，塑造聚落形式，改善生活环境之品质。这种草根社区参与的过程，表现了日本地方社会的活力与自我组织的能力，是日本市民社会的主要基石。”[②]日本遗产保护经验给我们最大的启示是：注重文化记忆的魅力内涵，注重自下而上的社区培育，注重多元化的主体参与。

3．建立专职社区管理分支机构

国际上，专职社区管理分支机构并不少见。例如，为了提高大众的遗产保护意识，法国在各遗产保护区设立了遗产协管员一职。他们通过特殊的管理机制和各种不同的社会活动，推动遗产保护的可持续发展。鼓浪屿同样可以建立专职社区管理机构，一是加强对遗产地社区的服务，帮助社区经济发展，解决社区居民提出的发展需求和矛盾问题。二是针对文化旅游发展，成立社区成员与文化旅游部门的联席会，定期商讨文化旅游发展的相关问题，规范旅游服务行为，抑制不利的发展问题，谋划合理的发展方向。三是针对传统产业的保护和发展，成立当地各行业参加的行业组织，加强交流与沟通协调，提升并保护从业社区群体的整

① 徐桐. 迈向文化性保护：遗产地的场所精神和社区角色［M］. 北京：中国建筑工业出版社，2019.

② 西村幸夫. 再造魅力故乡——日本传统街区重生故事［M］. 王惠君，译. 北京：清华大学出版社，2007.

体利益。

最终，通过常住人口、暂住人口、外来从业人员、游客、遗产管理部门、社区管理部门和地方政府等社区利益相关者保护责任的明确和权益的保障，构建社区利益相关者传承共生关系（表4-3），全面提高社区自治能力，增强遗产地发展“韧性”。

社区利益相关者传承共生关系构建　　表4-3

利益相关者	保护职责	权益保障
常住人口（原住民、户籍人口）	1）原住民比例保持在80%以上； 2）强化血缘关系； 3）鼓励年轻一代的原住民成为地方传统/特色文化的传承人； 4）参与遗产地保护管理及规划制定； 5）成为文化遗产的自觉守护者	1）在遗产本体保护允许的范围内，允许非主体建筑在建筑内部进行适当的装修改造，满足现代生活的需要； 2）被给予一定的奖励作为房屋修缮改造资金，对于保护得当、传统工艺传承完好的给予奖励； 3）因遗产保护而受到损害的，应得到相应补偿； 4）参与遗产保护和旅游开发，直接获得工资、分红、子女教育、养老与医疗福利； 5）优先开设家庭旅馆、特色民宿、特色餐饮、纪念品商店等； 6）优先就业成为遗产地管理人员和工作人员； 7）采取让居民代表参与的形式，建立切实有效、能代表社区居民真实需求的利益表达机制
暂住人口	1）鼓励其参与地方传统文化的保护与传播； 2）参与遗产地保护管理规划的制定	1）获得一定的经济利益作为补偿； 2）参与开设家庭旅馆、特色民宿、特色餐饮、纪念品商店等； 3）采取让居民代表参与的形式，建立切实有效、能够代表社区居民真实需求的利益表达机制
外来从业人员	1）鼓励其进入传统文化产业； 2）参加教育培训，更全面地了解遗产地传统文化，并掌握一定的服务技能； 3）规范经营行为，最大限度减轻环境污染及对当地居民的负面作用	通过参与遗产地旅游服务等获得相应利益
游客	参与遗产地传统文化的保护与传播	旅游消费、旅游体验的相关保障
遗产管理部门	1）预测及控制遗产地旅游承载力； 2）对地方传统文化、工艺开展培训； 3）招募遗产保护及宣传志愿者； 4）对已开放的遗产本体进行保护利用状况的监测，将遗产保护、文物修复等工程进行适当公开； 5）开展以地方文化宣传教育为主的文化主题活动； 6）开辟中小学生文化课堂； 7）严格保护遗产建筑，指导、监督建筑文化遗产的科学、合理利用	1）遗产本体保护许可范围内允许对不符合新功能要求的非主体建筑采取“留皮换骨”等办法进行改造； 2）对遗产地内的建筑遗产实行认养制和打分制，并与建筑遗产所有者的奖补政策挂钩； 3）明确旅游收入的一定比例用以支持遗产地社区基础设施建设； 4）因地制宜地构建遗产地合理的利益分配机制，规定遗产旅游中社区合理利益的分配比例

续表

利益相关者	保护职责	权益保障
社区管理部门	1）丰富劳动力市场，使社区产业结构多元化； 2）成立相关组织，组织社区居民开展与地方相关的公益活动和文化活动； 3）对社区从业人员进行文化培训	1）成立社区居民共同参与经营的机构，对遗产地旅游进行共同经营管理； 2）配备污水、垃圾等回收和处理设备，并向社区居民优惠开放，提高设施利用率和环境质量； 3）保障遗产地原住民优先上岗就业
地方政府	1）扶持和帮助原住民社区保持地方特色文化； 2）管控外来人口比例； 3）根据环境承载力控制游客总量； 4）对传统文化产业的从业人员给予一定免税或减税补贴和优惠政策； 5）对遗产保护知识的普及、教育、传播、推广	1）对于遗产地社区居民的利益损失，建立利益补偿机制，由专业机构进行评估，有正常的申诉渠道； 2）通过提供公共服务，如基础设施建设、直接补贴、产业培训、扶持民间旅游协会、民宿联盟建设等，保证遗产旅游业的可持续发展，并确保旅游发展利益的最大化并将其留在当地

4.4 机制保障：适应性制度框架

4.4.1 资金保障机制

世界文化遗产是全世界的共同财富，其保护资金的筹措应是多渠道的。但目前，中国世界文化遗产保护资金存在总量不足、缺口较大，保护资金来源多依赖政府与旅游门票，收入过于单一，社区发展资金需求日益增大等问题。因此，除了国家拨款与门票收入之外，还可以采用创建各种基金、加大政府保护资金投入力度、创办遗产彩票等多渠道保护资金筹措等方式。

1．建立多层次的专项保护基金体系

1）鼓浪屿世界遗产基金

设立“鼓浪屿世界遗产基金”，其来源可以是政府财政投入、鼓浪屿经营收入、社会和个人捐赠等，此基金作为国家投入的重要补充，通过多渠道吸纳社会资金用以解决世界文化遗产保护资金不足的问题。此外，还可根据鼓浪屿音乐等特色文化遗产资源，设立“鼓浪屿音乐基金”等，促进鼓浪屿的音乐艺术发展。

2）税收减免政策

德国相关法律规定，为遗产地修复进行的投资可以减少相关所得税。对文化遗产的私人所有者进行减税，则是意大利政府对遗产使用受限的补偿方式之一。因此，制定有关税收优惠和减免政策，鼓励社会、企业、私人企业家投资遗产地的保护、修缮与发展，是鼓浪屿遗产保护资金筹措的又一途径。

3）船票、门票等实行专项管理

国际上，遗产地门票收入在遗产管理和保护资金中所占的比例较小。针对目前我国遗产地保护资金普遍依赖门票收入的情况，可将鼓浪屿的车船票、门票等收入交由财政管理，并实行专项资金管理，其中大部分将用于世界文化遗产的保护、特色产业的扶持、遗产管理和社区参与以及社区利益反哺等方面。

4）特许经营收益反哺

特许经营是一种高效配置资源、促进公平竞争的经营管理模式，西方国家在世界遗产地实行特许经营已经形成了一套比较完善和成熟的管理体系，而我国目前正处于探索阶段。因此，可以以鼓浪屿为试点，将鼓浪屿一些特许经营机构（如商店、宾馆、饭店等）的收益，按比例用于世界文化遗产的保护，以及对社区利益的反哺。

2. 扩大保护资金的融资渠道

1）“国际—国家—社会—个人”多元融资渠道

加大世界遗产保护资金的多元融资与社会动员，扩大鼓浪屿世界文化遗产保护与发展资金的融资渠道。

一是，争取联合国世界遗产委员会以及国际民族事业、文化事业等机构与团体的支持。例如，威尼斯市在联合国教科文组织的支持下，得到了世界各地30多个民间组织的援助；德国也曾积极援助国际世界遗产项目，为130多个国家和地区开展过1200多个项目的保护和资金支持。

二是，因地制宜地争取国务院相关办公室、国家民族委员会、文化和旅游部、国家文物局及其他部委的支持。

三是，争取民间慈善组织、文化组织等的支持与捐助。大部分文化遗产主要还应通过政府税收优惠政策（所得税减免、物业税减免等）、经济优惠措施和财政投入带动社会投资等方式，吸引民间资本（特别是企业）投入遗产保护。

四是，争取社会、个人的支持，包括多种志愿者、有文化诉求和通过合作取得共赢的企业的支持与捐助。

2）“遗产彩票”先行先试

国际上，发行遗产彩票是拓宽文化遗产保护资金来源的有效途径，遗产彩票已被广泛运用于遗产保护资金的筹措。英国的国家遗产彩票基金创建于1994年，按照《国家彩票法》的规定，彩票收益中的28%用于公益事业，资助自然遗产、历史建筑、历史街道、博物馆、档案馆等遗产保护项目，遗产彩票基金成立后的十年间，资助遗产项目超过3.2万个，资金接近47亿英镑。从1997年起，意大利政府专门设置了文物彩票，政府从所发行的彩票收入中按一定比例每年增拨1.5亿欧元用于文物保护。[①]2018年5月31日，法国总统马克龙在爱丽舍宫

① 杭州西湖世界文化遗产监测管理中心，杭州市城市规划设计研究院. 传承与共生——中国世界文化遗产与社区发展研究［M］. 北京：文物出版社，2014.

举办文化遗产专项彩票启动仪式，正式宣布法国将发行彩票，以募集资金保护濒危文化遗产。马克龙表示，文化遗产是一项国家事业，"我们的国家是在记忆以及历史的对话中建立起来的"。

遗产彩票是目前我国遗产保护管理体制下，较为可行、操作性较强的遗产保护资金来源之一。2013年两会期间，全国人大代表、时任峨眉山乐山大佛风景名胜区管理委员会党委书记、时任峨眉山市委副书记秦福荣提出了《关于发行历史文化遗产彩票的建议》并指出：随着经济全球化和现代化进程的加快，我国的历史文化遗产保护和抢救工作必须引起高度重视与切实强化，进一步拓展文物保护融资渠道，发行历史文化遗产彩票，建立历史文化遗产保护基金，全面调动社会公众的广泛参与度。2016年，全国人大代表、时任西安市政协主席董军建议，在西安试点发行遗产彩票，专门用于历史文化遗产、大遗址等文物保护以及遗址区内的环境整治和绿化、人口搬迁和聚落改造。如果单独设立遗产彩票短期难以实施，建议可先在现有的福利彩票或体育彩票中划出一定比例，用于大遗址本体保护除外的遗址区内居民的利益补偿，为遗址区内居民提供就业等相应的社会保障。但由于各种原因，中国遗产彩票一直没能诞生。鼓浪屿可以借助毗邻港澳台的地缘优势，同时借鉴我国于1987年开始发行的福利彩票和体育彩票的成熟发展经验和基金管理办法，率先尝试发行中国遗产彩票。

3）"遗产托管/认养"制度创新

世界文化遗产资源是典型的"公共池塘资源"[①]，产权关系的明晰及其制度化是保障遗产资源利用效率和传承可持续发展的重要基石。遗产资源的产权矛盾核心并不在于所有权，而在于使用权和收益权。世界文化遗产资源的利用绕不开产权问题，产权界定模糊、管理主体虚置、委托代理多元化、监管职责缺位等，是遗产利用问题的症结所在。依靠市场机制，将遗产资源开发利用和将经营管理向社会开放，是实现遗产资源优化配置与保护利用的一种有效方式，既能激发市场活力，又能推动遗产保护发展的内生动力和社会创造力。因此，对于鼓浪屿的遗产资源开发和利用，应该鼓励创新、允许实验，应在保证国家拥有文化遗产所有权的前提下，对有条件的文物保护单位实行事业管理职能和市场经营职能分开、所有权与经营权分离，事业部分按照事业机制管理运行，经营部分组建经营开发实体或对外转让特许经营权，实行开放性经营。坚持市场化运作，公开招标选择经营单位，引入多元化的使用主体，打破使用权垄断，以避免资源占而不用，提高资源配置效率，切实保障收益权。而作为政府及其职能部门，应该全力支持，研究制定准入标准，在吸引市场力量和社会资本、国际资本的同时，应当进行严格的资格审查，统一资源利用政策，创造公平竞争环境。

---

① 公共池塘资源就是同时具有非排他性和竞争性的物品，是一种人们共同使用整个资源系统但分别享用资源单位的公共资源。在这种资源环境中，理性的个人对资源利用不具有排他性，而自利的个人为了自己利益的最大化，会倾向于过多地使用公共资源，导致资源使用拥挤或者资源退化的问题，即公地悲剧问题。在现代化市场经济条件下，各种财产关系更加复杂多样，这就要求社会对各种产权主体进行定位，以建立和规范财产主体行为的产权制度，从而协调人们的社会关系，保障社会秩序规范、有序运行。

广东开平碉楼于2007年被列入《世界遗产名录》。与鼓浪屿相似，开平碉楼产权复杂，碉楼业主大部分是海外华侨和港澳台同胞，碉楼多为华侨子女们或其后代共同所有，利益相关方众多，增大了遗产管理的难度。在申遗过程中，开平碉楼首创“产权不变、政府代管”的“托管制度”[①]。如此，开平碉楼的所有权和日常管理养护权实现了两权分离，既保证了碉楼业主的利益，也便于政府实施保护管理。运行中的“托管制度”也带来了一定的问题，即由于人力、资金方面等的诸多限制，开平市政府也对众多的碉楼的托管申请、维修管理无能为力。2010年，为拓宽维护资金渠道，开平市创新碉楼托管模式，决定通过“民间认养”的租赁形式向社会公开招募认养人士，碉楼管理方式由原来单一的“政府托管”转变为“政府托管+民间认养”相结合的方式，一定程度上缓解了碉楼保护资金匮乏、保护数量不足等难题。[②]

鼓浪屿可在借鉴国内外“政府托管”+“民间认养”等制度基础上，完善“遗产托管/认养”制度。

一是要完善鼓浪屿相关遗产保护利用社会化的优惠政策措施，进一步推动完善遗产认养制度，做实做深认养制度的实质内涵和吸引力，着力培育社会力量参与鼓浪屿历史建筑的保护利用的新优势，着力激发各类市场主体参与历史建筑保护利用的新活力，着力构建利用历史建筑资源开发旅游产业及相关文化创意产业的新业态。研究制定社会力量和社会资金参与鼓浪屿历史建筑保护利用的优惠政策和具体措施，贯彻落实社会力量捐赠公益性文化事业的优惠政策措施，研究制定吸引社会资金进入遗产保护利用领域的相关规定等。

二是要拓展遗产利用途径。在严守建筑遗产业主的产权不能变、保护文物法律“红线”不能变、政府监管和业务服务不能变的三条底线的基础上，进一步研究、探索、拓展鼓浪屿建筑遗产的利用途径，遵守市场规律、经济规律，要让认养者有效益、不吃亏、得实惠，如开平碉楼认养制度回避了碉楼的居住功能、企业或商业会所等利用方式，因此开平碉楼首批认养企业从长期来看是不可持续的。鼓浪屿可加快探索认养者承担保护修缮义务、合法经营历史建筑的权利等，激发优质社会力量参与遗产保护。

三是要强化政府后续监管责任。政府及有关部门应加强日常监管和执法督查，对被认养的历史建筑进行全过程跟踪、全方位监控，依法纠正查处违法违规的行为，确保建筑遗产的永续安全和可持续利用。提高政府相关部门的依法行政能力，加大责任追究力度，真正维护遗产认养制度的严肃性和权威性，切实保障遗产认养制度的贯彻落实。

---

① 我国的开平碉楼和欧洲古堡的保护模式均采用了“托管”模式。两者不同之处在于：一是，开平碉楼是由政府组织修建的，而欧洲古堡则是与社会组织合作建设的，如英国的国家信托基金会，是一个独立于政府的开展文物古迹和环境保护的慈善机构；二是，文物保护资金来源不同，开平碉楼的保护管理资金主要由政府提供，而欧洲古堡的维护资金主要是通过信托基金会协助所有者筹集相关资金。

② 彭跃辉. 中国世界文化遗产保护管理研究［M］. 北京：文物出版社，2015.

4.4.2 利益反哺机制

遗产保护对遗产地社区的生产生活、人口总量和建设项目等方面均有较多限制。遗产地旅游开发一方面会较大程度影响社区的正常生活，另一方面会带来发展条件不均等、经济收益不均衡、居民心态不平衡等现象。因此，需要从政府层面给予相应补偿，并建立一个社区居民能够公平参与利益分享的机制，使社区居民成为遗产保护的实践者和受益人。

1．合理的利益补偿机制

居民作为利益主体之一，承担了遗产地开发利用过程中的各种隐性成本，如资源、环境、社会成本等。因此，应考虑适当给予居民一定的经济利益作为打扰其日常生活的补偿，或让居民参与遗产旅游开发活动并参与利益分配，并保证其收益的逐步增长。例如，进一步研究鼓浪屿船票与门票反哺鼓浪屿遗产保护与居民生活发展的分配比例，所获收益为社区共享，用于改善社区的居住、交通、基础设施状况，提高居民生活质量；对于因遗产保护导致自身发展受到制约的居民应当给予合理的经济补偿，并通过特许经营、贴息贷款、技能培训等多种形式，保障其参与旅游经营、资源使用的优先权；探索适合不同建筑遗产类型的保护与激励手段，特别是岛上除历史建筑以外的大量、相对较普通的居住建筑，需要对这些建筑在立面、细部等方面进行的改造修复给予补偿，改善其生活条件，从而为均衡发展条件、平衡居民心态、实现公平的利益补偿提供强有力的支持。

与此同时，规范旅游企业的经营行为，最大限度减轻对社区生活环境的商业污染、生态破坏和对岛上居民生活质量的负面影响。完备废水、垃圾及其他污染物质的回收处理设备，并向居民优惠开放，提高设施利用效率以改善环境。此外，还可通过遗产保护基金等形式，建立国家补偿机制，对破坏遗产生态环境、损害社区居民利益的台风等自然灾害进行一定的补偿等。

2．合理的利益分配机制

构建符合鼓浪屿的利益分配机制，规定鼓浪屿旅游中社区的合理利益分配比例，并把社区居民行为直接与其经济利益相挂钩，增强社区居民的遗产保护意识。坚持“就地吸收”原则，为吸引鼓浪屿原住民的回流、就业提供支持。根据鼓浪屿的实际，利益分配包括：一是参与遗产旅游的保护、开发，直接获得工资、分成、分红、养老与医疗福利等；二是社区从与鼓浪屿旅游结合建立的服务设施、娱乐项目中获利，如优先支持原住民开设特色民宿、特色餐饮、特色商店，优先安排原住民的岛上就业，包括参加各种演出、特色活动、工作坊等工作，获取合理的经济收益。

3．有效的利益表达机制

遗产保护和可持续发展的利益相关者都有各自的利益需求，为了实现平衡，有必要建立一个能够充分表达自身利益的有效利益表达机制。相对于遗产管理部门和旅游开发公司而言，社区居民处于弱势，目前遗产地社区对旅游收益的分配情况普遍了解较少，影响了其对遗产保护的热情与主人翁意识，只有通过参与，结成团体才能表达自身的利益。因此，在遗产资源利用所得的分配管理上，应采取让居民代表参与的形式，建立切实有效的、能代表社区居民真实需求的利益表达机制，尊重社区的基本权利，保障社区的基本利益。遗产地社区是遗产地真正的主人，他们应对遗产地的保护、规划、计划、管理规章等制定具有知情权，有机会参与讨论、发表意见，甚至参与决策。特别是在制定规划时，要尊重原住民的利益与要求，使规划制定具有原住民视角的合理性，或者使原住民的合理性要求得到合理补偿。在社区参与过程中，仍需要具备相应的标准和制度对参与形式、使用资源方式加以界定，使得居民能够有效利用遗产资源，防止“公地悲剧”的产生。

4.4.3 遗产监测机制

1．建立科学的遗产监测体系

遗产监测工作是遗产地保护管理决策的基础，被明确列为世界遗产委员会的职责之一。遗产监测代表缔约国必须承担保护世界遗产的国际义务，随时通过经常性的检查和审议，及时解决问题、协调矛盾，保障经过修改的世界遗产能够永久保存和可持续利用。

但目前，鼓浪屿世界遗产监测工作无论是在制度层面、管理层面还是操作层面，都还处于起步阶段，主要还是以被动式接受国际层面和国家层面的监督监测为主，主动的遗产监测工作尚未得到充分考虑和有效开展。因此，亟须向制度化、规范化、科学化的检测轨道迈进。鼓浪屿可根据实际情况，制定符合自身性质和特点的监测体系和规程。利用遥感技术（RS）、地理信息系统（GIS）、全球卫星定位系统（GPS）、管理信息系统（MIS）等科技手段，整合规划、建设、卫生、环保、地震、气象等多个部门的科技资源，对鼓浪屿世界文化遗产区域开展全面、动态、实时的监测。建立世界文化遗产大数据库，对信息系统进行统一管理，实现资源、设备、监测数据的共享，相关监测评估结果以“世界文化遗产保护管理年度监测报告”等形式对外公布。

2．监测任务目标

鼓浪屿的遗产监测任务目标应包括五个方面：

（1）对遗产核心建筑进行本体勘察，明确遗产本体保存现状以及主要病害情况，为遗产本体保护以及监测指标设计提供科学依据。

（2）编制鼓浪屿监测预警系统建设方案，重点建立鼓浪屿监测预警指标体系，用于指导鼓浪屿监测工作的开展，并围绕监测指标的实现，从业务、规范管理、技术实现等方面进行设计。

（3）采集、处理、分析和整合监测数据，形成规范、统一的监测数据与资料，有效支撑遗产监测数字化、信息化、网络化工作。

（4）搭建监测预警平台，构建监测预警系统框架，实现集动态监测、实时预警工作管理、分析评估于一体的监测工作管理平台，辅助遗产监测管理工作的开展，提高监测管理工作效率。

（5）建设鼓浪屿遗产监测支撑环境，提供监测必要的硬件和软件环境。

目前，鼓浪屿遗产监测的重点内容包括旅游游客、建设控制、自然环境、本体特征、本体病害、保护工程、社会环境、日常巡查和综合监测等子系统，各子系统涉及的预警阈值设定，是根据现有研究资料设定的建议阈值，部分预警阈值仍需要通过专题研究逐步明确。监测指标根据检测数据自动生成，除满足国家总体平台规定的37项外，监测方案还可以根据鼓浪屿特点，设计满足鼓浪屿监测需求的特定监测指标，进而建立鼓浪屿遗产地社会生态安全预警系统（图4-4）。

建议下一步，鼓浪屿仍需继续建立和完善以第三方机构为主的遗产监测和评价机制，进一步分清国家文物局、省文物局、遗产地管理机构、专家咨询机构在监测工作中的职责，特

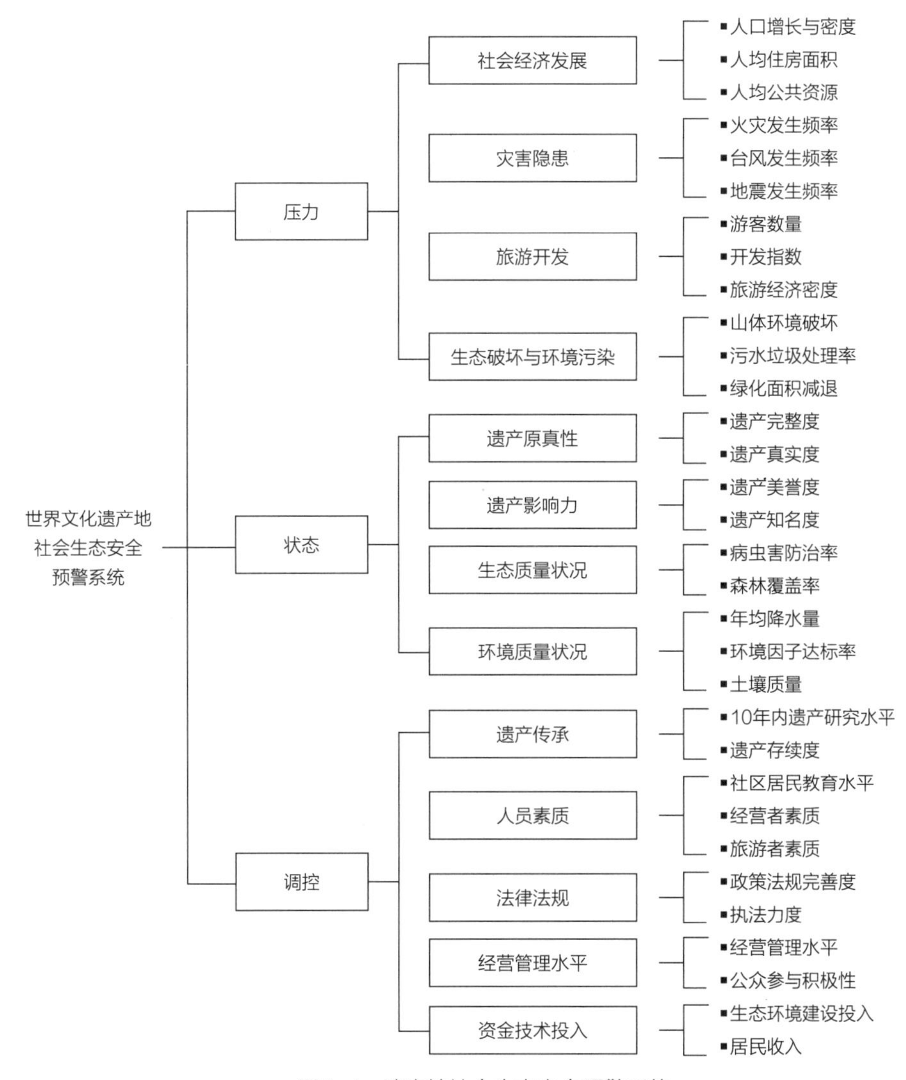

图4-4 遗产地社会生态安全预警系统

（图片来源：作者根据资料改绘）

别是要加强专家咨询机构、第三方机构建设，加快完善定期监测、反应性监测、巡视工作机制，建立监测活动的评估框架和后续行动机制。

3．数字化管理

1992年，联合国教科文组织启动“世界的记忆”项目，旨在通过文化遗产数字化推进社会公众更广泛地享有人类的文化遗产。2002年，联合国教科文组织世界遗产中心与一些国家政府、文化和科学社团、科研机构、大学等联合召开了“虚拟大会”，研究“数字时代的世界遗产”。在中国，故宫博物院、敦煌研究院等利用数字技术在文物保护等方面取得了良好成果。2005年，以黄山和九寨沟景区为试点，初步形成了以世界遗产地为主的国家级风景名胜区数字化建设试点体系。数字景区的建设基本以数据中心和智慧调度中心建设为核心，以网络通信和信息安全为基础，针对景区的管理、资源管理和经营三个方面进行应用层面的建设，实现资源保护数字化、网络进行智能化、产业整合网络化。其中，应急系统、医疗救助、GPS车辆调度及其他相关的游客服务体系建设，有效提升了现代旅游服务业的发展。2021年8月，第28届国际文化遗产记录科学委员会全球双年会（CIPA2021）以“大学·数感”（Great Learning & Digital Emotion）为主题，讨论了全球层面世界文化遗产数字化方面的政策支撑、学术研究实践以及未来的发展前景。其中，特蕾莎·帕特里西奥教授报告强调，在文化遗产面临的众多自然及人为的威胁中，气候变化绝不可小视，因气候变化引起的温度升高、土层退化、海平面上升等因素，都会导致文化遗产的损毁，所以文化遗产的全尺度数字化记录与监测至关重要且刻不容缓，并需要在记录与监测的基础上开展评估研究、增加文化遗产传承的韧性。可见，以网络、数字和通信技术为代表的高新技术带来的传播方式革命，已经成为一种强大的动力，如何借助先进的数字化技术对世界文化遗产进行更为有效的数字化保护和管理研究，成为新的国际化议题和未来的发展趋势。

尽管鼓浪屿在数字化领域的工作已经逐步开展，但仍有很大的发展潜力，可以从以下三个方面进行突破：

（1）遗产信息传播的数字化

遗产信息传播的数字化，即充分实现鼓浪屿世界文化遗产资源的数字化，并运用现代科技信息手段保护与展示鼓浪屿世界文化遗产。特别是在数字时代，可以利用网站以及数字展示系统等，进行鼓浪屿世界文化遗产的互联网平台建设和虚拟交互展示体验，为公众提供主题鲜明与形式多样的即时信息。

（2）遗产保护管理的数字化

在遗产本体层面，可以用数字化的方式将鼓浪屿世界文化遗产的全部物质与非物质的信息数据真实并完整地存储于计算机网络中，建立遗产地全息数字库。在城市空间规划管理层面，可逐步利用“数字城市”的手段在历史建筑遗产保护方面取得集中性成果。同时借助GIS、GPS、RS、VR等先进技术，开展与城市空间研究及历史遗产保护有关的专题研究，建立多部门共享的公共性数字化平台。

（3）旅游管理系统的数字化

建设实施一套鼓浪屿世界文化遗产旅游管理的数字化技术流程和体系，对鼓浪屿的资源保护、客流量、游客服务等进行动态监测和信息化处理，利用信息通信技术支持旅游产品和设施的预约及个性化选择，了解游客来源、宣传营销、能源消耗等关键数据信息，并对此做出及时反应，进一步优化旅游网络及资源结构配置，提升精细化管理的程度，促进资金、人力和物力的高效利用。

4.5 文化激活：鼓浪屿场所精神的重塑

遗产地是特定人类文明的产物和标志，是特定区域文化特质的综合反映。每个遗产地都是一个地域性的社会有机体，同时是一个特定的文化丛（Cultural Complex）[①]，也是一个结构复杂的文化实体。刘易斯·芒福德曾说："城市是一部具体、真实的人类文化的记录本"。城市的历史建筑、空间形态、环境特色是其文化价值最直观、最生动的写照。现代化过程中，如何维护城市有价值的个性特征，完好地保存并发展城市的文化价值，创造技术上的合理环境的同时，把过去保护好，使新的环境在以后的年代里也能发挥其个性，这是文化生态保护的需要，文化的多样性是人类在地球上的生存特征，而且，"历史上一切文化发展过程都是生态平衡的过程"。

路易斯·尼斯特罗姆（Louise Nystrom）将"文化"分为文化遗产（Cultural Heritage）、文化实践（Cultural Practice）和文化表述（Cultural Expression）三个层面：文化遗产指历史城区、城镇风貌与建筑、郊区花园城市和社区以及当代建筑；文化实践指发生在老城区、社区、组织和民主生活中的一系列活动，包括居住在城市中的每个人的生活、工作、学习、消费模式、家庭传统、公共生活等；文化表述包括音乐、艺术、戏曲、电影、设计、手工艺、民俗节庆、运动等个体形式和社会形式，包括高雅文化和大众文化，既包括文化生产，也包括文化消费。[②]文化遗产通过文化实践加以形成，文化表达是对文化实践的表达和提升。社区则是城镇遗产地文化的平台，承载人们在这个平台上的各种文化活动。遗产地的传统文化

① "文化丛"由美国人类学家C. D. 威斯勒（Clark David Wissler）首先提出。文化丛存在于一定的民族或群体中，并作为一个文化单位发挥作用，它通常是以某一基本文化特质为中心，结合一些在功能上有连带关系的特质而组成，每一个特质都围绕中心特质而对整体发挥作用。

② Nystrom，L. City and Culture: Cultural process and Urban Sustainability [M]. Sweden: Swedish Urban Environment Council，1999.

要素既包括传统的建筑文化，又包含了传统的社区生活，它们丰富了遗产地的社会空间，构成了人们的集体记忆（Collective Memory），形成了遗产地的重要识别性（Local Identity），给地方带来了持续的活力和吸引力，同时在一定程度上对快速变化的遗产地发展形成了一种历经衰败而复兴发展的平衡力。[①]就遗产地的文化复兴或发展战略而言，应当将具体的发展政策和更为广泛的发展目标结合起来进行综合考虑，发展不仅要考虑经济发展和财政收入，还应当重视文化教育、住房改善和医疗卫生等问题，从而整体形成具体的遗产地发展战略。遗产地发展或复兴目标应当是同时保留并持续遗产地文明、文化、创新、机制和社区的共同发展。

根据“粘性空间”理论[②]，地区文化可以具有很高的联系度和吸引力，并能为相关产业集聚、吸收不可或缺的生产要素。鼓浪屿的魅力不止于“海上花园”的自然环境，更多的是其源于传统的人文环境和历史进程中逐渐形成的人文社区。鼓浪屿正处于一个经济结构转型升级的时期，规划政策的制定需要充分体现和有效利用鼓浪屿的文化竞争优势，通过文化活动的交流互动，吸引投资，推动和优化文化创意和新经济产业集群的形成。遗产地复兴规划的制定也应当首先从原住民的利益出发，体现社区的意义，而鼓浪屿的发展前景很大程度上依赖于其作为一个鲜明的文化社区向外界所渗透出来的积极影响。

4.5.1 音乐文化：强化与复兴

如前所述，鼓浪屿有“钢琴之岛”“音乐之岛”的文化基因，但随着人口的不断外迁及大众旅游消费的发展，岛上的音乐文化特色逐渐淡化。就鼓浪屿未来发展而言，无论是高端旅游吸引力的需要，还是文化遗产社区真实性的追求，保持并传承好鼓浪屿音乐文化特色是亟待通过多方合力应对的系统性工程。

在鼓浪屿音乐文化展示方面，鼓浪屿现有全国最早设立的钢琴博物馆、风琴博物馆，以及利用老别墅黄荣远堂开设的中国百年唱片博物馆，还有已建成的单体管风琴演出与展示馆等。在音乐文化传承方面，鼓浪屿社区仍有200多台钢琴，以及家庭音乐会、社区合唱团和家庭乐队等表演形式，政府采取“以奖代补”等方面进行鼓励，并引导家庭音乐会以恰当的方式供外来游客参观参与。在音乐文化展演方面，2017年鼓浪屿音乐厅的演出场次高达168场，大部分场次的表演者多为本岛或本地艺术团队，展演水平虽然不是最高水平，但这些表演却体现了本土文化的真实性和地域特色。此外，鼓浪屿的钢琴节、音乐周等演出水平也较为吸引眼球，但仍存在宣传力度不足，厦门本地人对鼓浪屿音乐文化的了解和参与也还远远不够，外来游客的音乐文化体验还有待强化。在音乐教育方面，鼓浪屿仍坚持开办音乐学

---

① Petz.U.（2001）‘Cultural Heritage’，in Creativity，Culture and Urban Development Symposium at the Villa Vigoni Menaggio / Italy，28 to 31 October 2002.

② 粘性空间是指建立某一空间内产业的前后向链接性、关联度和吸引力，有效、长期地粘住空间内外资源、资本、人才等产业要素，进而粘住要素带来的企业集群，形成产业集聚空间。

校，并具有一定的吸引力。音乐学校的师生本身就是鼓浪屿音乐文化的表演者和传承人，但要进一步增强鼓浪屿的音乐教育特色，还需进一步提高音乐教育及办学条件，整合岛上既有建筑空间资源，合理规划已搬离鼓浪屿的单位资源，为音乐文化提供教学、宿舍、展演、赛事等实质性支持。[①]

4.5.2 社区文化：传承与共生

文化遗产的保护理念首先在于真实性的体现。社区型遗产地最主要的吸引力在于以传统社区与地方民俗生活融为一体的生活气息，并由原住民传承和延续。鼓浪屿曾经是历史上的国际社区，文化遗产突出价值的保护首先应体现为当下社区生活的真实存在和社区文化的延续传承。现在的鼓浪屿社区，保持具有人的生活气息以及文化活力，保护社区生活、传承社区文化、让传统文化与现代文化互鉴共生意义重大。鼓浪屿的社区文化保护框架也将形成以“当下真实社区生活”和“历史国际社区展示”的相互叠加与融合，即以面为基础、以点为代表和以历史为感受、以现实为呼应的组合系统，鼓浪屿文化遗产也将是“社区生活馆”加“社区博物馆”的综合展现[②]。

保持特色、传承文脉、复兴社区文化活力，这是鼓浪屿活态保护最重要的体现。传承鼓浪屿原有的文化基因，发展社区文化，才不会使鼓浪屿的保护成为“静止的博物馆”。在传统文化传承发展的过程中，可利用遗产核心要素等历史建筑开设社区书店、图书馆，开展文化沙龙如诗歌交流等，丰富社区文化生活。政府启动利用企业与教育相结合的模式，实施鼓浪屿工艺美术学院文化复兴项目，利用工艺美术学院的传统文化优势，在鼓浪屿的原校址开设大师班、训练营、工作坊等艺术培训与交流活动，进一步凸显鼓浪屿的艺术气息。此外，注意挖掘和保护社区最本土化、最有记忆的文化，如社区积极主动开展“保护古井文化记忆”活动，通过调查岛上古井的保存状况，结合本土文化和华侨文化，形成文化景观的保护和再现，丰富了鼓浪屿的文化色彩。再如，在修缮过后的“海天堂构”建筑群里定点举办掌上木偶剧、南音等闽南文化展示，恢复涉侨建筑历史上本就存在过的文化活动。诸如番婆楼庭院中的小戏台，节假日可以供给文艺工作者上台表演或展示歌仔戏、答嘴鼓等各类省市级非遗文化遗产，老别墅里还可以举办音乐会或诗社吟诵会等，这些都是社区文化传承发展的有益尝试。

当地社区通过组织、复活并维持的由全体居民参与的传统节庆，起到了很好的凝聚遗产地场所精神核心的作用，特别是对于社区中的青年群体，或者不常住在遗产地的群体而言，传统的节庆能够唤醒族群的集体文化记忆，强化社区文化认同。

---

① 王唯山．鼓浪屿文化遗产活化传承的实践与思考［M］//.中国文物保护基金会．活化利用 创新驱动：第三届社会力量参与文物保护利用论坛文集，北京：文物出版社，2018:119-130.

② 王唯山．世界文化遗产鼓浪屿的社区生活保护与建筑活化利用［J］．上海城市规划，2017（6）：23-27.

4.5.3 文化创意：创新与发展

文化和艺术对遗产地的活力至关重要，文化传承和传统“织入”到了遗产地的社会肌理中，给了遗产地持续存在的意义。在遗产地的发展中，创意不仅仅是创新或创造新的事物、新的产品或新的体验，创意行为也在改变人们的思想，改变旧的成见。通过艺术和文化，居民和创意者能够为社区和遗产地想象一个不同的未来。因此，遗产地文化和传统的创意表达是遗产地社区可持续发展的重要元素。文化和创意在遗产社区复兴甚至整个城市经济发展层面都起着催化剂的作用，包括：创造市民、来访者、邻里、朋友、家庭参与的重要机遇；通过多样化的领导方式，强化市民合作的方式和创造社区层面解决方案；帮助形成社区认同；为新的遗产地经济发展作出贡献。[①]对文化、艺术和创意的工具性视角源于后工业社会和基于知识的体验经济的崛起。文化创意活动可以促使遗产社区成为消费空间、波西米亚社区，或者成为全球认可的创意中心。也有观点认为，城市和区域的经济竞争力有赖于它们吸引特定的知识劳动者（如科学家、工程师、作家、艺术家、建筑师、设计师、经济师等创意阶层）的能力。[②]创意阶层不仅是创意的创造者，也是创意文化的消费者。这样，创意阶层就有了商品化的意义，因为他们可以创造经济利益。因此，变得有创意和运用文化艺术来谋求新的发展成为越来越多的世界城市和遗产地的新领域。

以剧院、音乐、视觉艺术、舞蹈、诗歌或电子媒体存在的基于社区的艺术可以建立文化认同，创造社区的转型和变革。基于社区的文化艺术，鼓励社区中的创意表达。同样，通过社区成员的参与性实践，使社区居民在文化事件中彼此互动，从而建立社会资本。同时，在组织这些事件过程中，于社区而言，非常重要的社会联系和建设能力也得以建立。这些创意过程将促进社区变革，以经济活力为形式的实质性利益和复兴将随社会转型而来。当这些创意活动尊重了社区的需求和渴望，并且根植于社区能力建设的过程，那么创意就将变得更有价值。文化传统实践不但表达了创意，而且联系了过去和未来：“文化传统联系了我们和我们的历史、我们的集体记忆，它固化了我们的存在感，提供了洞察力的源泉，帮助我们面向未来”。[③]来自“再投资基金”（The Reinvestment）的杰瑞米·诺瓦克也呼吁，要整合地看待社区发展中的文化艺术作用。他提到，“基于社区的艺术和文化活动有场所营造的价值。艺术家是发现、表达和再使用建筑、公共空间和社区故事等场所资产的专家，他们是天生的场所营造者，在自己谋生的同时还发挥了一系列市政和创业的作用。他们沉浸在过去和未来的创意对话中”。[④]

---

① Cuesta C M. Bright stars: Charting the impact of the arts in rural Minnesota [J].Impact of Arts，2005.

② B. Joseph Pine, James H，The Experience Economy [M] Boston：Harvard Business School Press，1999.

③ Charles Landry. The Creative City: A Toolkit for Urban Innovators [M] London：Earthscan Publications，2000.

④ 诺克斯，迈耶. 小城镇的可持续性：经济、社会和环境创新 [M]. 易晓峰，苏燕羚，译. 北京：中国建筑工业出版社，2018.

无形资产是世界文化遗产地资源的重要组成部分，无形资产能够创造经济效益，不会受到遗产资源特殊性的制约。世界文化遗产区域拥有大量的、尚未开发的无形资产，保护世界文化遗产地和遗产区域特有的遗产资源及附属的系列相关资源，开发无形资产及其衍生文化创意产业，是促进遗产地社会经济发展的重要途径。例如，全球创意城市网络（Creative Cities Network）创建于2004年，是一个旨在把世界范围内以创意和文化作为经济发展主要元素的各个城市联结起来，借此推动并提升城市社会、经济和文化发展的国际城市网络联盟，其基本宗旨是为了在经济和技术全球化的时代语境下倡导和维护文化多样性，并将本国城市在社会、经济和文化发展中的成功经验、创意理念和创新实践，向世界各国城市的管理者和市民开放，从而使全球的城市之间能够建立起一种学习和交流的关系，推进发达国家和发展中国家的城市社会、经济和文化的发展。目前，创意城市网络主要有“文学之都”“电影之都”“音乐之都”“民间手工艺之都”“设计之都”“媒体艺术之都”“美食之都”等类型，德国柏林，英国爱丁堡，法国里昂，美国圣达菲，日本名古屋、神户，中国南京、哈尔滨、北京、上海、深圳、成都、景德镇、澳门等19个国家31个城市加入了该网络。全球创意城市网络是联合国教科文组织继开展世界文化与遗产保护、非物质文化遗产保护后，在推进全球文化多样性发展方面推出的又一项重要举措。鼓浪屿可联合厦门市创意产业的发展，积极融入全球创意城市网络，进一步凸显其“创意海岛”“创意世遗”的主导作用、文化特色和创意创新。

4.6 小结：高效治理与人文回归

鼓浪屿遗产地是一个以社区整体形态为核心的复杂系统，它来源于历史上社区群体的创造积累，又要将当代社区的保护传承给未来，这就要求遗产地的保护与发展要整体关注鼓浪屿历史国际社区在社会、经济、文化、技术、环境等多向度的复杂变化，从规划管理、服务供给、韧性治理、机制保障、文化服务五个方面系统地构建鼓浪屿社会生态可持续发展的社会法则。

构建基于遗产地发展的顶层规划、保护规划、专项规划、管理规划以及法律法规等，是实施遗产地适应性管理和规划干预的有效途径；以人的基本发展需求为出发点，推进住房条件改善，完善文化教育、医疗养老、就业培训等基础设施和社区服务供给，是推动社会公平和社区福祉，提升社区居民满足感和幸福感的关键所在；整治遗产地旅游秩序、商业秩序，赋权增能、提升社区自治水平，是提高遗产地能力建设水平、创建遗产地社区韧性治理、实现遗产社区共同缔造的有力保障；改革遗产保护的资金保障机制，建立科学合理的利益分配，补偿和反哺机制，建立完善、科学、现代、数字化的遗产监测机制等，是完善社区制度框架，促进遗产合作，建立一个公平、高效的社区治理环境的有效手段；强化和复兴鼓浪屿音乐文化，传承与发展鼓浪屿社区文化，创新与发展鼓浪屿创意文化，是遗产地文化适应性发展的当代需求，目的在于重塑鼓浪屿场所精神，迈向遗产地文化性保护和创新性发展。

第5章 鼓浪屿社会生态可持续发展的自然法则

城市的最终任务是促进人们自觉地参加宇宙和历史的进程。

——刘易斯·芒福德

本章所指的“自然法则”由自然系统中的“生态法则”和人工系统中的“空间法则”构成。在社会生态系统中，“生态观”“天人观”“有机性”“适应性”是自然法则中的基本法则，“天人合一”也是人与自然环境和谐相处的最高境界和生态智慧。那么，在遗产地社会生态修复和遗产空间修补过程中，如何保持风貌的完整性、保护历史的真实性、维护生活的延续性？同时，如何以辩证的建筑史观和适宜的技术干预来促进建筑遗产的科学保护和永续利用？本章将从技术层面系统性、整体化和分层次地探讨鼓浪屿社会生态可持续发展的自然法则，目的在于增强鼓浪屿海上花园特质，提升鼓浪屿人文品质空间。

5.1 环境：韧性生态空间的立体化修复

自人类从自然界分化并提升以后，在人类社会作用和改造自然界的“人化自然”同时，自然界也在不停地作用并改造着人类社会，即“自然化人”。这种“人化自然”和“自然化人”的作用和改造过程同时、双向进行。自然生态环境对人类社会的作用和改造，也即“自然生态力”和“生态生产力”，首先表现在决定和改变人类的生存状态和生活质量，其次直接制约着人类居住和社会生产的布局和发展，再次影响劳动生产效率的高低，最终决定了人类社会的发展变化和可持续发展与否。因此，在人类社会生态发展中，应当把社会力量和自然力量有机协调并结合成完整的生产力，进而完成自然力和社会力的统一和有机融合。[①]这种“生态生产力”的创设，在理论上丰富和发展了唯物史观的社会生产力，同时也使马克思主义关于生产力的构成中包括“自然条件”的基本原理获得了复归和新生；[②]在实践上，它则提醒人们要善待自然，切实保护生态环境，以确保人类社会的可持续发展。自然生态环境是遗产地的生态基底，护持鼓浪屿自然生态环境、优化岛屿生态景观布局、提升岛屿公园绿地品质，科学预测并合理控制岛屿的社会生态承载力等，是提升鼓浪屿人居环境品质、重构鼓浪屿海上花园的首要自然法则。

5.1.1 岛屿自然生态环境护持

鼓浪屿拥有丰富的自然景观。植被与绿化规划遵循有利于自然资源与生物多样性保护的原则，有利于维护生态系统自然属性和稳定性的原则，有利于风景名胜区生态环境保护和恢复的原则，景观多样性与发展地方景观特色的原则，旅游功能与综合功能优化的原则，有利于风景名胜区植物景观资源培育及其持续利用原则，有利于自然资源与生物多样性保护的原则，重视原有基础现状、短期措施与长期目标相结合的原则。同时，突出展示风景名胜区山内奇峰异石、岛礁沙滩、花木植被、特色物种等不同层次，不同类型、不同内涵的自然山水特色（图5-1），强化山水之间的生态廊道建设

图5-1　鼓浪屿天然岛屿生态环境的护持

① 柯宗瑞．生态生产力论［J］．上海社会科学院学术季刊，1991（1）：13-21.

② 中共中央马克思、恩格斯、列宁、斯大林著作编译局．马克思恩格斯全集（第23卷）［M］．北京：人民出版社，1972.

与视线廊道控制。[1]

在确保生态优先的前提下，岛屿景观绿化采用适应性强的多种乡土阔叶树，发展城市森林的物种多样性，改善林相景观和季相景观。从厦门园林绿化树种中筛选出适应性强、绿荫和观赏效果好的高大特色乔木树种，并点缀在林中及草坪中。选择造型优美、色彩丰富、气味宜人的乔灌木进行搭配，如彩叶树种、挂果树种、香味树种等景观树种，根据不同的物种特征和季节特征，结合景点要求，选择观花植物、观叶植物、观果植物、盆景植物、藤本观赏植物、竹类观赏植物和蕨类观赏植物等进行搭配，对植物群落造型、色彩、气味等景观元素进行设计。植被的建设中还应加强市树、市花及特色树种的栽植与展现。[2]

绿化规划布局和优化提升中，还应提高园林绿化的艺术性和观赏性。如升旗山，可采用英雄树即大花乔木木棉树，搭配三角梅灌木，烘托皓月园、郑成功雕塑，体现英雄气概。笔架山，山麓土质较好，宜多植竹类。燕尾山，土质较差，风大，宜选用棕榈科植物。浪荡山、美华海湾，历史上曾有成片马尾松，可种植松柏类，恢复“松涛夕照”景观。鸡母山，可成片种植鸡蛋花和小叶米兰。英雄山，岩石暴露、土层较薄，保留台湾相思，增植三角梅。日光岩，地处中心，建议沿各条主要游览路线及各分区，成片种植多种观花、观叶、观果、香味植物，注意季相、花色搭配；在环鼓路及滨海有条件的地区广泛种植市树凤凰木做行道树，选择炮仗花等适宜爬藤植物点缀围墙，并以各种棕榈科植物组成群丛贯穿全岛。[1]

5.1.2 岛屿人工花园绿地营造

1．翡翠项链

公园绿地在塑造人们高品质生活中扮演着重要角色，它们通过为社区提供绿地、绿树、阳光和新鲜空气，改善居住社区的生活品质。大大小小的社区花园、公共空间帮助人们建立起自然与精神、人与人的联系，为社区居民重新定义和重构居住社区。因此，从宜居的角度而言，好的居住社区将会以公园和公共场地的一体化来定义，当公园与生活、工作无缝对接并有机整合在一起的时候，它将为居住社区提供一条优雅的“翡翠项链”。[3]将时间倒退一百年，鼓浪屿之所以能够成为海上花园、国际宜居社区，很大程度上是由于它为社区居民提供了休闲、娱乐、运动、文化等主动娱乐和被动娱乐的多样化和极具吸引力的公园绿地空间。这些空间为社区提供了一种优雅和平衡，社区因其而繁荣并获得特殊的意义。因此，鼓浪屿在人工花园绿化整治方面：第一，需要保留现有公园、公共绿地，保持北部区域绿地规

---

① 厦门市规划委组织、厦门市设计研究院配合编制的《鼓浪屿—万石山风景名胜区总体规划（2017–2030年）》，于2017年4月经国务院批复同意。

② 王璐瑶．鼓浪屿文化遗产地植物景观保护研究［D］．厦门：华侨大学，2020.

③ 美国景观设计之父弗雷德里克·劳·奥姆斯特德（Frederick Law Olmsted，1822–1903年）于1880年提出波士顿“翡翠项链”（Emerald Necklace），这是他最具代表性的作品之一，对美国国家公园运动乃至整个行业的发展均产生了巨大的影响。

模，结合其他沿环岛路滨海绿地，形成连片的环岛绿地系统；第二，需要培育山体绿化，发展山地郊野公园，形成贯穿全岛的绿化廊道；第三，还要保留建筑密集区之间的街头绿地，将尚未建设开发的闲置地控制为社区公共绿地。具体操作可从多个方面着手，系统构建鼓浪屿“翡翠项链”（图5-2、图5-3）。

（1）街心广场段：保留现状树木，街头绿地可增加种植小乔木、花灌木等创造多层次绿化景观。广场设置可移动花坛，种植季节性草花或市花。

（2）独立院落段、商业街巷段：结合建筑、街道家具加强垂直绿化。建筑围墙风貌较为一般的，建议于建筑庭院内种植爬藤类植物、有花小乔木，延伸至围墙外。路灯及广告牌下可以吊挂小花盆，种植季节性草花，营造鼓浪屿特色。

（3）景区段：结合历史建筑、城市家具、花池花坛等，增加种植花灌木、有花小乔木以及爬藤类植物，丰富绿化色彩，提升景观艺术。

2．韧性景观

“韧性”（Resilience）概念源于工程学，指构件或系统在外力作用下发生变形或位移后恢复原状的能力。霍兰将韧性概念应用于生态学，提出“生态系统韧性”，即自然系统应对自然或人为原因引起的生态系统变化时的持久性。随后，“演进韧性”将研究对象从生态系

图5-2　花园、庭院景观

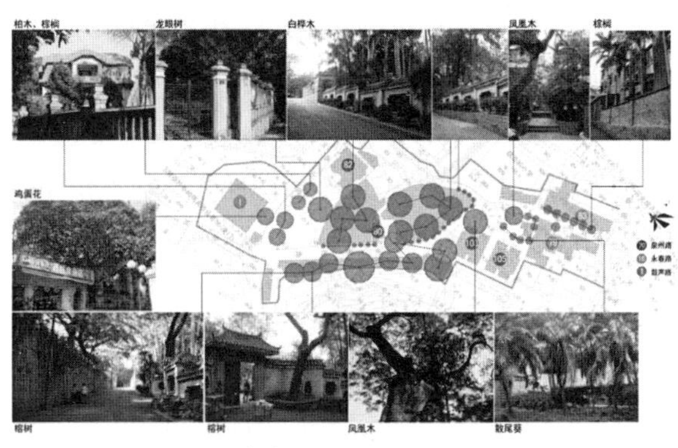

（a）景区段翡翠珠链

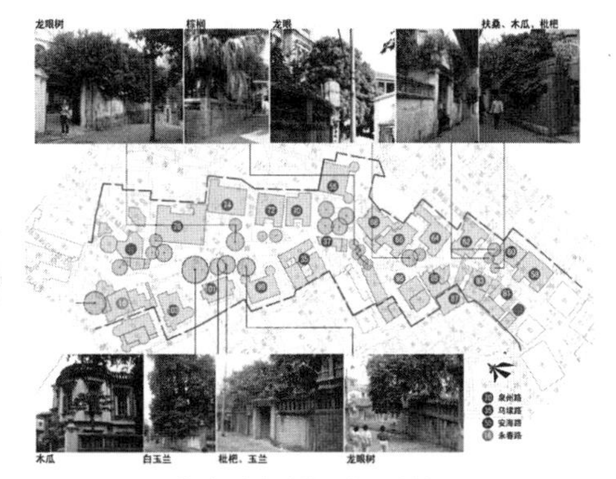

（b）独立院落段翡翠珠链

图5-3　鼓浪屿“翡翠珠链”

（图片来源：厦门市人民政府．鼓浪屿历史文化街区保护规划，2021年）

统韧性拓展至具有自然属性的人居空间社会系统韧性，任何一个“社会—生态”系统都不可能维持在某一种状态，整个系统、平衡状态和平衡点是在不断变化的。在热力学概念的基础上发展出生态学的“动态非平衡”概念，将城市生态环境视为一个开放的不断变化的整体，其内部发生的内在驱动将趋向平衡状态，而外部因素则导致城市生态系统的非平衡状态。这种“动态非平衡”的理念促进了人们思维实现从结果到过程的转变，为人居环境设计的深入理解和运用“韧性景观”（Resilience Landscape）作出铺垫。[①]韧性景观的本质是一种持续的动态变化的设计思维方式，要求对不断变化的景观进行长期的追踪，以求发现在不同空间环境和时间维度上景观变化的成因，然后从结果到过程将原因进行解析，再以此为依据构建生态可持续发展的景观系统。在未来遗产地社区的人居环境修复中融入自然生态系统，使其能在各种干扰中维持动态平衡稳态，提升人居环境空间的多样性、稳定性、连通性，以适应频发的灾害，承载未来社区空间高质量发展。

社区型绿道支撑了复杂的“社会—生态”系统韧性，其韧性取决于社会亚系统与生态亚系统之间的复杂作用关系。与传统社区型绿道相比，未来社区型绿道在社会系统服务功能方面发生了本质的变化，用以呼应未来社区对于公共空间交互性、多样性、趣味性、时效性、全域性等特征需求，实现生活场景和便捷服务的充分反馈。社区型绿道韧性就是社会生态系统在外部干扰与内部演化下持续提供“社会—生态”系统服务的能力，即“社会—生态”系统服务动态应对自然变化和人为干扰的抗干扰力，实现较长时期为使用者服务的功效。[②]

未来社区模式下的人居环境空间是多尺度、多层次的绿色韧性综合体，是不同层次城市绿色空间和公共空间的有机耦合，是功能空间多元利用、提升价值和调适灾害的生态化途径。[③]未来社区型绿道基于城市、街道、社区、公园等的多重空间尺度，结合绿色综合体的功能需求、灾害防控等级、建设规模等级、公共空间和公服设施的发展情况等，进行分级规划设计和建设，以构建多尺度、多层次绿色韧性综合体。在不同层级上，动态发挥社区型绿道的“社会—生态”服务功能，连通城市构建绿色综合体，完善整体生态安全格局；拓展街道绿色空间，耦合社区公共服务功能；丰富社区生活场景，提升小微空间整体效能。各层级之间有序衔接，合理控制绿色韧性综合体内基础设施的规模和密度，提升人居环境的生态与健康格局。

因此，从韧性景观和未来社区理念出发，鼓浪屿需要逐步构建遗产地韧性景观系统，修复和完善遗产地社区型绿道，串联遗产地的小公园、小广场、小绿地、小院落，改善与调节

---

① Yoonshin K，Brian D，Grant M. Landscape Design toward Urban Resilience: Bridging Science and Physical Design Coupling Sociohydrological Modeling and Design Process［J］. Sustainability，2021，13（9）：666.

② 张琦．英国BREEAM社区评价体系对我国社区级绿道规划建设的启示［J］．城市建筑，2019，16（33）：18-19.

③ 李季．探讨老城核心区改造对社区型绿道的内在驱动——以合肥市为例［J］．河北工程大学学报（社会科学版），2018，35（4）：34-36.

微空间、微环境、微生态。进而打造遗产地绿色韧性综合体，为遗产地社区居民提供品质空间场所，同时连通城市整体人居环境空间，为更多的城市居民提供社会生态服务。具体而言，除了保留南部传统景区中的公共开放绿地外，在北部预留出部分公共开放空间，并将岛上所有的山体改造为山体公园，扩大绿地比例，使之与传统“十字形”绿廊互补，成为重要的生态保障；北部风景区规划作为音乐文化艺术公园，宜进行整体开发控制，在无合适的项目状况下，规划按公共绿地（临时）标准进行管控，不得进行零星开发；滨海绿化连成一片，形成了较好的线性滨海绿化休闲带和生态廊道。[①]此外，将鼓浪屿引种园建设成以植物引种驯化、科研科普为主要功能，兼顾游览休憩观赏的热带、亚热带植物群落和令人陶醉的城市生态园林（图5–4）。

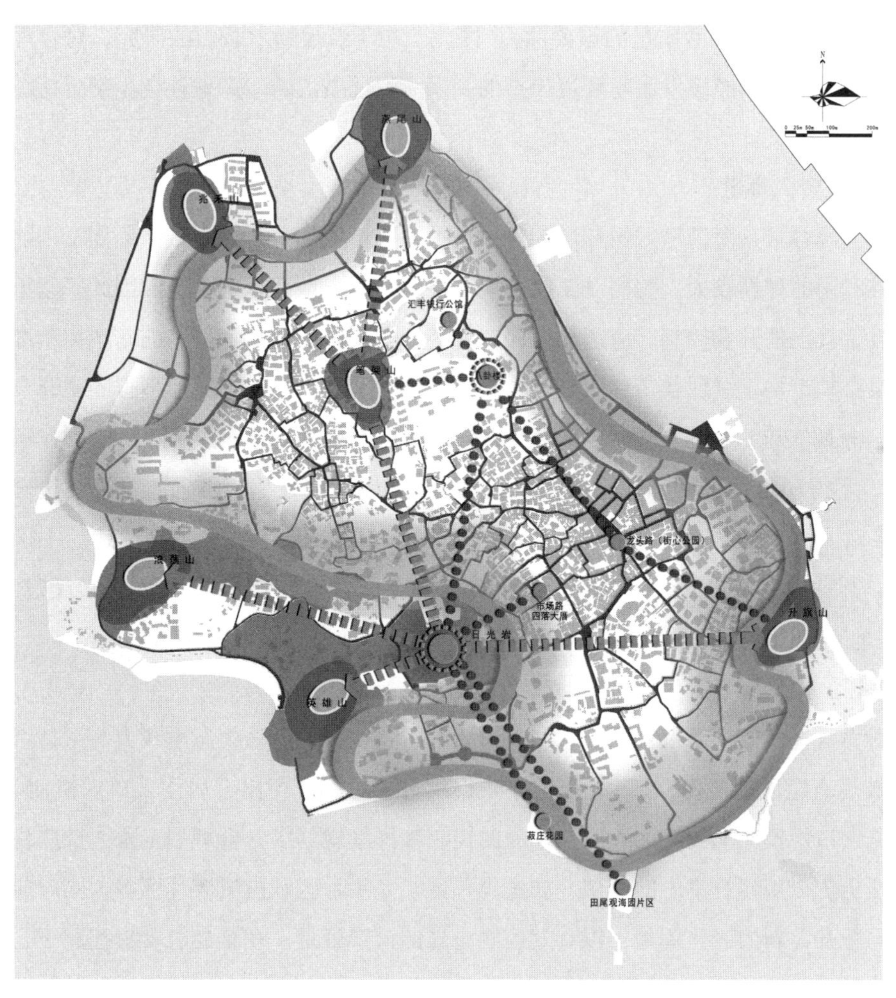

图5–4 鼓浪屿空间网络格局示意图
（图片来源：厦门市人民政府．鼓浪屿历史文化街区保护规划，2021）

① 王泽阳．海绵城市视角下的世界遗产地水安全量化评估及提升［D］．厦门：厦门大学，2018.

5.1.3 岛屿社会生态承载力

20世纪80年代，联合国教科文组织将资源承载力定义为：在可以预见的期间内，利用该地区的能源及其他自然资源和智力、技术等条件，在保证符合其社会文化准则的物质生活水平条件下，该国家或地区能持续供养的人口数量。《21世纪议程》指出，可持续发展战略的基础必须是准确评估地球负载能力和对人类活动的恢复能力。联合国环境规划署（UNEP）等提出，可持续发展是在生存不超过维持生态系统承载力的情况下，改善人类的生活品质。相关学者强调，可持续的过程是能够维持而不会产生中断、削弱或者丧失重要品质的过程，可持续性是人口处在或低于任何承载力水平的重要条件。可持续发展是一个从环境和自然角度提出的关于人类长期发展的战略和模式，它不是在一般意义上所指的一个发展进程要在时间上连续运行、不被中断，而是特别指出的环境和自然资源的长期承载能力对发展进程的重要性以及发展对改善生活质量的重要性。①因此，对于鼓浪屿承载力的研究，对合理开发利用其遗产资源、协调经济发展与环境保护的关系、保证鼓浪屿遗产地社会生态可持续发展具有重要的现实意义。

1．土地资源容量

土地资源容量是海岛型城镇环境容量十分重要的组成部分，海岛城镇不同于内陆城镇土地，内陆利用的弹性较大，海岛城镇的发展往往受限于土地面积的不足。因此，基于鼓浪屿的特殊性，其土地开发控制，应遵循“保留修缮为主、拓展开发为辅”的基本控制准则，新项目建设必须严格延续现状街巷肌理效果和空间尺度关系，西北部用地不得零星开发，宜统一规划，分期实施。开发强度方面，全岛容积率宜控制在0.5以下，新开发地块容积率宜在1.0以下，不得超过1.3，更新改造不得突破原开发总量。开发密度方面，全岛建筑密度宜控制在25%以下，新开发地块建筑密度宜在13%以上，不得超过60%，更新改造的不得突破原有密度。开发高度方面，宜控制在3层以下（地坪到屋顶高度15米以下），不得超过4层（18米）。绿地率方面，全岛绿地率宜在50%以上，新开发地块绿地率宜在40%以上。

2．生态人口承载力

一般而言，我们主要从社会要素和人口要素的角度探讨海岛生态承载力与可持续发展的关系。鼓浪屿建设用地面积185.75公顷，根据综合人口测算得出，居住人口规模1.5万～2万人，服务人口规模3000～5000人。在全岛的控制性详细规划中，合理划定永久性居住用地，主要包括历史风貌建筑集中的区域，如鹿礁片区、龙头片区和内厝澳片区等，同时应注意岛上不得再行开辟新的居住用地，以有效控制全岛的人口容量。在全岛总容量控制下，合理确定鼓浪屿各类人群的比例和规模，包括常住人口规模、服务人口和流动人口等。与此同时，鼓浪屿还要做好社会人口发展影响方面的持续监测，针对鼓浪屿目前作为居住型社区功能衰

① 潘翔，陈鹏，陈庆辉．国内外海岛承载力研究综述与展望［J］．海洋开发与管理，2014，31（12）：61-65.

退的趋势，监测鼓浪屿的常住人口数量、人口年龄比例、人口受教育状况、本地人口和外来人口比例、社区成员对于社区活动参与的积极性和认知度、社区业态发展状况和趋势等。

3．旅游环境承载力

鼓浪屿旅游业已成为厦门经济的重要组成部分，但旅游容量是有限的，游客的过度密集将不可避免地引发环境和经济问题。考虑到鼓浪屿兼有“社区+景区”双重属性，参照一般历史文化景点人均50平方米的标准核算，综合考虑鼓浪屿自然生态特色（土层、地形、海洋与动植物）、历史因素（历史风貌建筑、社区文化）、社会心理（位置与交通方式、游客规模与游客行为）以及旅游接待设施承载量评估的影响，得出：鼓浪屿景区瞬时最大承载量核定为3万人次，日最大承载量核定为6.5万人次，日最佳承载量核定为3万人次，年最大承载量核定为2200万人次，年最佳承载量核定为1300万人次。而为了减缓低端的过度旅游对文化遗产保护带来的压力，参照其他国际遗产旅游目的地，建议鼓浪屿年游客理想容量控制在400万～500万人次。同时，鉴于游客承载量实际是一个动态的指标体系，将随着未来旅游方式、空间布局、资源开发和旅游业态的发展而变化。因此，建议将游客流量调控系统分为政府一级总调控系统以及鼓浪屿景区内部二级流量调控系统；通过合理布局、科学引导和游线设置，完善预警—调控体系，最终达到游客流量与承载力、旅游体验的完美平衡。

4．相关生态预警

鼓浪屿的环境压力还受到周边城市区域建设带来的影响，如空气污染、水污染和外围景观环境恶化等，因此需要做好空气质量监测、海水水质监测、岛内噪声等生态监测。近年来，在鼓浪屿发生的自然灾害及生态威胁主要包括台风、地质变化、建筑和山林火灾、病虫害等以及地震和次生灾害，相关监测预警机制也不容忽视。

此外，虽然鼓浪屿是一个独立而完整的生态单元，但我们仍然需要通过厦门岛群相关承载力研究，推动鼓浪屿及厦门海岛区域协调发展，有效优化鼓浪屿开发模式，降低鼓浪屿开发风险，有利于减轻鼓浪屿生态风险、保护鼓浪屿生态系统，从而促进鼓浪屿社会生态的可持续发展，实现鼓浪屿遗产资源的永续利用。

5.2 网络：岛屿识别空间的适应性修补

鼓浪屿作为历史城镇极大地保存了岛屿整体空间结构和形态的真实性和完整性，具体表现在：城市主要道路网络结构的真实性，反映在道路位置、道路宽度、道路街景以及重要公共空间节点，如延平花园、菽庄花园，位置与空间形态的真实性上；重要景观环境要素的真实性，反映在日光岩、祈祷岩、升旗山等地标性文化景观，其本身形态及周边重要历史要素、环境要素的保存状况；历史建筑轮廓线的整体形态，屋顶材料和色彩的整体保护；重要视廊和重要视角的全景景观整体性与历史真实性的保存。因此，鼓浪屿岛屿识别空间的适应性修补，将延续并提升性地保护岛屿的历史空间格局，保持全岛的景观特色。

5.2.1 路径：优化

道路，组成了历史城镇空间中最常见、最可能的运动线路网络，是城镇空间整体赖以组织的最有效手段。主要道路必然具有一些特殊的品质，比如沿线一些特殊使用和功能活动的集聚，某些典型的空间特征，地面或墙面特殊的质感，沿街建筑立面的样式，与众不同的气味或声响，以及植被的样式和细部，这些都能使它与周围的道路区分开来。这些特征同时赋予道路的连续性，假如沿路不间断地具有以上一些特征，那么这条道路就可能被意象成为一个连续的统一体。路径是空间意象的主导元素，人们正是在道路上移动的同时观察和体验城市空间，其他的环境元素也是沿着道路展开布局，因此与之密切相关。[①]鼓浪屿在空间上与厦门市区隔海相望，是一个独立的岛屿空间，因此在“路径”的意象要素体验中，主要依靠独特的海上交通和岛上步行交通路径。

1．外部交通路径

鼓浪屿的独立岛屿特征决定了其与外界交通联系的特色，鼓浪屿岛居民及游客出入岛屿必须依靠轮渡。因此，对岛民而言，建立快速、安全的生活出行和通勤交通；对游客而言，打造便捷高效、高品质的游览交通，已成为鼓浪屿与外部交通路径优化的前提。结合鼓浪屿与厦门岛两侧码头规划布局，未来对水上交通线路进行重新梳理，以避免部分航线客流过于集中，而造成的码头广场拥挤、鹭江道交通拥堵、轮渡公司运营成本增加等一系列问题。近期调整设置国际邮轮码头—内厝澳码头等8条航线，远期在近期航线基础上扩充内厝澳—五通码头等3条航线。航线设计以保护和展示鼓浪屿旅游资源、生态资源和海洋资源为前提，构建与鼓浪屿自然环境和谐共生的高品质交通路线（表5–1）。

鼓浪屿外部交通航线　　表5–1

序号	航线	距离
近期		
1	国际邮轮码头—内厝澳码头	约4.5千米
2	第一码头—三丘田码头	约1.2千米
3	第一码头—内厝澳	约2.4千米
4	厦门轮渡码头—钢琴码头	约0.8千米，居民专用航线

① 林奇．城市意象［M］．方益萍，何晓军，译．北京：华夏出版社，2001.

续表

序号	航线	距离
5	和平码头—钢琴码头	约0.5千米
6	嵩屿码头—内厝澳码头	约1.4千米
7	胡里山码头—内厝澳码头	约6.8千米
8	和平码头—内厝澳码头	约4.8千米，环鼓浪屿旅游航线
远期		
9	内厝澳—火烧屿—集美学村	—
10	内厝澳—火烧屿—高崎闽台中心码头	—
11	内厝澳—五通码头	—

（资料来源：厦门市城市规划设计研究院. 鼓浪屿旅游交通组织优化规划，2014）

2. 内部交通优化

道路具有方向性、可识别性和连续性，具有突出个性的道路容易形成特色城镇的整体意象，人们对城镇的认知也通常依赖道路的这种特性，最易感受到地形变化和街巷尺度变化。鼓浪屿道路多为历史存留，形成了步行尺度、有机生长、蜿蜒曲折的街巷结构，具有宜人尺度及多样性空间景观效果（图5-5）。

1）街廓空间特征

图5-5 鼓浪屿有机生长的街巷道路

鼓浪屿的道路大部分为宽度2～6米的步行街巷，街巷两侧的建筑层数多为2～3层，即高为6～10米，街廓比大多数为小于等于1。根据相关研究，以$D/H=1$为界线，在$D/H<1$时，随着比值减小，形成紧迫感。鼓浪屿大部分街巷空间在平面上较为蜿蜒曲折，特别是沿等高线形成的环线道路，在很短的距离内多次转折；且同一条街巷的道路断面也有所不同，街巷空间收放层次丰富，形成了富于变化的街巷平面特征（表5–2）。

不同的街道空间界面　　表5–2

类型	街廓比	特征	案例	图示
连续性街墙界面	0.6～1.0	街巷两边的建筑形成连续的街道界面空间，街墙界面的围合感较强，特别对于营造商业气氛和集聚人气有利。在转折过渡区往往空间开放，形成街头广场，给人收放自如的感觉	龙头路、福州路、安海路	
双层街墙界面	0.6～2.8	由建筑围墙形成第一层次的街墙界面空间，再由后退围墙的建筑形成第二层街墙界面，这样的街巷围合感减弱，空间变化丰富，有移步异景的空间效果	福建路、复兴路	
渗透绿化的柔性界面	0.6～2.0	街巷的一侧为建筑界面，另一侧为树木，由于树木的轮廓丰富，且随着季节、天气不断变化，形成了不同于建筑硬质界面的柔性界面并具有遮阴效果	泉州路、鼓新路	

（资料来源：厦门市人民政府. 鼓浪屿历史文化街区保护规划，2021）

2）路径提升优化

未来需整合现状道路，开辟以生活为主的内环路、以休闲观景为主的外环路以及南北向联系隧道，内环线为龙头路—晃岩路—鸡山路—内厝澳路—鼓新路—福建路—龙头路，外环路则是新建成不久的环鼓路。继续完善鼓浪屿的环岛路（环鼓路）建设，提升道路小品艺术品位，增设街道家具，增加聚散广场数量及面积，汇聚人气；保护街道尺度，完善内环道路建设，通过路面改造，增设导向设施，增强对游客的引导。步行旅游线路与居民生活步行线路区分，可用不同材料和颜色进行铺装。

道路铺装改造方面，道路铺装材料宜选用质感粗糙、风格淳朴、色彩沉稳的材料，不宜采用质地光滑、色彩鲜艳的材料。鼓励使用鼓浪屿传统铺装方式和样式，根据各片区主导风貌特征，道路铺装应有所区别，增强各片区的可识别性。道路铺装应考虑所处片区开放强度的差异，铺装材料表面应满足不同使用强度和摩擦力要求，便于维护和更换。根据各类道路功能，采用不同材料的铺装。例如，一般街道，采用柏油、石材；人流密集的街道，采用块石、石条；人流稀少的街道，采用块石、碎石、鹅卵石；处于山地自然环境为主的景区道路，则采用碎石、土路间隔石质踏步等（表5-3）。

主要路径优化提升策略 表5-3

	路径	优化提升策略	路径景观
1	鹿礁线	（1）修缮建筑立面景观，整治墙体挂饰，规范管线。 （2）优化沿街商业界面、提升广告店招设置效果。 （3）加快市政管线入地及设施的隐化、美化处理	
2	复兴线	（1）注意保持街道沿线原有悠闲安静的气氛。 （2）修缮沿线上外观破旧的建筑及门楼、围墙。 （3）重点修缮随地形变化而形成特色景观的建筑	
3	晃岩线	（1）沿线建筑景观应成为进入日光岩的景观前奏，沿线建筑已成为危房的建筑，应及时予以修缮维护。 （2）修缮和统一沿线围墙景观，丰富围墙功能，规范沿街建筑界面，优化商业界面。 （3）强化沿线商业功能和文化品位	
4	中华线	（1）保护沿线建筑形成的界面景观和轮廓线。 （2）重点保护四落大厝、大夫第及其院落成为沿线空间景观节点。 （3）保护中华路街道空间尺度和建筑所在地绿化环境	
5	泉州线	（1）保护沿线重要历史风貌建筑，包括时钟楼、金瓜楼等建筑，并对沿线建筑进行修缮和改造。 （2）保持沿线建筑固有的街道空间尺度和空间形态，改造街心广场，周边以文化娱乐为主。 （3）修缮道路路面和围墙，完善街道家具布置和风貌；路面铺砖建议采用欧洲古朴的风格，以石材为主；建议加强垂直绿化和庭院绿化；市政管线应全部入地。 （4）适当调整和梳理商业业态，降低服装类、大众消费品类比例；整合设立特色街；东段设立地方名小吃街	

续表

	路径	优化提升策略	路径景观
6	港后线	（1）保持沿线建筑面朝大海而立，并与地形密切结合的整体环境特点。 （2）建议改造沿线的围墙为透空式，提供从建筑观海和观赏建筑的互通视线	
7	鸡山线	（1）保护沿线建筑随地形高低起伏自由布局的特点、建筑固有院落和绿化的格局、鸡母山轮廓线的形态特征。 （2）优化路面景观，保护道路转折变化而形成的特征对景点景观。 （3）保持沿路乡土气息的花岗石挡墙和围墙特征，清理围墙上对景观造成破坏的广告	
8	笔山线	（1）保护修缮沿线历史风貌建筑，如观彩楼、春草堂、安足山庄、林文庆别墅、会审公堂等。 （2）保护沿线建筑形态作为鼓浪屿沿鹭江和西海域整体轮廓线的特征不被影响和破坏。 （3）与历史风貌建筑风格不协调或破坏整体环境形态的周边建筑应尽快改造。 （4）注意维护沿线建筑外部绿化空间形态，保持茂密幽深并带有野趣的特色	
9	三明线	（1）保护修缮沿线历史风貌建筑。 （2）保护现状巷道空间尺度以及庭院围墙特色。 （3）优化路面景观以及标识系统	

5.2.2 边界：修复

在凯文·林奇《城市意象》的要素中，“边界是空间意象中的线性要素，是两个部分的边界线，是连续过程中的线形中断，是一种横向的参照，或多或少地可以互相渗透，同时将区域之间区分开来；也可能是接缝、沿线的两个区域相互关联，衔接在一起。边界在组织空间特征中有重要作用”。[①]

鼓浪屿的滨海界面形成了它在厦门岛中一个独特的轮廓线（图5-6）。

因此，要保护岛屿天际轮廓线。保护以自然绿化植被形成的日光岩、燕尾山、升旗山等山体轮廓的层次关系，去除音乐学校等后期建设对这些自然山体轮廓的破坏。突出该角度以

① 林奇．城市意象［M］．方益萍，何晓军，译．北京：华夏出版社，2001.

图5-6 鼓浪屿天然的滨海边界

日光岩峰、八卦楼、升旗山、海关电信塔及郑成功雕像等为第一层次突出的景观标志物；西林别墅、博爱医院塔楼、美国领事馆、救世医院等为第二层次突出的景观标志物，通过建筑改造或遮蔽手段削弱其他后期建设对上述视觉层次的干扰。设立协调管理机制，对海沧港口的设施建设进行适当控制，避免对鼓浪屿以自然海景为背景的景观环境造成破坏（表5-4）。

鼓浪屿主要景观视廊　　表5-4

序号	重要景观视廊	次要景观视廊
1	八卦楼—日光岩	八卦楼—汇丰银行公馆
2	田尾路观海园片区—日光岩	八卦楼—笔架山
3	菽庄花园—日光岩	祈祷岩—内厝澳北部片区
4	市场路、四落大厝片区—日光岩	升旗山—龙头路片区
5	日光岩—升旗山	龙头路—八卦楼
	—	龙头路—升旗山

5.2.3 区域：活化

凯文·林奇《城市意象》中的“区域”，是“城市内中等以上的分区，是二维平面，观察者从心理上有“进入”其中的感觉，因为具有某些共同的能够被识别的特征。大多数人使用区域来组织自己的城市意象”。[①]

在鼓浪屿，观察者最易识别的如东部临近钢琴码头的龙头路商业区、中部环日光岩的历史建筑集中区、北部燕尾山生态公园区、西南部海滨浴场区等。南部田尾路观海园片区，基本保持了19世纪末西方人在鼓浪屿早期发展建设的环境特征，建筑以外廊式别墅和公共

① 林奇. 城市意象［M］. 方益萍，何晓军，译. 北京：华夏出版社，2001.

设施为主，独栋散落，布局自由，空间开敞，多强调空间与视线上和海景的紧密关系。东南部鹿礁路、福建路片区，主体反映了20世纪初华侨阶层发展之后建造的社区肌理特征，建筑样式向厦门装饰风格的发展变化，多为组群式布局，有明确的院落围合和精致的宅院，外部则是清静幽长的街巷。中部龙头路片区，为典型的繁华商住密集区，也是积淀了岛内最复杂发展历程的片区，风格错综多变，巷道密集，建筑布局紧凑，大多直接临街，沿街店铺林立。中北部笔山路、安海路片区，以山地别墅宅院为主要特点，宅院和道路高低起伏，依山而建，空间变化丰富，环境清幽。西北部内厝澳片区，从岛内最早期的原住民聚居地逐渐发展而来，建筑及院落的规模、街巷的尺度较小，密度较高，布局相对散乱，功能也较为混杂，市井氛围浓郁（图5-7、图5-8）。

图5-7　鼓浪屿高密度居住区域

图5-8　鼓浪屿低密度公共建筑区域

遗产保护的意义绝不仅仅在于留住历史和过去，而在于更高效和更持久地参与城市发展，保证城市可持续发展的积极意义能在现在和未来共同延续。因此，在鼓浪屿几大特色区域（片区）的保护与更新工作中，不应只从建筑的角度去考虑文物建筑的保护，而应从片区发展、遗产地整体规划的角度，针对各自区域特色，展开改造和活化利用的策略分析。这将有助于串联、整合及活化区域内具有文化潜力的建筑与空间资源，作为遗产路线的补充，并促进各区域文化多元化，同时改善和塑造各个区域的特色公共空间（表5-5）。

区域保护要点与活化利用 表5-5

片区	保护重点	活化方向	区域示意
鹿礁片区	（1）重点保护海天堂构、黄荣远堂、天主堂、协和礼拜堂、怡园等历史风貌建筑及其园林式庭院格局。 （2）改造天主堂与协和礼拜堂周边的道路及环境，形成街头小广场。维护片区内由建筑、围墙、门楼共同形成的幽静深远的街（巷）道空间特色，并保护片区内由鹿礁路和福建路形成的沿线建筑空间、景观和界面。 （3）改造和修缮片区内其他非历史风貌建筑，使之与历史风貌建筑形成统一协调的景观	（1）综合区，展览、表演、旅游配套服务等。 （2）利用天主堂及协和礼拜堂，打造宗教活动和婚庆仪式载体。 （3）利用海天堂构、怡园等建筑，发展民间艺术展示、文化休闲、历史展览和名人故居等旅游配套功能。 （4）利用黄荣远堂、八角楼等其他历史风貌建筑开展文化艺术培训、家庭旅馆等功能	
田尾片区	（1）重点保护田尾女学堂及辅楼、厦门俱乐部、三落姑娘楼等，及周边其他历史风貌建筑。 （2）整体保护田尾片区建筑群自由分散的布局，建筑外部空间开阔的特色。 （3）应保持田尾片区特有的热带雨林绿化环境特点，强调建筑与绿化的有机结合。 （4）片区内原则上不得新建建筑	（1）旅馆、单位自管式度假基地。 （2）观海园建议整体建设为功能齐备的大型“休、疗、养”度假基地，可充分利用海景和沙滩。 （3）海关税务楼等可改造为小型旅馆或招待所	
青年宫片区	（1）片区重点保护李家庄建筑群及其园林式庭院格局。 （2）注意保护片区沿漳州路的空间景观立面；建议适时改造鼓浪屿音乐学校建筑风貌（特别是屋顶），使之与片区历史风貌建筑整体协调。 （3）适时改造中山图书馆及其东侧（海关宿舍及海洋环境预报台）片区建筑风貌	（1）综合区，旅馆、商店、休闲度假等。 （2）参照李家庄模式改造利用其他历史风貌建筑，形成集中式家庭旅馆群。 （3）中山图书馆周边，尤其是东侧可以改造为旅游度假配套设施，如餐饮或酒店后勤服务等	
宾馆片区	（1）重点保护鼓浪屿宾馆建筑群及日光岩东南侧建筑。 （2）保护主要游览线中华路（体育场段）和晃岩路的观赏视线（看日光岩）不被破坏或影响。 （3）修缮片区沿晃岩路入口景观面貌，整理修缮鼓浪屿宾馆内部庭院绿化环境，改善片区整体面貌。 （4）注意维护修缮建筑屋顶，保护从日光岩顶观赏宾馆片区建筑第五立面的整体美感	（1）综合区，休闲度假、旅游点及旅游服务设施、社区服务设施等。 （2）重点通过延平公园改造建设，将鼓浪屿宾馆、日光岩和港仔后沙滩串联成整体，并形成良好的旅游线路及界面效果	

续表

片区	保护重点	活化方向	区域示意
中华片区	(1)重点保护片区的本土闽南传统建筑风格建筑群，包括四落大厝、大夫第等建筑。 (2)保持片区沿中华路形成的固有空间景观格局。 (3)其他建设不得破坏从日光岩位置观看该片区第五立面的整体风貌特色	(1)旅游景点、文化休闲、旅游配套服务。 (2)原大夫第可结合文化设施建设进行改造，如闽南文化博物馆。建筑前面的院落进行整理修缮，改善绿化景观。 (3)其余历史风貌建筑可以改造为与闽南习俗相关的文化休闲场所	
公平片区	(1)重点保持片区整体因形就势、高低错落的环境特色。 (2)整理片区固有的巷道空间和景观(对景)特点。 (3)拆除违建，修缮建筑外观。 (4)注意从日光岩顶、笔架山西麓观赏本片区的整体风貌特色	(1)休闲度假、艺术工作室、高档住区。 (2)周边已有多家家庭旅馆，本片区可以发展为具有艺术氛围和特色的家庭旅馆或艺术工作室	
杨家园片区	(1)保护范围内严禁新建、改建任何构筑物；注意保护建筑群内部院落(绿化)等格局。 (2)保持片区沿鼓新路形成固有的空间景观格局。 (3)片区保护应与八卦楼取得整体协调统一。 (4)适时拆除(改建)片区周边与历史风貌建筑风格不相协调的其他建筑	(1)高档住区、展览馆、博物馆、旅馆、艺术家工作室。 (2)与北侧八卦楼管风琴博物馆区和东侧福州路文化休闲区结合，可发展音乐特色家庭旅馆和工作室、小型音乐艺术博物馆或声乐培训等	
福州片区	(1)保护片区清水红砖建筑的整体风貌。 (2)保护片区街巷尺度，空地补建，强化沿街线性空间效果。 (3)改造优化鼓浪屿市场至龙山洞沿线的路面材质效果	(1)文化休闲区，家庭旅馆、餐饮、文化娱乐场所。 (2)结合龙泽花园和原美国领事馆等改造，形成鹭江西岸文化休闲区。 (3)街坊式建筑群通过底层或庭院空间改造，形成特色咖啡街或餐饮店。 (4)空地处结合建筑补建，适当留出广场用地，形成片区中心，缝合南北两片历史风貌建筑群	

(表格来源：根据《鼓浪屿历史文化街区保护规划》绘制)

5.2.4 节点：强化

节点是观察者能够由此进入的具有战略意义的点，是人们来往行程的集中点。它们首先是连接点，交通线路中的休息站，道路的交叉或汇聚点，从一种结构向另一种结构的转换处，也可能是简单的聚集点，由于是某些功能或物质特征的浓缩而显得十分重要，比如街角的集散地或者一个围合的广场。某些集中节点成为一个区域的中心和缩影，其影响由此向外辐射，它们因此成为区域的象征和核心。[①]

鼓浪屿目前的主要景点集中在东南部及中部。景区已初步形成“两环一中心”的基本构架：外环依托近年修建的环鼓路，串联了三丘田旅游码头、鼓浪公园、轮渡码头、鹿礁石、皓月园、大德记浴场、印斗石、观海园、菽庄花园、港仔后浴场、美华浴场等景观节点（图5-9、图5-10）。

图5-9　鼓浪屿工部局遗址景观节点

图5-10　亟待优化提升的观海园海滩节点

内环紧挨日光岩景区，包括八卦楼、笔山公园、观彩楼、金瓜楼、龙头路商业街、三一堂、天主堂、音乐厅、毓园、延平公园、亚热带引种场、艺术学校等约30个景点。景观节点的优化提升是强化岛屿自然、人文特色，提升鼓浪屿景观品质的主要内容（表5-6）。

主要建筑景观节点保护提升要点　　表5-6

	保护提升法则	节点平面	节点实景
天主堂	（1）保护要点：清理北庭院内环境，建议具有适当的开放性；与协和礼拜堂间形成小聚散广场，环境设施应契合宗教主题和氛围；教堂周边不宜有围墙。 （2）利用方向：教堂、旅游点		
原日本领事馆	（1）保护要点：搬迁后现居住于警察署文物建筑内的居民；实施建筑保护修缮；恢复用地北界至东侧庭院入口围墙；清理庭院，根据历史原貌进行绿化、铺砌。 （2）利用方向：家庭旅馆、抗战博物馆等文化设施		

① 林奇．城市意象［M］．方益萍，何晓军，译．北京：华夏出版社，2001.

续表

	保护提升法则	节点平面	节点实景
协和礼拜堂	(1)保护要点：原貌修复历史建筑；清理东南侧庭院内环境，建议形成有一定休憩功能的公共开放空间；与天主堂之间形成小聚散广场，环境设施应契合宗教主题和氛围；教堂临道路周边不得设围墙。 (2)利用方向：教堂、旅游点		
西林别墅	(1)保护要点：近期以维护为主；保护从永春路方向的观赏视线不受影响和干扰；有计划地拆除建筑周边风格不协调的建筑，并有利于保护日光岩景区；保护从日光岩顶观赏建筑第五立面的景观完整，不得搁置空调外机等设施，不得堆放杂物；优化周边环境建设，契合纪念馆主题。 (2)利用方向：郑成功纪念馆		
瞰青别墅	(1)保护要点：实施保护修缮；整治北侧洼地；拆除厚芳兰馆上层平台足球灯饰；优化与日光岩和日光岩寺之间的联系。 (2)利用方向：办公、展览馆等		
菽庄花园	(1)保护要点：保护庭院内自然景物及整体格局；远期修缮园林建构筑物，恢复历史面貌。 (2)利用方向：旅游景点		
观海别墅	(1)保护要点：保护其从海上被观赏的景观面及景观特色；保护范围内严禁新建、改建任何构筑物；保持其环境临海、简约、少加修饰的特色。 (2)利用方向：家庭旅馆、企业会所等		
安献堂	(1)保护要点：安献堂文物建筑本体状况良好，近期保护工作以维护为主；改造安献堂用地范围内西侧员工宿舍建筑，使其与整体环境协调；清理附属墓园环境。 (2)利用方向：养老院等服务设施等		
汇丰公馆	(1)保护要点：实施保护修缮；保护从鹭江沿岸的观赏视线不受干扰和影响；整治附属用房，拆除建筑周边风格不协调的建筑，使之与整体环境相协调；恢复自鼓新路围绕厦门市公安消防支队第四支队上山的道路；维持林地自然状态。 (2)利用方向：展览馆		

（表格来源：根据《鼓浪屿历史文化街区保护规划》绘制）

5.2.5 标志：凸显

“标志物的角色区别于城镇景观中其他建筑和场地，是社区认同和地方文化的强化。标志物是城市意象中最突出的元素，是另一个类型的点状参照物，通常是一个定义简单的有形物体”。[①]日光岩和八卦楼是鼓浪屿自然景观和人文景观的两大标志。

日光岩，海拔92.68米，是鼓浪屿的制高点，也是岛屿重要的标志物，虽然海拔不高，但山岩气势巍峨。日光岩奇石叠垒，洞壑天成，树木繁盛，富有浓郁的闽南山峦特征。不仅自然景观优美，还有莲花庵、仿明城、水操台、古寨门等人文景观和众多的历史摩崖石刻，为日光岩增添了古风异彩。山顶可以鸟瞰整个鼓浪屿岛和厦门岛。因此，在对日光岩这一标志物的保护上，一方面要保护好日光岩的自然生态景观和人文历史景观，另一方面也要在旅游管理中合理地控制游客的承载力。同时，制定文化遗产知识产权保护方案，规范“日光岩”等突出反映文化遗产人文和自然地理特征的标识体系（图5-11）。

八卦楼是一座典型的西方古典复兴风格建筑。郁约翰博士正是受当时美国古典复兴建筑潮流的影响设计了八卦楼。八卦楼四个外立面均采用了古罗马塔司干柱式，东西两立面运用古典复兴时期常见的巨柱式和双柱式及壁柱处理。严格对称的造型和构图手法，均传承了欧洲文艺复兴时期的建筑风格。建筑屋顶为四坡顶，中间一层八角形基座上是单层的塔楼，顶上是红色的大穹顶。建筑整体雄浑刚劲，各个部分比例得当，又不失细部装饰，散发出建筑的理性美。八卦楼的体量和高度都是鼓浪屿别墅之最，也是鼓浪屿城市历史景观重要的标志性建筑。因此，建筑以保护性维护为主；拆除八卦楼东侧闽南民俗博物馆及八卦楼本体西侧构筑物；整理庭院环境；保护其作为鼓浪屿标志性建筑的空间景观地位；建筑保护范围内严禁新建、改建任何构筑物。建筑东侧延伸到海边范围内的保护，协调区内的建筑风格和高度不得影响和破坏其沿鹭江的立面景观完整性。协调区的建筑高度不得超过鼓新路的路面高程。其标志性穹隆顶不可重复运用（图5-12）。

图5-11　鼓浪屿制高点日光岩

图5-12　鼓浪屿地标八卦楼

① 林奇. 城市意象［M］. 方益萍，何晓军，译. 北京：华夏出版社，2001.

5.3 单元：社区街巷空间的渐进式整治

社区作为遗产地生命单元，是遗产地社会生态系统的重要组成部分，是遗产地社会生态系统的缩影。在现代化与全球化进程中，传统社区单元的社会生态系统面临瓦解的困境。公共生活场地、社区街巷等物理属性被定义为公共空间，高质量的生活与高质量的生活场地、社区街巷、公共空间密切相关，对社区街巷空间进行渐进式整治改造，是改善生活场地、提升品质生活的又一自然法则。基于城市社会生态系统修复的社区单元更新改造，除了要解决传统物质空间规划设计的问题外，更要重视社会环境的建设，将大量的社会规划内容纳入社区规划范围，如地域共同意识促进、社区和谐互动关系营造、商业业态引导、公众参与等。①

5.3.1 鼓浪屿社区单元整治目标与方案

总体来看，鼓浪屿可分为内厝澳片区、笔山片区和鹿礁片区三个综合社区，以及龙头路、三丘田、避风坞、野猪林、艺校、美华、港仔后、观海园、皓月园、鹿礁，共十个单元节点。未来社区街巷单元的保护与整治提升工程，应从保持社区风貌的完整性、保护社区历史的真实性、维护居民生活的延续性等原则出发，对社区单元进行渐进式整治改造，保护、强化原有生长形态。立足于现有优势进行改进发展，不是简单地颠覆、创新，而是要严格保护高处俯瞰历史建筑屋顶的质感和街巷肌理，尽可能保护历史街巷的空间界面和传统风貌特征（图5-13）。因此，鼓浪屿需要整体对岛上的历史道路进行空间形态和立面风格的保护和整治。

（1）街道建筑风貌保护与整治方面

保护沿街历史建筑和特色风貌，整治和整体风貌不和谐的现代建筑，拆除违章、增建建筑。进一步梳理传统历史街巷的结构体系，保护街巷空间的节奏韵律和连续性，保护由红砖坡屋顶构成的第五立面，通过历史街巷这一重要展示面凸显鼓浪屿整体的风貌特色。

图5-13　鼓浪屿社区单元肌理及景观风貌保护

① 王绍森，全峰梅，严何，等. 世界文化遗产地社会生态修复与可持续发展——以厦门鼓浪屿音乐厅片区改造为例［J］. 城市建筑，2018（16），108-112.

（2）街道公共环境保护与整治方面

改善街道公共空间节点，并形成系列；适当更换部分地面铺装材料，强调主要建筑和空间，连接建筑和街道，指示步行交通，分割大空间，创造统一而丰富的街道公共空间环境。

（3）街道基础设施整治方面

改造和完善室内外市政基础设施，提高历史街区居民的生活质量。岛上必需的消防、医疗急救、环卫设施等应尽可能小型化、环保化；岛上的道路建设重点放在道路景观（路面、绿化）及标识的改造与更新上；针对占用街道空间的电线杆、各种电线变压器以及电话转换器等影响城市风貌的市政设施进行规范；清除街道上所有违法搭建的棚舍；新增标识系统、街道家具、基础设施等须与环境相协调。

5.3.2 街巷整治措施与方法

1．沿街建筑整治要求

沿街建筑整治可以分为四类进行整治、改造。

（1）保护类：建筑质量较好，其风貌与鼓浪屿整体建筑风格较为协调，规划予以保留，并做好保护工作。

（2）修缮类：此类风貌建筑，多数门窗和外墙有破损，建议进行原貌恢复。

（3）局部保留类：这类建筑属于建筑风貌和质量均为一般或较好的非风貌建筑以及近期无法拆除的建筑类型。改造措施一种为改造外观，主要协调建筑风貌；另一种为修缮，主要改善建筑质量。主要改造手段有粉刷外墙、围墙修补、拆除搭建、门窗翻新、建筑附属构件装饰等。

（4）更新类：此类建筑质量和风貌均较差，建筑结构简陋，缺少细部。规划建议，拆除后应在原址进行新建。因权属和经费等原因，近期无法拆除的，可进行局部改造，改造的具体情况和要求可参照局部改造类建筑执行。

2．市政设施整治方面

（1）市政管线改造：电力线路已全部缆化入地，电信、有线电视、监控线路均改明线为下地，且预留共同的检查井予以使用。管线容量适度超前，争取一步到位，以减少将来反复开挖路面所造成的浪费。

（2）变电箱、水电表改造：采用多种技术处理箱表问题。例如，采用远传水表，将水表集中设置解决三表出户问题；建筑小品与箱表结合设计等。

（3）空调等改造：居住建筑的空调外机宜设置在非沿街立面，否则需要加设铁艺空调架，与建筑外观相协调；商业建筑尽量减少分散的空调外机设备，采用中央空调；应专门设计带有鼓浪屿独特标志的市政井盖，体现出鼓浪屿自身的特点。

3．街道设施改造要求

各类设施风格应与所处街道主导建筑风格、功能协调一致。需要从设施服务人群的行为模式和不同需求设置街巷设施。各类街道设施的材料、形式、色彩等需要进行统一设计，使其系列化、统一化，并与历史风貌相协调，形成特色化的街道景观。应从人体工程学的角度设计相关设施，达到舒适宜人的效果。露天设施还应经久耐用、易于维护。

4．街道户外店招设置改造要求

以保有现存历史氛围、特征空间尺度和街道景观的整体性为前提，控制引导户外店招的位置、形式、风格、色彩、材质、数量、体量、方位等属性。鼓励创造性、多样性、高品质的户外店招设计，对街道视觉环境品质的改善、历史片区的可识别性起到积极作用。样式上可采取传统店招、西洋风格店招和现代店招等多种形式。协调建筑、围墙立面与外墙式店招的关系，避免给建筑立面，尤其是给历史建筑的外立面带来不良影响。外墙式店招应成为建筑的有机组成部分。其他严格按照《鼓浪屿户外广告专项规划》执行。

5．街巷露明线路改造要求

主要商业区域和游客集中区域的主要街巷各类线路尽可能入地。在不造成灾害隐患的前提下居住区域的线路可以露明，但应采用套管方式，并避免各类线路在建筑檐下、道路空中交叉连接。对于建筑街巷环境的历史感有积极意义的线杆、线路和房舍墙壁上的架线设施，可适当部分保留。

6．信息指示牌改造要求

信息指示牌材质宜经久耐用，如木、石、金属等自然材料。信息指示牌形式简洁、朴素、信息具有良好的可读性，并与片区历史风貌相协调。不得将指示信息直接印于墙壁或以纸张、布幅张贴于墙壁上。设置于围墙、建筑墙壁上的信息指示牌单幅面积不宜过大，并且版面设计风格宜采用接近所处界面色彩，避免过于突兀。信息指示牌应有夜间照明，宜采用间接照明。

7．街道照明设施改造要求

除了有明确照明要求的建筑外，沿街建筑室内照明宜采用暖光；居住建筑不宜采用泛光建筑照明。历史建筑照明采用局部照明，突出建筑细部或轮廓线。当历史建筑群之间相距较近时，应视为整体考虑照明效果，避免造成光污染。建筑室外照明灯具和线路应尽量遮蔽，不得破坏周边历史环境。绿化照明不宜采用光源改变植物原有色彩，并建议设置在非居住路段。街道照明建议依据街巷与建筑的高宽比加以调整，原则上狭窄的街巷以壁灯为主，宽阔的街巷以路灯为主；灯具材料和形式应体现历史风貌，并与所处片区主导历史风格协调。光线宜为暖色调，照度不宜过强。在建筑照明满足沿路照明需求的区域建议可不设置街道照明。不建议使用色彩鲜艳的霓虹灯、电子液晶屏等作为主要店面照明，并尽量统一照明器具的样式。

5.4 细胞：庭院建筑空间的多元化干预

5.4.1 预防性保护

20世纪70年代，预防性保护（Preventive Conservation）作为专业术语于在博物馆领域出现[①]，20世纪90年代出现在考古遗址领域[②]，20世纪末～21世纪初开始在建筑遗产领域被广泛讨论。2008年国际博物馆协会保护委员会（ICOM-CC）通过《关于有形文化遗产保护术语的决议》，其中就四个基本术语，即“保护（Conservation）”“预防性保护（Preventive Conservation）”“补救性保护（Remedial Conservation）”“修复（Restoration）”进行了定义，指出“第一个术语包括了有形文化遗产保护的所有保护措施和行动，其他三个术语则是定义了三组行动”[③]。较之馆藏文物，建筑遗产所处的环境随时在发生变化且难以控制，加之建筑遗产的使用需求、方式和社会作用也完全不同，因此针对建筑遗产的预防性保护也是一个漫长的探索过程。

1982年，英国建筑师伯纳德·M.费尔登出版著作《历史建筑保护》，指出“保护包括不同规模、不同程度的干预，取决于历史建筑的物理条件、损毁原因和预期的未来环境”，将保护工程分为七种不同程度的干预，即“预防损毁、保存现状、结构加固、修复、（功能）更新、复建和重建”，明确“预防损毁”包括环境控制和基于定期检查的预防性维护[④]。进入20世纪90年代，各类突发灾害给建筑遗产带来的毁灭性破坏被进一步关注，同时随着电脑信息技术和现代测量技术的不断进步和进入建筑遗产领域，区域层面的风险分析、评估和防范以及本体结构/材料层面的损毁分类、分析和诊断都得以开展。例如，1990年由意大利的“文化遗产的风险地图”项目开启了基于GIS技术从区域层面对建筑遗产面临的环境风险因素进行分析、评估和监测的先河；1994～1998年，由德国、瑞典、挪威和波兰四国联合开展的针对欧洲木构建筑遗产的“文化建筑外部木构件的保护现状和环境风险评估方法系统”项目以及由意大利、德国、比利时和荷兰联合开展的针对欧洲砖构建筑遗产的“古代砖结构损毁评估专家系统”项目，引领了后期对建筑遗产本体的持续监测和损毁诊断方面的研究以及相应软件系统和技术工具的开发。[⑤]此外，以联合国（UN）、联合国教科文组织（UNESCO）、国际文化财产保护与修复研究中心（ICCROM）、国际古迹遗址理事会（ICOMOS）、世界自然保护联盟（IUCN）等为代表的国际机构围绕建筑遗产环境风险防范和本体损毁预防这两

① Garry Thomson. The Museum Environment [M]. Boston: Butterworths，1978.

② Mike Corfield. Preventive Conservation for Archaeological sites [J]. Studies in Conservation，1996，41: 32-37.

③ ICOM-CC. 2008. Terminology for Conservation.

④ Bernard M. Feilden. Conservation of Historic Buildings [M]. London: Butterworth & Co (Publishers) Ltd，1982.

⑤ 吴美萍. 中国建筑遗产的预防性保护研究 [M]. 南京：东南大学出版社，2014.

条主线组织开展了系列行动。

进入21世纪，随着2003年《文化遗产的风险分析模型》①的出版和2005年世界遗产监测机制的确立，文化遗产的风险评估方法逐渐得以普及。2009年“文物古迹遗址的预防性保护、监测和日常维护联合国教科文组织教席”（UNESCO Chair on Preventive Conservation，Monitoring and Maintenance of Monuments and Sites，PRECOM3OS）成立，自此，建筑遗产预防性保护的研究和实践迅速发展。1999年ICOMOS通过《历史木构建筑的保护准则》（ICOMOS Principles for the Preservation of Historic Timber Structure），指出“在任何干预之前必须要对木构建筑的损毁原因和结构问题做一个彻底而准确的诊断”，提出持续监测和日常维护是木构建筑保护至关重要的组成部分。2003年ICOMOS通过《建筑遗产分析、保护和结构修复准则》（Principles for the Analysis，Conservation and Structural Restoration of Architectural Heritage，又称ISCARSAH准则），提出“病历查阅—诊断—治疗—控制”的保护流程，即“收集数据和信息—对损毁病害原因进行分类—选择合适的治疗方法—对干预手段的有效性进行控制”。2005年《实施世界遗产公约的操作指南》明确了，世界遗产监测包括“反应性监测”“濒危世界遗产名录”和“世界遗产除名”，之后通过实践和改进不断得以完善。2012年意大利本土建筑师出版《受保护建筑的预防性和计划性维护：用于制定检查活动和维护规划的方法论工具》，用于指导意大利建筑遗产预防性维护。2017年ICOMOS通过新的《木构建筑遗产保护准则》（Principles for the Conservation of Wooden Built Heritage），指出“必须建立定期监测和日常维护的持续战略，以便推迟更大的干预措施需要”。在这些进程中，旨在综合协调精密测绘、风险管理、结构分析诊断等多方面信息以促进文化遗产预防性保护的行动在系列国际联合研究项目中得以体现。②

可见，建筑遗产预防性保护和建筑修复，是建筑遗产能够实现遗产真实性最大化的最佳途径，两者的成功实施离不开对建筑遗产本体结构、材料和其社会功能以及建筑遗产保护整体过程的科学认知，而这些都需要借助于先进技术设备对建筑遗产及其所处环境进行的精密测绘、调查分析和科学评估，从而认清在不同保护阶段所面临的可能风险因素，并通过适当的干预措施和有效的管理手段进行预防性和计划性处理。当今的三维建模、虚拟现实、建筑信息模型等数字化技术以及GIS等各类信息管理系统互通，可操作性越来越强，从而使得开发基于各类数字技术的集成工具软件成为可能，也使得立足于系统性思维和长期愿景的预防性保护的实现成为可能。这种可能经由“地方/国家→国际→地方/国家”的保护路径，实现了遗产保护方法的传递共享、国际化和本土化过程。

建筑遗产与BIM技术的结合已有很多研究，但对于鼓浪屿建筑遗产而言，一切都是刚刚

① R. Robert Waller. Cultural Property Risk Analysis Model: Development and Application to Preventive Conservation at the Canadian Museum of Nature［M］. Göteborg: Acta universitatis Gothoburgensis，2003.

② 吴美萍. 欧洲视野下建筑遗产预防性保护的理论发展和实践概述［J］. 中国文化遗产，2020（2）：59–78.

开始。近期，厦门大学相关团队以鼓浪屿八卦楼为例，通过数字技术和信息化建模手段构建遗产信息管理系统，探讨了BIM技术在鼓浪屿历史建筑遗产保护方面的利用价值，试图结合新技术建立鼓浪屿建筑文化遗产信息管理体系。研究发现，BIM技术可以解决建筑遗产的图文信息联系断裂和信息混乱的问题，信息数据的实时更改与共享可以大大提高整理过程的效率与数据的再利用率；BIM技术可以将建筑信息与“族”构件结合，用户可使用构件搭建模型，以完成建筑信息数字化集成。[①]这无疑对未来鼓浪屿建筑遗产大规模、整体性的预防性保护和建筑修复奠定了良好的现代技术基础。

5.4.2 适应性干预

对鼓浪屿历史建筑进行适应性干预的前提必须厘清鼓浪屿历史建筑的文化基因。鼓浪屿建筑发展有其内在的自然法则，从最早的中国传统文化和闽南传统文化影响，到19世纪中下叶的外来文化的入侵与复制，再到西方装饰风格、现代简约风格、古典风格、田园风格等多元建筑风格的植入与影响，最后通过模仿、转译、传承、改造、融合、创新，形成风格迥异的厦门装饰风格，其基因是丰富多元的，生命力是具有活力且顽强的，足迹是清晰可鉴的，这些均体现了建筑发展的本土化和适应性（图5-14），并形成了精巧玲珑、中西合璧、古今博采的建筑特色和风貌。鼓浪屿历史风貌建筑风格可以分为以下几种类型：

（1）闽南传统风格：主要是闽南红砖厝，如大夫第、中华路25号。

（2）西方外廊风格：也称外廊式建筑，带有地方风格或南洋（东南亚）风格，外廊空间，五脚基，多用于领事馆、公馆和洋行。

（3）西方古典复兴风格：西方古典复兴式的严谨、庄重的样式特征，多用于教堂、教会医院等公共建筑。

（4）早期现代风格：装饰艺术风格，先进的、摩登的、与众不同的形象，多用于外国人医院、警察局、宅邸之中。

（5）厦门装饰风格：注重现代装饰表现与民族、地方性装饰题材相结合的独特建筑风格，中西混搭，自由平面布局，屋顶平台，地方特殊的建筑工艺，红砖砌筑，洗石子、磨石子技术，采用洋楼主体、附属建筑与专属庭院组合的形式。参照闽南传统红砖厝民居的传统格局。

（6）其他风格：如蒙萨式风格屋顶的观彩楼及林屋；美国乡村别墅风格的殷承宗旧居；传统地方风格的庙宇种德宫；闽南现代风格吴家祠堂等；另外，还有哥特、英伦和混合风格等。

人是高度习俗化的动物，相应地，建筑空间也就成了高度习俗化的产物。因此，在建筑

---

① 李渊，陈瑶，张可寒，等．基于BIM技术的建筑遗产信息管理初探——以鼓浪屿八卦楼为例［J］．城市建筑，2020，17（31）：110-113.

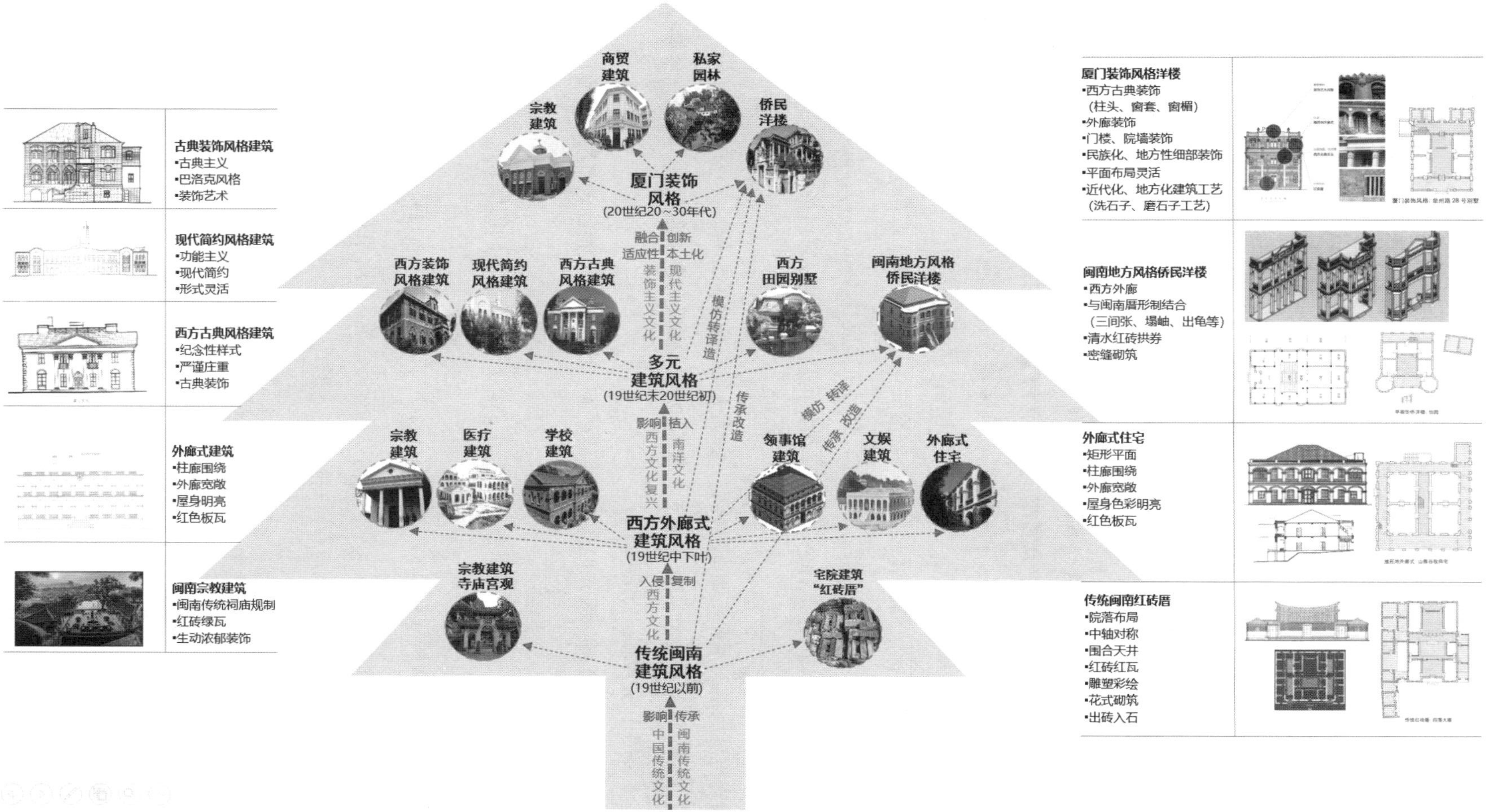

古典装饰风格建筑
•古典主义
•巴洛克风格
•装饰艺术

现代简约风格建筑
•功能主义
•现代简约
•形式灵活

西方古典风格建筑
•纪念性样式
•严谨庄重
•古典装饰

外廊式建筑
•柱廊围绕
•外廊宽敞
•屋身明亮
•红色板瓦

闽南宗教建筑
•闽南传统祠庙规制
•红砖绿瓦
•生动浓郁装饰

宗教建筑　商贸建筑　私家园林　侨民洋楼

厦门装饰风格
(20世纪20~30年代)

融合 适应性 装饰主义文化　创新 本土化 现代主义文化

模仿转译造

西方装饰风格建筑　现代简约风格建筑　西方古典风格建筑　西方田园别墅　闽南地方风格侨民洋楼

多元建筑风格
(19世纪末20世纪初)

影响 西方文化复兴　植入 南洋文化

传承改造

模仿 转译　传承 改造

宗教建筑　医疗建筑　学校建筑　领事馆建筑　文娱建筑　外廊式住宅

西方外廊式建筑风格
(19世纪中下叶)

入侵 西方文化　复制

宗教建筑寺庙宫观　宅院建筑“红砖厝”

传统闽南建筑风格
(19世纪以前)

影响 中国传统文化　传承 闽南传统文化

厦门装饰风格洋楼
•西方古典装饰
（柱头、窗套、窗楣）
•外廊装饰
•门楼、院墙装饰
•民族化、地方性细部装饰
•平面布局灵活
•近代化、地方化建筑工艺
（洗石子、磨石子工艺）

闽南地方风格侨民洋楼
•西方外廊
•与闽南厝形制结合
（三间张、塌岫、出龟等）
•清水红砖拱券
•密缝砌筑

外廊式住宅
•矩形平面
•柱廊围绕
•外廊宽敞
•屋身色彩明亮
•红色板瓦

传统闽南红砖厝
•院落布局
•中轴对称
•围合天井
•红砖红瓦
•雕塑彩绘
•花式砌筑
•出砖入石

图5-14　鼓浪屿建筑文化基因树

遗产的保护中，既要关注建筑遗产本身，也要关注与空间结构、历史尺度等相互关联的历史与文脉。就保护而言，建筑遗产并非只是受保护的历史标本，也并非只是标识形式、风格的外壳，而更加有意义的是建造和持续使用中所发生的事件、风俗习惯以及与建筑互动作用留下的印记。也就是说，建筑遗产并非都是“物态的”“有形的”，那些曾在建造和使用中持续留存的场景、仪式、建造中的工艺、程序，以及使用中对人的各种非视觉性的影响等“非物态”或“无形”的要素，都是我们建筑遗产保护中需要重点研究和考虑的。特别是在作为社区细胞单元的庭院建筑遗产保护研究中，我们要解决几个问题：

一是建筑遗产作为历史上的生活空间和风俗载体，曾经是怎样被使用的？

二是建筑遗产在持续使用的情形下，经历了怎样的历史演化过程？

三是建筑遗产中的结构、尺度、材料以及延续下来的习俗等，能否融入现代生活？

四是当下建筑遗产的保护性设计，如何成为有效化解功能冲突、利益冲突等有效手段？

如何在复杂的保护对象面前以辩证的建筑史观和特殊的设计干预来促进建筑遗产的永续利用和可持续发展，凸显建筑遗产的历史价值、现实作用和未来命运？

这都要求我们在对历史建筑的保护、发展、利用过程中选择科学而因地制宜的适应性干预方案。

5.4.3 保护修缮与整治

保护等级是落实保护要求的重要依据之一，根据条例要求，历史风貌建筑可分为重点保护和一般保护两种类型。重点保护建筑遵循四个原则：

第一，规划延续性原则。原保护规划列为重点的已挂牌和未挂牌且风貌未被破坏的，仍列为重点保护，如八卦楼、博爱医院等。

第二，文化重要性原则。原则上列入申遗核心要素的历史风貌建筑均列为重点保护建筑，如协和礼拜堂、林巧稚故居、救世主医院旧址等，其他具有深厚历史底蕴且建筑风貌突出的建筑列为重点建筑，如林语堂故居等。

第三，景观突出性原则。建筑地处景观焦点，景观地位突出的建筑，如日光岩寺、菽庄花园、原英国领事馆等（图5–15）。

第四，风貌代表性原则：建筑风貌类型具有独特性或某种风貌类型的代表性建筑，如雷厝等。根据以上原则，鼓浪屿已认定、公布的历史风貌建筑共438处。

图5–15　鼓浪屿原英国领事馆

在鼓浪屿历史建筑保护和修缮技术上，可以鼓浪屿历史风貌建筑保护办公室和历史建筑修缮工艺研习基地为基础，整合古建专家、工程专家、勘察设计人员、地方传统工匠等资源，对历史建筑的文化生态进行系统研究，对地域建筑材料、地方工艺技术、维修技艺等进行传承和实践。

1．保护与整治通则

历史建筑的保护、修缮、维修应严格遵循原有风格。改造和新建中允许采用的建筑风格宜为鼓浪屿历史上的建筑风格（表5–7）。

历史建筑控制内容与整治法则　　表5–7

	整治内容	整治法则
1	建筑风格控制	1）历史建筑的保护、修缮、维修应严格遵循原有风格。 2）改造和新建中允许采用的建筑风格： （1）西方外廊式：在历史西方外廊式建筑基底上恢复的建筑，且无历史资料证明其具体建筑形态的，可采用最普通、一般的西方外廊样式，并应在立面材质、门窗做法上与历史建筑有所区别。 （2）古典复兴式：建议仅在有特殊要求的公共建筑上少量采用。 （3）欧美乡村别墅式：建议限制此种风格建筑的数量。若采用此类风格建造或改建，应选用风格特征不十分突出的类型。 （4）装饰艺术风格及现代式：可在店面建筑、大型公共建筑、小型住宅建筑等适当增加该类风格建筑。 （5）骑楼：对现有骑楼街道予以保护整治，也可按统一规划在相应的街道实施。 （6）本土演变中的外廊式：新建形式类似建筑时，需制定引导要求，采用一般的样式，避免采用特殊的形式，可推广“塌岫”“出龟”等空间形式，推荐使用地方材料与工艺，鼓励采用地方题材和工艺的装饰，适当创新。 （7）厦门装饰风格：可适当采用该类建筑风格，遵循这一风格的设计手法特征，并鼓励在装饰题材方面有所创新，避免使用烦琐的西方古典主义要素，避免使用造型特殊的建筑形式
2	建筑高度控制	原则保护现状高度，翻建、改建建筑和新建建筑原则上控制在3层以下，总高度不超过12米，协调区翻改建建筑和新建建筑屋脊总高度不超过15米。具体措施包括拆除建筑高度突兀，与周边环境不协调的建筑；翻、改建建筑除满足层数控制要求外，原则上按原高度、原层数进行修缮或重建，包括建筑层高、檐口、踢脚线、总高度等原则上与原建筑一致；新建建筑除满足层数控制要求外，其高度应与相邻建筑高度相协调，建筑层高、檐口、踢脚线应与相邻建筑相协调，避免层数或高度差距过大；新建建筑应避免对景观视线，包括天际线、主要景观控制视廊等予以破坏
3	建筑体量控制	（1）翻建、改建建筑的宽度和比例按原样进行修缮或重建。 （2）新建建筑体量应与周边建筑相协调，避免形成较大反差。 （3）鼓浪屿的历史建筑多为“三进三间”的格局，平面和立面无固定模数，注重与地形相结合，新建建筑应延续该特点。 （4）在街道界面连续性强的区域，新建建筑平面、立面的模数应与周边建筑一致。 （5）避免出现单个建筑与周边建筑的宽度和比例差异过大。出现差异过大的情况时，应对立面进行处理

续表

	整治内容	整治法则
4	建筑材料与色彩控制	对建筑物和构筑物采用材料本色的处理方式，由于鼓浪屿上的建筑以砖砌和石砌为主。因而，应以砖红色和灰色调为主，避免过于张扬、鲜亮的色彩。建筑控制区翻、改建建筑和新建建筑与周边建筑基本一致；协调区翻建、改建建筑和新建建筑允许局部采用玻璃等新材料。具体控制措施为： （1）翻建、改建建筑按原样修缮或重建。 （2）新建建筑的色彩选择应与相邻建筑和谐统一。 （3）新建建筑鼓励使用清水红砖、石材、洗石子等地方材料和特色工艺。 （4）在保持与周边建筑协调的基础上，可部分采用玻璃等新建筑材料
5	屋顶平面控制	鼓浪屿的建筑屋顶具有鲜明的特点。作为建筑的第五立面，屋顶形式影响到鼓浪屿的全貌。在规划中应明确采用坡屋顶，以延续鼓浪屿的风貌特色，同时多数民宅在满足总体风格的情况下可多样化。具体控制措施为： （1）翻建、改建建筑屋顶按照原样修缮或重建。 （2）新建建筑的屋顶在类型、形式与材料上应与相邻建筑一致或相似，以保持整体风格的协调统一。 （3）新建建筑屋顶形式以暗红色缓坡屋顶为主，隔热层的色彩与屋面的色彩应保持一致。 （4）新建建筑单个屋面面积过大时（建议单个屋面的面积为200平方米），应进行分解处理。 （5）为保护典型代表性风格建筑的主导地位，其独特的屋顶形式禁止重复出现

（资料来源：作者根据相关资料整理）

2. 分类保护与整治法则

历史建筑的保护与整治方式分为保护、修缮、维护三个层面：保护，即针对历史建筑和历史环境要素进行日常保养和监管等保护；修缮，即针对文物保护单位和历史风貌建筑，以“修旧如故、只修不建”为原则，对文物整体进行日常的维护保养，修补残缺损坏部分；维护，即在不改变外观特征的前提下，对历史建筑和历史环境要素进行加固、复原，对内部布局及设施进行调整、完善（表5-8）。

应对历史建筑进行最大限度保留，细致地修复和谨慎地维修。保留历史建筑易于识别，并保留其最初的品质或特征，避免可能发生的消除或更改历史性材料或者与众不同的建筑外观特征的行为。

历史建筑具体整治内容与法则　　表5-8

	整治内容	整治法则
1	墙面	清洗后，用原墙面颜色涂料在要求部位精心喷涂均匀薄层喷洒。要求：涂料喷洒均匀覆盖，不可留下深浅、新旧不同的斑块；喷洒层尽量薄，以刚刚覆盖墙面为佳，尽量显现原墙面的特殊肌理；不同材质交接处，喷涂尤其要注意保持交接处界限的整齐，交代干净；每年清洁上次喷洒残留的涂料后，以同样的方式再喷洒一次
2	清水砖墙面	用对砖墙腐蚀性小的有机溶剂精心清洁墙面不洁之处，包括砖墙间的水泥勾缝，破损处用同样的材料进行修复。砖块破损处用同样的砖材料磨成粉状后混合强力胶修补，水泥勾缝亦可用相同的方法处理。完成后，墙面均匀喷洒透明保护胶膜，防止砖墙进一步受到破坏

续表

	整治内容	整治法则
3	墙面木框	清洁并精心打磨，除去剥落漆层，原色油漆涂刷，精心施工。要求：油漆均匀覆盖，不可留下深浅、新旧不同的斑块；不同材质交接处，喷涂尤其要注意保持交接处界限的整齐，交代干净
4	钢窗	更换透明玻璃。钢框清洁除锈，精心打磨平整，防锈漆一度，原色油漆二度
5	木窗	更换透明玻璃。木框处理墙面木框
6	铸铁构件	铁件精心清洁除锈，防锈漆一度，原色油漆二度，均采用薄层喷涂。要求：精心施工，不可在清洁时对原构件花饰有损坏。喷涂要求薄层，尽量体现原花饰细部及肌理
7	屋顶	更换残破瓦作，尽量使用同类瓦片。综合解决墙面和屋顶的渗漏问题，建议使用高效的防水涂料解决渗水问题
8	空调机处理	同一墙面尽量采用同一种规格的空调机，尽量放在阳台内、绿化丛中等较为隐蔽的地方。水管须沿墙面拉直铺设，色彩与背景色彩应相互协调。墙面管道檐口须和墙面融合，尽量弱化洞口
9	管线处理	管线尽量不在主要立面出现，可在次要立面及不显眼处进行处理。管线沿水平拉直铺设，多股管线可综合为一根处理
10	落水管	原黑色铸铁落水管功能及形态完好者保持不动，清洁外表用黑色亚光漆重新粉刷。更换白色镀锌钢板落水管改为PVC落水管，颜色可根据具体建筑立面，根据需要制定
11	室内改造	尽量保护并发掘原建筑室内风格，有特色的室内构件及家具等应同样注意保护和修缮再用
12	环境整治	尽量原样恢复建筑所在环境的固有样式，包括绿化（树木）、围墙、门楼和附属环境设施（水池、台阶、景亭、栏杆等）

（资料来源：作者根据相关资料整理）

3. 非历史建筑的保护与整治

建议保留与历史建筑和历史环境要素相协调的非历史建筑。局部保留质量尚可的、与历史风貌无冲突的非历史建筑，保留其与风貌相协调且质量较好的部分，更新改造与风貌不协调的部分。针对与历史风貌相冲突、相矛盾或质量很差的非历史建筑，应予以拆除，可复建更新或开辟为绿地开敞空间。

建设控制区非历史建筑保护与整治，除了保留、局部保留、更新三种方式外，还包括近期暂留、远期整改，即针对处于建设控制区，与街区风貌冲突较大，但质量较好，短期内拆除经济代价较大，此类建筑应属于近期暂留建筑，可考虑远、近期结合更新。

5.5 小结：遗产地品质空间再造

遗产地建成环境的物质属性包括自然环境、结构形态、空间形式、设施布局、建筑遗产等，是一个历史累积的过程。人们的物质性福祉、生存状态直接与建成物质环境相关，建成环境的优劣是居民生活品质好坏、宜居与否的重要体现。以品质空间再造为目标，以“环境—网络—单元—细胞”立体多维空间为主线的遗产地微设计、微整治和微改造，是保障遗产地社会生态可持续发展的自然法则。

自然生态环境的护持、人工花园绿地“翡翠项链”的营造以及生态景观廊道的建设，是对岛屿开展立体化生态修复，构建鼓浪屿韧性生态空间，提升鼓浪屿人居环境品质，重构鼓浪屿“海上花园”的首要自然法则。对岛屿路径的优化提升，滨海界面的修复整理，区域空间的整治活化以及节点标志的强化凸显，均是对鼓浪屿网络识别空间的适应性修补。社区作为遗产地的生命单元，是遗产地社会生态系统的缩影，对社区街巷空间进行渐进式整治改造，需要从保护历史真实性、保持风貌完整性、维护生活延续性等原则出发，用以保护、强化原有街巷的生长特征。庭院建筑是遗产地社区的细胞组织，对建筑遗产进行预防性保护和建筑修复，是建筑遗产能够实现遗产真实性、最大化的最佳途径。同时，如何以辩证的建筑史观和适宜的设计干预来促进建筑遗产的永续利用和可持续发展，凸显建筑遗产的历史价值、现实作用，要求我们在对建筑遗产的保护、发展、利用过程中选择科学且因地制宜的适应性干预方案。

第6章

鼓浪屿社会生态可持续发展的设计探索

想象一种语言意味着想象一种生活形式。

——维特根斯坦

世界文化遗产地具有很强的地域文化特征，历史文化遗产的保护不仅需要普适性的理论，更需要具有地域针对性的方法。社区作为世界遗产地的生命组织单元，是遗产地社会生态系统的缩影。那么，在世界文化遗产地遗产空间“再生产”和社区精神重塑的过程中，我们应该通过怎样的设计指引，去促进遗产的保护再生与价值创造呢？本章将在遵循前述鼓浪屿社会生态可持续发展的社会法则和自然法则的基础上，进一步探讨遗产地建成环境适应性设计的复杂范型，并应用于鼓浪屿社区单元可持续发展的设计实践中，以此落实和验证最初构建世界文化遗产地社会生态可持续发展理论模型的研究设想。

6.1 遗产地建成环境适应性设计范型

遗产地建成环境设计是规划师、设计师复杂的思维决策和实践转化过程，也是这一复杂过程的深化，尤其当设计与遗产地综合地域因子综合平衡时，无疑又进一步拓展了设计的张力。非常显然，在遗产地设计环境中，设计师的问题选择和思维决策为其创作提供了多元开放的可能，地理、气候、文化、技术等多因素制约也使遗产地建成环境的设计越发复杂多元和模糊不定。为此，本章将继续引入并借助复杂系统理论，试图廓清遗产地建成环境设计及复杂面貌，探讨其基本要素、复杂结构、相互适应信息运行逻辑，力求这一复杂思维过程的结构化、模型化，澄明一种遗产地建成环境设计的新观念、新方法和新模型。①

6.1.1 设计方法的复杂性思维

1. 复杂性

首先，复杂性强调的是一种认知方式，即遗产地建成环境设计中面临的平行向或纵深向的组成因子及其形成的非线性链接网络和层级序列系统；其次，作为一种诠释思路或设计策略用以更好地理解建成环境设计流程，并把设计语境中的遗产生命张力最大限度诠释或释放。同时，依托设计环节各组成要素间的自组织、自适应和规划师、设计师的思维决策，共同形成一套适用于遗产地建成环境设计的复杂性思维范式。

2. 系统性

吴良镛先生认为，人居环境科学就是一个“开放的复杂巨系统，所以要用整体的观念和复杂性科学的观念，从事创造性研究和‘融贯的综合研究’”。遗产地建成环境设计无疑是规划师、设计师“有限”和“相对”创造性的实现，也是遗产生命能量释放的过程。二者之间有明显的边界范畴，也有内部的关联、指涉与能量交换，表达的是系统内部的自我调适与自组织机制。

3. 适应性

“适应”在生物学界是一种有机主体在客观环境中通过改变自身机能和改造所处环境的一种双向、持续的调节与磨合过程。从适应性理论来看，遗产地建成环境设计就是规划师、设计师与遗产地客观建成环境互相生成（Exchange）机制下的场所共同形塑过程，而建筑师自我创造性研究的实现必然要鼓励或允许新的可能出现，这也将激发遗产地建成环境设计的一般原则或通用法则的生成。

① 全峰梅，杨华刚，王绍森．范式革命与建筑复杂适应系统构建［J］．城市建筑，2021，18（25）：96-101．

6.1.2 遗产地建成环境设计的复杂适应系统

基于复杂适应系统理论和针对遗产地建成环境设计的复杂语境，我们可以研究并试图形成“遗产地建成环境设计复杂适应系统”。在全球化、现代性和所在地背景下，该模型由“顶层设计+结构分析+实操应用”三位一体的复杂适应系统组成，其中主要包括三个复合子系统、四个分析层次和三个设计步骤（图6–1）。

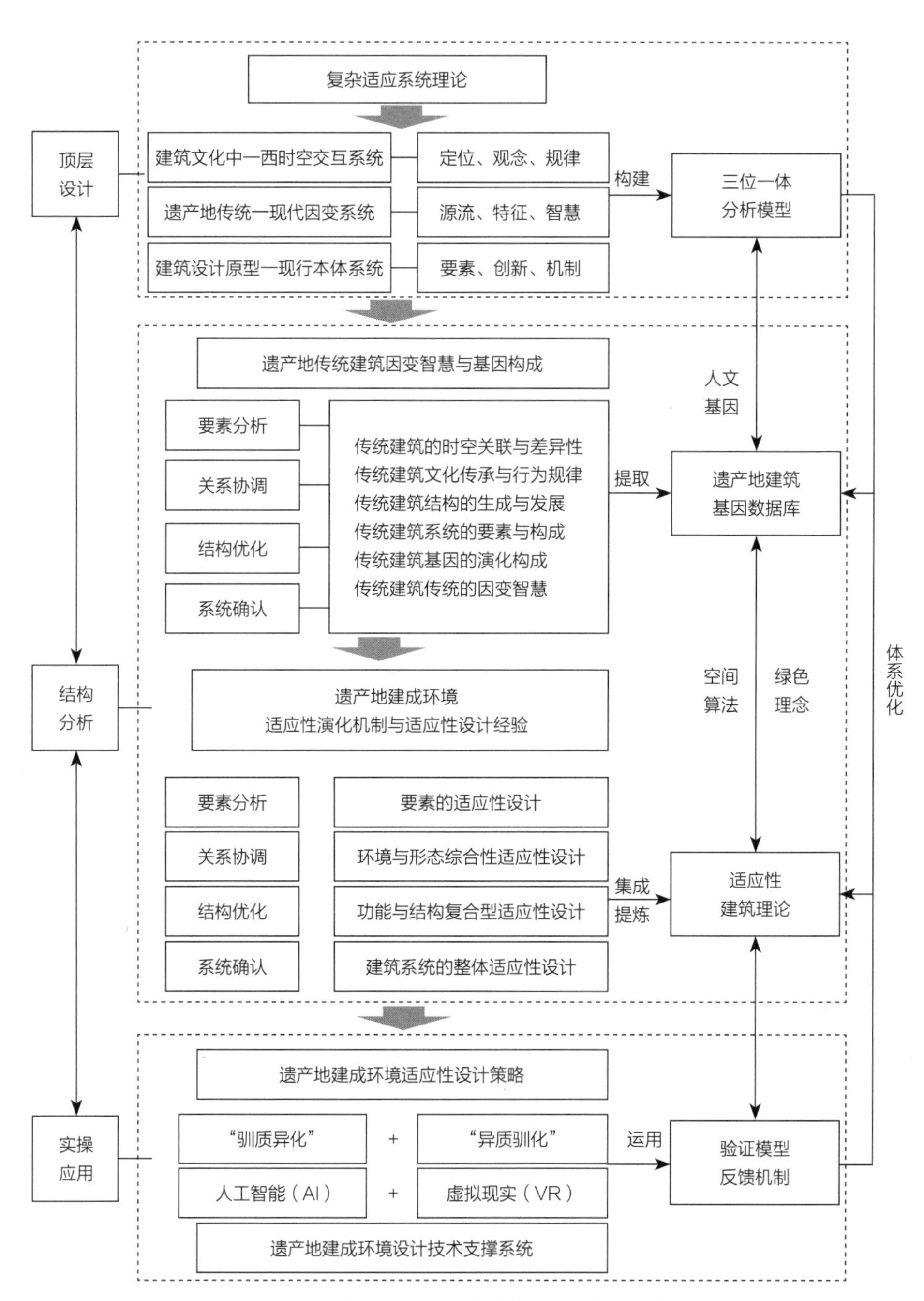

图6-1　遗产地建成环境设计复杂适应系统

（1）三个复合子系统

首先是“建筑文化中—西时空交互系统”。全球化时代，遗产保护领域同样体现出西方文化与本土文化的时空转换，产生了当代设计实践的时代性、地域性及文化性的复杂适应系统。因此，在中西建筑文化的时空交互系统中，设计师要调适中西文化观念，进一步把握复杂性设计规律，明确设计的目标定位。

其次是“遗产地传统—现代因变系统”。在经济发达且具有悠久建筑传统的地区，伴随着本土意识的觉醒，传统性与现代性共同作用于遗产保护中，形成了时间与空间的交互因变发展局面。在这个系统中，设计师更要系统梳理地方建筑传统的源流、特征及智慧，为遗产地设计的因变传承做好准备。

第三是“建筑设计原型—现行本体系统”。“原型”是基于传统和地域的建筑理念和设计根源，“现行”是现代的、适应性的建筑理念和设计手段。在这个子系统中，设计师要把握的是设计创新的要素和机制，“原型—现行”模式整体表达了关注建筑传统、运用现代设计手法形成的现代建筑设计创新局面。[①]

三个复合子系统是构建遗产地建成环境设计的复杂适应系统模型的顶层设计，将引领之后的设计结构分析、适应性设计和操作运用。

（2）四个分析层次

第一个层次是“要素分析”，它对应的是建成环境要素的适应性设计，即通过对有形或无形的环境等要素分析，提炼或抽象相关建筑语言，并恰当反映和表达环境要素。

第二个层次是“关系协调”，其对应的是环境与形态综合适应性设计，即在环境介入中认真分析诸多关系，做到各种关系的综合平衡以及核心关系的协调。

第三个层次是“结构优化”，其对应的是功能与结构复合适应性设计，即基于对环境真正的理解，使建筑设计介入环境，使其结构拓展优化。

第四个层次是“系统确认”，它对应的是建筑系统的整体适应性设计，即系统性、整体性控制建筑介入环境的方向，使发展方向、过程得以确认，并保持系统要素、结构多元共存。

四个分析层次是遗产地建成环境设计的系统层次分析，它们将形成遗产地建成环境适应性演化机制与适应性设计经验。

（3）三个设计步骤

第一步是基因提取，即甄别遗产地建成环境中复杂的演化过程、生成关系、适应机制、发展规律以及基因构成；廓清遗产地的建筑空间语言、语法、语句特征，总结遗产地建筑的技术方法，提取遗产地的“建筑基因”。

第二步是适应性设计，即借助GIS技术、数字化建模技术、空间分析技术、参数化设计

① 王绍森．当代闽南建筑的地域性表达研究［D］．广州：华南理工大学，2010.

技术、绿色建筑技术等方法，探索基于遗产地地理气候、文化传统、空间形态、功能结构、材料技术等复杂系统的遗产地建成环境设计技术要点和设计方法。在适应性设计中又有驯质异化和异质驯化[①]两个设计策略可循：驯质异化，即将人们所熟悉的片断通过原形引用、抽象和变异产生新的建筑形式；异质驯化，即梳理元素之间的关联，寻找合理内核，提炼新元素，通过类推使新建筑形式逐渐融入地域性、传统型建筑之中，为建筑传统注入新的活力。

第三步是模型验证，依托建筑设计数字化技术，将非线性建筑的参数化设计技术运用到建筑设计雏形的生成、建筑形体的进化、建构逻辑、形体分形等遗产地建成环境设计等各个环节。同时，借助人工智能和虚拟现实等技术，建立遗产地建成环境设计人机协同设计的验证模型。

三个步骤之后，最终形成基于计算机辅助技术的遗产地建成环境设计的复杂适应系统范型。

6.2 空间再造：为宜居而设计

6.2.1 发展与保护相融合的设计演进

就自然法则而言，为推动遗产地社会生态可持续发展，历史上有两个方面的方法和实践为我们奠定了基调：一方面，是基于把城市作为物质文化的建筑形态进行规划和管理的传统，它沿着19世纪的理论（西特，Camillo Sitte）到20世纪的经验（乔万诺尼，Gustavo Giovannoni）和现代化的方法（德卡罗，Giancarlo De Carlo；贝纳沃罗，Leonardo Benevolo；柯林·罗，Colin Rowe）发展而来；另一方面，是起源于盖迪斯（Patrick Geddes）和区域规划者们的“有机化”观点，主要受到诺伯舒兹的（Christian Norberg-Schulz）场所精神研究、凯文·林奇（Kevin Lynch）的城市意象研究以及麦克·哈格（Lan Lennox McHarg）的生态管理领域“地区性”方法的启迪。这些方法的共性在于试图对传统和现代性、建成和非建成环境进行重新整合，并探索一种能推动城市设计和管理的理论和实践，以及推动规划本质的重要发展。这种城市设计的新方法在城市规划师胡安·布斯盖茨（Joan Busquets）[②]的规划设计实践中得以体现，他主张城市场景的多元形式和多元维度，承认城市形态的复杂性

① 汪正章. 驯异·综合——论建筑创作的嬗变原理［J］. 合肥工业大学学报（社会科学版），1992（2）：102-108.

② 胡安·布斯盖兹（Joan Busquets，1938—），西班牙建筑师，任巴塞罗那建筑学院（ETSAB）城市主义研究教授，在1981年和1983年被授予国家城市奖，2000年获欧洲古比奥奖，2002年成为哈佛大学设计学院Martin Bucksbaum讲席教授。从1990年开始负责西班牙和欧洲的城市规划和建筑项目，同时为鹿特丹、托莱多、海牙、特伦托、里斯本、圣保罗和新加坡等城市战略制定做出了贡献。

及其碎片化的状态，提出了一整套方法解决当下的重要问题，如城市不同成分的重组，为多功能的城市营造灵活的空间、与区域范围的联系以及历史肌理的改造等。城市的迅速发展及其重要性的日益凸显，使城市建成环境和自然环境之间的传统二元对立逐渐消失，同时推动了新的城市发展范式的形成。这种范式既尊重历史上的城市形态，也尊重一直以来体现社会传统、价值观念和信仰体系的场所，这些形态和场所为新的城市场景设计提供了参考。

城市主义也在试图制定一系列推动城市可持续发展的方法、原则，试图把设计过程与建成环境管理相结合。如史蒂芬·霍尔①认为，设计的目的是创造高质量的空间并实现景观、城市生活和建筑的融合。为了确保城市设计和城市管理所涉及的不同元素之间的有效"链接"，欧洲城镇规划师委员会（ECTP）在2003年起草了一项《新雅典宪章》（*The New Charter of Athens*），它从社会、经济和环境方面考察了城市的未来，并提出要增进城市不同组成部分之间以及城市及其环境之间的连接性。同时，连接性具有时间维度，关注城市过去和未来之间的关系。

新城市主义（New Urbanism）则在其宣言中开宗明义，指出：新城市主义代表大会（CNU）认为，中心城市的衰落、不断蔓延的无归属感、种族歧视和收入差距的明显增长、环境恶化、农田和野生生态的丧失以及对社会传统遗产的侵蚀是社区建设所面临的一个连环挑战。我们主张恢复都市地区中现存的城市中心和市镇……保护自然环境以及我们已有的传统遗产。我们认识到仅有的物质环境还解决不了社会和经济问题，但是没有一个紧密且相互支持的物质结构，则经济活力、社区稳定和环境健康也无法维持。我们提倡重新构筑我们的公共政策和发展实践来支持以下原则：社区应用和人口应该遵从多样化原则；社区设计应该为步行和公共交通服务；城市和城镇应该配备物质环境优越且完全开放的公共空间和社区机构；城市地区的建筑和景观应该适应当地的历史、气候、生态和建筑惯例。我们愿意为重塑我们的家园、街区、公园、社区、市区、市镇、城市、地区和环境而努力。②

景观城市主义（Landscape Urbanism）或生态城市主义（Ecological Urbanism）的方法，也尝试从大尺度的区域范围对城市发展进行定义。有别于传统城市规划对空间领域的关注，它们还对所有因素进行了考量，这种跨学科方法把城市视作其所在更广泛背景中的一部分，这一背景包括了城市的自然特征、城市意义的沉积过程以及城市的资源，并试图遵照可持续发展的原则，制定出能对物质空间的保护和发展进行规划的方法。此外，它们还是公众反对城市发展过程中私人利益主导带来的过度消耗、进而重申其有权享有更为平衡环境的一种途

① 史蒂芬·霍尔（Steven Holl，1947—），美国建筑师和城市设计师，纽约哥伦比亚大学建筑系教授，主要研究方向为建筑现象学方法，主要以法国哲学家梅洛·庞蒂（Merleau-Ponty）和芬兰建筑家、理论家尤哈尼·帕拉斯玛（Juhani Pallasmaa）的论著为基础。

② 泰伦. 新城市主义宪章［M］. 2版. 王学生，谭学者，译. 北京：电子工业出版社，2016.

径。它们把城市化看成一个长期的、流动的，而且是非线性的过程，并试图通过一种综合视角来克服城市和自然间的二元对立。

以上对建成环境设计和管理方法的整合趋势对城市保护是有益的，它们让遗产保护和城市发展在一个统一的概念和实践中实现了融合。

6.2.2 遗产地“空间生产”与再生创造

1. 空间生产

亨利·列斐伏尔被认为是城市社会学理论的奠基人，他在《空间的生产》一书中把空间与社会联系起来，探讨空间的问题域（The Problematic of Space），即空间生产理论。[①]列斐伏尔的空间理论中区分了三种不同层次的空间：从天然原初的、自然的空间，到逻辑与形式抽象的精神空间，再到更复杂的、由社会性生产的社会空间。他创新性地提出“社会空间”的概念，认为空间是社会关系的产物，城市空间反映了城市中的社会存在，“社会空间由社会生产，同时也生产社会”。空间并非只是物质性的存在，而是一个社会过程，是社会关系的容器。他提出都市空间的社会生产是社会再生产的根本，也是资本主义再生产的根本。“（社会）空间是（社会）产物”，或者说，基于价值与意义的社会生产、复杂的社会建构，影响着空间的实践与知觉。这意味着研究的角度必须由空间移转至生产过程，拥抱空间的多重性。这种多重性是在实践中由社会生产出来，集中体现在空间生产过程的矛盾的、冲突的以及政治的特性。空间生产既是思想与行动的工具，也是生产工具，同时还是控制工具，所以是支配、权力的工具。“空间里弥漫着社会关系，空间不仅被社会关系支持，也生产社会关系与被社会关系生产。”空间是社会的产物，同时也意味着：首先，（实质的）自然在消失中。虽然自然还是各社会过程的共同起点、源头和背景，但是现在，自然已沦为各种生产力塑造其特定空间的原料——自然已被征服了，成为第二自然。其次，每个社会及其生产方式，都会生产一种属于其专有的特定空间，古代世界城市的知识与思想都会关系着其空间的社会生产。

列斐伏尔“社会空间”理论的重要性在于它的辩证“三重性”：

（1）空间实践（Spatial Practice），主要指空间的知觉感知（Perception）层面，指涉一种外部的、物质的、能够感知的物理环境。

（2）空间的再现（Representations of Space），主要强调空间的构想（Conception）层面，是指引实践的概念模型，也包括对时间的空间想象。作为概念化的空间，空间再现也是由科学家、规划师、都市主义者、专业技术官僚与社会工程师等再现的空间。

（3）再现的空间（Representational Space），强调空间的生活经验（Life Experience）层面，指使用者与环境之间互动生活出来的社会关系。经历其相关意象与象征后，空间成为居住者

① Lefebvre H. The production of space［M］. NICHOLSON-SMITH D，trans. London: Blackwell publishing，1991.

与使用者的空间，也就是象征的空间。

列斐伏尔的空间三重性告诉我们，空间生产并非狭义的物质和知识的生产，更重要的是人的自我生产和整体的社会实践。这种理论取向也再现了动人的、有魅力的、马克思主义的、面向明天的空间实践。[①]

当我们论及世界文化遗产地的建成环境更新改造的时候，我们可以认为这是一种“特殊空间”的“再生产”。列斐伏尔给的社会空间理论给我们的启示是，遗产空间除了其物质属性、经济政治属性之外，还具有特殊的社会属性，遗产地空间结构是遗产地社会结构的投射反映。当遗产地社会出现转型、社会关系发生改变时，遗产地空间也应有相应的改变，于是需要建成环境空间的整体改造实践及再生产，这是遗产地新型空间生产的社会性推动力。反之，遗产地空间的整体改造实践和再生产也反映了遗产地社会结构的改变。

2．再生创造

现代文明对历史环境的态度是多元化、多维度的，包括了文化资源视角、历史价值观、怀旧情绪、审美取向、经济动因，甚至整治考量等复杂因素，因此，原来狭义的遗产保护，延伸到了既存的、人们生活其中的广义历史环境的保护层面。这就不可避免地出现遗产“再生”，因为生存和发展永远是人类社会的第一问题。离开了再生的保护往往会事与愿违，而缺乏深思熟虑的“再生”，又有可能吞噬本该保护的有限遗产资源。

保护是再生的前提。因而面对有法律身份的保护对象，再生就不是乱拆乱改，不是肆意发挥设计创作，即使是面对尚不具备法律身份的对象，也不能随心所欲，价值判断和专业意识是决定这些对象去留的关键。因此，保护和再生犹如一块硬币的两面，保护纳入再生才能持续长效，再生受到保护约束才有实际意义。对于再生设计，保护是一种约束，但约束往往也会生发创意，是创造性再生的源泉。保护对象的身份不同，再生处理方式也有所差异。一种是登录保护的历史建筑，有法定强制性约束；另一种是建议保留的旧建筑，分为非强制性约束和选择性约束。对于法定保护对象，宜“修旧如旧，补新以新”，对建议保留对象，可以“修旧利废，化朽为奇”，对同一对象的不同部位也可以选择或综合运用这十六字的方法策略。[②]中外语境交融的建成遗产保护和历史建成环境的再生，是一种复杂的文化再造过程，这一过程需要借用人类学的田野调查方法，对历史建成环境的实体空间和文化空间进行了深度的观察、体验及恰当干预，处理好保存、修复、翻新、加建和新建之间的比例权衡。对于建成遗产本体，应“整旧如故”，对于历史建成环境，宜“与古为新”，也即新旧共生、和而不同。[③]

---

① 夏铸九．重读《空间的生产》——话语空间重构与南京学派的空间想象［J］．国际城市规划，2021，36（3）：33-41.

② 常青．历史环境的再生之道——历史意识与设计探索［M］．北京：建筑工业出版社，2009.

③ 同济大学2022年6月10日举办的《建筑人类学》讲座，常青以“历史建成环境的体察与实验”为主题，进行了演讲。

可以说，保护与再生设计，是对专业理想、社会需求和公众利益多方关系的权衡与抉择的创造性活动。但需要强调的是，再生是“适应性再利用”，历史环境和历史建筑的性质不变，只是在必要时把遗产的用途进行适宜性调整，或是在环境控制性能上把低品质的遗产变成高品质的遗产，以适应再利用的需要。并且，历史信息不只反映在建筑躯壳上。例如，民俗文化类建筑遗产，其所承载的仪式、场景也要有选择地给予延续和恢复。

在整体尚存、局部和细节残缺的对象面前，是对其进行历史风格性的修复和完形，还是现状维持的清理和维护，这两种截然不同的批判态度和操作方式在国际上并存和争议了一百多年，至今尚无定论。实际上，所涉及对象的性质和功用（如古迹观光或现代功能），所在环境的约束条件（如有历史保护的法律法规）、文化传统（如修复方式及其文化含义）和技术水平（如最小干预的适应性方法）等，均对二者的选择和最终的设计效果产生不同程度的影响。因此，对部分残缺不全的历史建筑，既可以恢复原来样貌，对内部进行创造性的整饬，又可以对历史建筑残存片段加以完形，或使用新旧部分交融的处置方式和设计策略。①

当历史环境中插入新的空间元素时，新旧协调就成了首要问题。历史环境中的设计，既有法定约束，如檐口高度、退距；也有审美约束，如风貌、形式上的呼应、协调等，如何平衡？在这里，批判性的历史意识对建成环境的设计依然起到关键作用，基本原则就是尊重历史、谨慎创新，可以选择古韵新风、和而不同的形式语言，将历史记忆及审美情感表达于现代结构与材料的造型逻辑中，从历史建筑原型上获得灵感，整合多元文化素养的设计思路和方法，推出现代遗产在异质文化中的跌宕演替，使建筑遗产表达出异质同构的环境意象和文化隐喻。

6.2.3 微设计与空间激活

1. 文化基因的继承和认同

遗产地的自然—物质和社会—文化维度特征都是继承下来的，是历史和地域文化景观长年累积雕琢的结果，基于此，当地的居民才得以形成集体记忆和继承认同。因此，识别与提取遗产地社会生态发展的文化基因，是空间营造传承与创新的重要源泉，也是在遗产地建成环境设计中遵循自然和社会生长法则、指导社会生态可持续发展的前提。遗产地社会生态发展的文化基因主要由物质文化基因和非物质文化基因组成，物质文化基因包括生态环境、结构形态、街巷景观、建筑景观、小品景观、生物景观等；非物质文化基因则由适应环境衍生的宗教、信仰以及适应社会发展衍生的语言、风俗、艺术、律法、制度等精神文化组成。不同的遗产地蕴含着不可复制的文化基因，自然生长出独特的“文化基因树”。经过长时间的

① 常青. 历史环境的再生之道——历史意识与设计探索［M］. 北京：中国建筑工业出版社，2009.

历史考验所保留下来的物质空间要素及空间秩序都是优质的显性文化基因，这些基因要素从单一的要素单元，按照一定的语言结构进行拼接组合进而形成复合单元，再依据秩序、强调、呼应等特定的空间营造语法形成复杂单元，最后构成了完整的聚落空间格局，体现了图式语言中从基本要素到复合要素的结构关系及语法作用。“文化基因树”在长期的自然环境与人文环境的双重互动作用下既遵循遗产地布局的传统秩序，又形成具有地方特色文化内涵的空间逻辑，这种相同尺度内空间单元间的水平拼接规律与多个不同尺度间空间单元的垂直嵌套逻辑关系就构成了描述空间营造机理的图式语言语法。遗产地经过历史的沉淀所形成的丰富语汇在不同的空间意境影响下呈现了不同的景观风貌与文化内涵，空间场所一方面是物态的空间语汇载体，另一方面是非物态的场所精神的集中体现，这种虚实相生的综合作用是不同遗产地空间场所有别于其他遗产地的主要因素（图6-2）。

遗产地永远是一个动态、未完成的创造。在每一代，新的用途、新的社会模式、新的经济活动不断涌现的同时，意味着某一些用途、模式即将被取代、更新或转型。而要在遗产进程中成功演进，就必须对遗产更新的本质有一种默契的“协议”，即需要理解和认同前人的遗产创造，珍视遗产历史构造的重要性，并在继承认同的基础上进行创造性更新设计，使建成遗产与当下需求以及未来发展和谐共存。遗产地社区微设计、微更新应规避设计的过分干

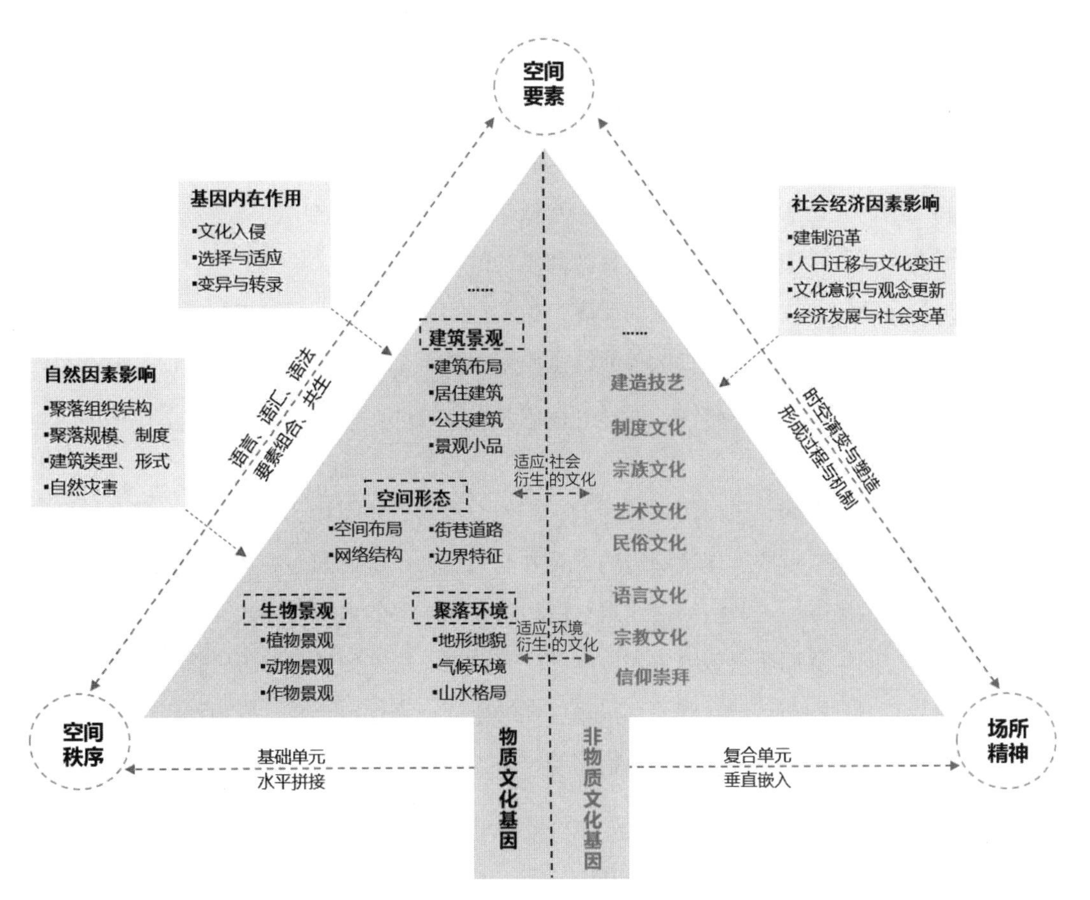

图6-2　文化基因树示意图

预，这需要设计师把握设计的“度”，使用弹性的设计方法，为社区空间进行适应性修补，实现社区社会生态的可持续发展。

2．微设计

微设计是遗产地渐进式整治改造的主要方法，其目标是为了提升遗产地的宜居性和社会生态可持续发展而设计。它重视高质量的公共空间，重视人的尺度建筑，重视紧凑的街区、街道和广场的城镇肌理以及室外咖啡馆、餐厅、农贸市场和社区节庆。它可以通过提升社区街巷空间的功能和美感，进而提升遗产地的宜居性和场所感，可以提升遗产地居民的民生福祉，还可以强化社区文化，提高公众参与度，是遗产地可持续发展的关键要素。

基于遗产地社区街巷空间修复、渐进式整治改造的微设计，不仅关注形体和形态，还关注社区内容、背景和构成社区文化、娱乐、节奏、运动、生活等能力。成功的场所有大量非正式、休闲会面的机会，有友好的第三场所，有街道市场，有各种舒适的地方可以坐下来、等待和看着人来人往，以及由此产生的认同感、归属感、原真感和活力感。这正如建筑理论家南·艾琳（Nan Ellin）所说的“整合城市主义”，具备混合、连同、多孔、原真和脆弱等属性。“混合”“连同”依赖并列、同步、社区功能的组合和链接，在关键的位置节点上或者区域间的边界上联系人们和活动；“多孔”依赖社区的历史和当代、自然环境和建成环境、社会文化和物质维度的视觉和物质整合；“原真”依赖大规模和小规模的介入，以应对社区的需要和品位，而这些介入都是源于地方气候、地形、历史和文化。“脆弱”需要规划师和设计师放弃控制的愿望，让事情自己发生，期待意外的发现。这些属性更加注重过程而不是结果，重视人与场所之间的共生关系。“整合城市主义”的目标是确保场所在“流”之中，物质属性和人的体验无法相互分离，而是相互依赖，不在“流”之中的场所是无灵魂和缺乏特色的，而在“流”之中的场所则是有灵魂和生动的。[①]

遗产地社区建筑往往都拥有宜人的尺度，街巷空间为了适应人们的步行、活动和休闲在不断进行演变，因此，对遗产地社区单元的微设计，既不是大拆大建，也不会损害遗产地固有的特征和优势，而应该力求巩固、加强和保护其风貌特征，使之更好地促进遗产地的可持续发展（图6-3）。

社区单元的公共空间，包括街道、巷道、广场、市场、公园和开敞空间，对整合社区文化、营造场所精神非常重要。建筑周边的空间并非只是为了交通和人的移动，也是人们相遇和各种社区活动的焦点，这些空间由建筑包围，由大小不一的出入口导入，为人们提供焦点和围合的共享空间，从而获得包容感和认同感。在欧洲，很多中世纪的历史城镇都有一片公共开敞空间，其中有雕塑、纪念碑等，很多这样的空间一直保留至今，成为社区公园，有些在历史的发展中还增加了休闲花园、植物园等，供人们社交和休闲，成为公共认同和场所感的记录载体。

① Nan Ellin. Integral Urbanism［M］. London：Routledge，2006.

图6-3　英国巴斯古城街巷空间

街巷空间中的细节设计可以吸引眼球。对细节的关注可以帮助遗产环境变得更加人性，增强宜居性（图6-4）。社会学家扬·盖尔曾说：“创造空间仅供行人进出是不够的，鼓励人们在空间中四处溜达或者逗留的条件必须存在。在这个背景下，户外环境个别片段的质量扮演着重要角色。个体空间和细节的设计，再到最小的构建都是决定性要素”。[①]例如，建筑的色彩使用，不但让社区景观增色，而且决定了图底关系的对比度和清晰度。植被、鲜花、雕塑、公共艺术和风景也能发挥重要作用。座椅、花盆、栏杆、喷泉等街巷家具的质量和组织也可以为认同和宜居性作出重要贡献。舒适的照明可以通过对重要建筑和特色景观打点光或者面光来改善街景，提供色彩、活力以及社区的安全感。铺装在视觉上可以提供尺度感，

① 扬·盖尔. 交往与空间［M］. 何人可，译. 北京：中国建筑工业出版社，1992.

图6-4　西班牙塞戈维亚古城微设计

通过连接和联系中心与边缘来整合空间，在建筑之间建立起秩序。图案和材质可以将大而硬的表面变成更为友好、适人尺度。在象征意义上，铺装图案可以提升认同和传承；在功能意义上，铺装可以提示人们行走或者驻足；同时，再生性铺装材料可以为环境的可持续作贡献。

最后，是通过以社区社会生态修复为目标的微设计引导社区街巷间的新生活。社会体验是宜居性的关键。修复后的建成环境可以维持公共空间的活力、交际和社会性，这是对遗产地社区宜居性和可持续性的最大贡献。“从长远来看，建筑之间的生活比任何彩色的水泥和交错的建筑形式都要重要和有趣”。[①]好的公共空间可以提供更多的社交活动选择。工作和居住在不同建筑和社区中的人们使用很多相同的公共空间，人们可以在日常的活动中相遇，交往主体性和社交性得到加强，进而产生正面影响、形成社会资本、增强市民社会认同。广场、市场、街道、小公园，都将为社区生活带来生机（图6-5）。公共空间也可以是流动空间，设计师可通过设计加强步行化及可达性，让步行者更好地沉浸在日常生活的节奏中，强化对建成环境的认同感和场所感。此外，还可以考虑为孩子和老人开展渐进式的活动空间设计，促进儿童友好型和老人友好型宜居社区塑造。

① 盖尔. 交往与空间［M］. 何人可，译. 北京：中国建筑工业出版社，1992.

图6-5　英国约克古城微设计

6.3 鼓浪屿社区单元可持续发展的适应性设计实践

6.3.1 音乐奥德赛：鼓浪屿音乐厅广场及周边区域规划设计

“鼓浪屿音乐厅广场及周边区域规划设计”项目位于鼓浪屿东南部，北端起于龙头路与福建路交汇口，南端至漳州路与中华路交会口，西端起于晃岩路与漳州路交会口，东端止于复兴路与福建路交会口，基地范围33600平方米。结合遗产地社会生态修复与可持续发展的规律与路径，本项目的规划设计从基地的人类学考察出发，从“基地”“目标”“设计”三个层面去考虑遗产社区的规划设计与适应性发展。

1．基地：遗产辨析与问题分析

1）建筑文化遗产

基地内音乐厅是鼓浪屿重要的一个景观节点和文化载体，此外，有廖家别墅（林语堂故居）、圣教书局等重点风貌保护建筑和一般风貌保护建筑19处，有兴贤宫、古井、洋人墓地等文化遗存，有音乐学校、马约翰广场等文化资源和游憩空间，人文景观资源较为丰富。基地内融合了鼓浪屿上典型的西方外廊式建筑、厦门装饰风格建筑和当代建筑，是鼓浪屿建筑发展的一个历史缩影（表6-1）。如廖家别墅（林语堂故居），是典型的西方外廊式建筑，带有地方风格和南洋风格；漳州路50号、52号是典型的厦门装饰风格建筑，采用洋楼主体，附属建筑与专属庭园组合，现代装饰与地方性装饰题材结合，采用了红砖砌筑、洗石子、磨石子等技术，展示了地方特殊的建筑工艺；音乐学校、音乐厅等现代建筑，则体现了现代教育和文化生活的需求。

基地内历史风貌建筑调查

表6-1

一般建筑
重点风貌保护建筑
一般风貌保护建筑
历史风貌建筑分析

建筑	建筑
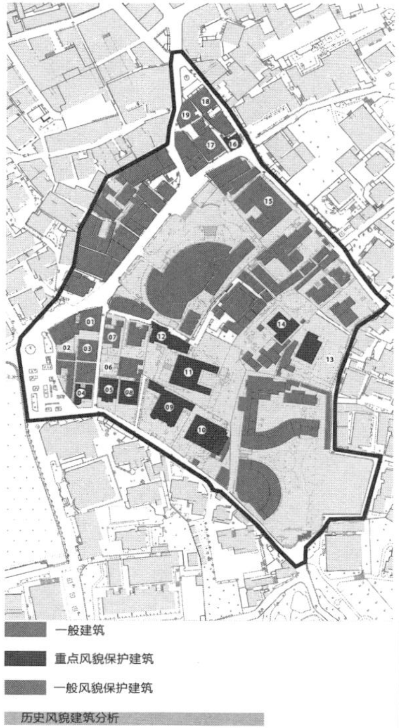  1号建筑——A5-03 晃岩路3-5-7号 保护等级：一般风貌建筑 建造年代：20世纪30年代 建筑风格：厦门装饰风格 建筑质量现状：一般损坏 权限：私房 现状使用：底层为旅游产品店，二层为爱乐小筑（家庭旅馆）	 6号建筑——A5-08 保护等级：一般风貌建筑 建造年代：20世纪30～40年代 建筑风格：厦门装饰风格 建筑质量现状：一般损坏 权限：私房 现状使用：居住；利用情况一般
 2号建筑——A5-02 晃岩路9-11号 保护等级：一般风貌建筑 建造年代：1930年 建筑风格：厦门装饰风格 建筑质量现状：一般损坏 权限：私房 现状使用：底层为旅游产品及饭店的厨房；二层、三层为饭店餐饮	 7号建筑——A5-04 漳州路56号 保护等级：一般风貌建筑 建造年代：20世纪20～30年代 建筑风格：厦门装饰风格 建筑质量现状：一般损坏 权限：私房 现状使用：居住
 3号建筑——A5-15 漳州路60号 保护等级：一般风貌建筑 建造年代：1920年 建筑风格：厦门装饰风格 建筑质量现状：基本完好 权限：私房 现状使用：颠倒博物馆（收费）	 8号建筑——A5-07 漳州路50号 保护等级：重点风貌建筑 建造年代：1933年 建筑风格：厦门装饰风格 建筑质量现状：一般损坏 权限：私房 现状使用：居住；利用情况一般
 4号建筑——A5-05 漳州路64号 保护等级：一般风貌建筑 建造年代：1928年 建筑风格：厦门装饰风格 建筑质量现状：基本完好 权限：私房 现状使用：闲置	 9号建筑——A5-09 漳州路42号 保护等级：重点风貌建筑 建造年代：20世纪30～40年代 建筑风格：外廊风格 建筑质量现状：一般损坏 权限：私房 现状使用：旅游产品店；利用情况较好
 5号建筑——A5-06 漳州路52号 保护等级：重点风貌建筑 建造年代：1920年 建筑风格：厦门装饰风格 建筑质量现状：一般损坏 权限：私房 现状使用：居住；利用情况一般	 10号建筑——A5-10 漳州路38-40号 保护等级：重点保护建筑 建造年代：1930年 建筑风格：外廊风格 建筑质量现状：一般损坏 权限：私房 现状使用：民宿客栈；利用情况较好

续表

一般建筑
重点风貌保护建筑
一般风貌保护建筑
历史风貌建筑分析

	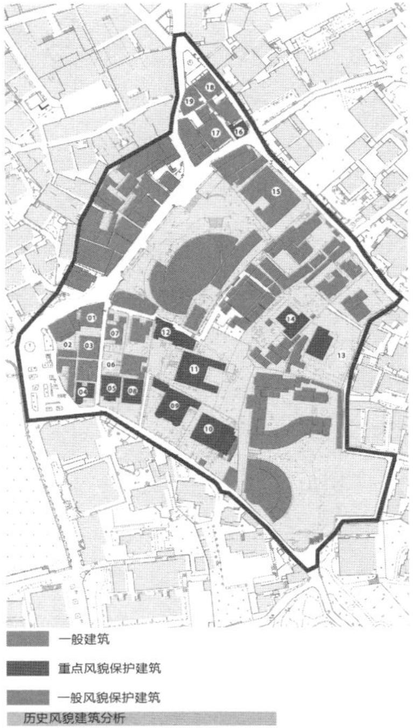  11号建筑——A5-13　林语堂故居 保护等级：重点风貌建筑 建造年代：1850年 建筑风格：外廊风格 建筑质量现状：局部危房 权限：私房 现状使用：保护中；待修复		16号建筑——A6-22　闽南圣教书局旧址 保护等级：重点风貌建筑 建造年代：1930年 建筑风格：厦门装饰风格 建筑质量现状：一般损坏 权限：公房 现状使用：住宅；咖啡馆；利用情况中等
	12号建筑——A5-14　立人斋 保护等级：重点风貌建筑 建造年代：1850年 建筑风格：外廊风格 建筑质量现状：局部危房 权限：私房 现状使用：保护中；待修复		17号建筑——A6-33　原国民党善后救济总署 保护等级：一般风貌建筑 建造年代：20世纪10年代以前 建筑风格：外廊风格 建筑质量现状：一般损坏 权限：权属不清 现状使用：住宅；利用情况中等
	13号建筑——复兴路82号 保护等级：重点风貌建筑 建造年代：1920年 建筑风格：外廊风格 建筑质量现状：一般损坏 权限：私房 现状使用：闲置		18号建筑——A6-23　福建路51号 保护等级：一般风貌建筑 建造年代：1920年 建筑风格：厦门装饰风格 建筑质量现状：一般损坏 权限：公房 现状使用：旅馆；底层商业；利用情况中等
	14号建筑——A5-11　复兴路78号 保护等级：重点风貌建筑 建造年代：1930年 建筑风格：外廊风格 建筑质量现状：一般损坏 权限：权属不清 现状使用：居住		
	15号建筑——A5-16　复兴路78号 保护等级：一般风貌建筑 建造年代：20世纪初 建筑风格：厦门装饰风格 建筑质量现状：一般损坏 权限：公房 现状使用：住宅；利用情况一般		19号建筑——A6-24　龙头路97号 保护等级：一般风貌建筑 建造年代：1904年 建筑风格：厦门装饰风格 建筑质量现状：一般损坏 权限：公房 现状使用：旅馆；底层商业；利用情况中等

资料来源：作者自绘。

基地内音乐厅和音乐学校是基地内的大体量建筑，建筑高度基本在四层以内，核心区域的建筑高度多为2～3层，音乐厅主体部分的建筑高度为3层。基地内以居住建筑为主，多为带有庭院的独立式房屋，晃岩路沿街建筑多为商业功能。房屋权属分为五类：第一类是公房，第二类是私房，第三类是公私混合房屋，第四类是自管房，第五类是产权不详的房屋。

2）相映成趣的街巷空间

基地内街巷主要由福建路、漳州路、复兴路、晃岩路等组成。福建路为交通性街道，呈现出商住结合、线性通道特征，街巷空间围合感强，尺度适宜，有缓坡；漳州路为生活性街巷，尺度较小、较短，路径感不强，街巷空间围合感强，绿树阳光相映成趣，渗透出街巷两侧独立院落的“高贵气质”；晃岩路为商住型街巷，街巷围合感较弱，开放性较强，具有引导和集聚人流的作用；复兴路同样为交通性街巷，街巷较窄，空间围合感、线性感、流动感较强，地段内坡度较大，装饰性与景观性较弱（表6-2）。

3）基地相关问题分析

（1）片区街巷空间品质不高

基地与主要景点连接明确，周边道路较为发达，但基地内部可达性差；后街院落空间违章搭建、巷道空间人为阻塞、界面杂乱破旧，可达性较弱；公共开放空间、游憩空间不足，城市家具考虑不周，缺乏主题串联；缺乏游线功能衔接及相应的空间节点设计；景观绿化需要进一步提升优化。

（2）片区业态低端粗放

音乐厅周边街区商业以低品质餐饮为主，珍珠等纪念品的售卖缺乏地方特色，糖果、糕点等地方特产店过多，雷同无特色，音乐艺术等高端、精品文化业态严重不足，参与性、体验性差。

（3）片区音乐主题缺乏

基地以音乐厅为核心，但无论是景观风貌上还是业态设置中，均严重缺乏音乐主题元素，音乐主题活动不多，文化氛围不足。

（4）核心区音乐厅问题

建筑体量过大，建筑色彩、风格与周边环境不协调；前广场相对孤立、功能单一、利用率低；外部公共空间缺乏人性化设计，休憩设施缺乏；场所与周围空间割裂，缺乏联动；紧邻建筑风貌协调性差，需要整治改造。

2．目标：象征隐喻与现代发展

1）象征与隐喻

“奥德赛”这个词本身指的就是奥德修斯的传奇，所以主题为奥德赛之旅，其实更准确地说应该为奥德修斯之旅。主要讲述了当年从特洛伊城战败回乡的奥德修斯在回家的路途中历尽千辛万苦，战胜了独眼巨人，克服了女妖的诱惑，回家以后又乔装打扮，设计杀死了一群赖在他们家里不走的自己老婆的追求者等，成了胜利者。音乐无国界，厦门鼓浪屿与希腊

表6-2

基地内街巷空间调查与分析

街道名称	主要功能	街巷特征				街道界面特点（环境、色彩、风格）	空间环境特征评述
		街廓比	平面位置	典型断面	空间特征（现状图）		
福建路	交通型街道 （两侧是建筑围墙） 呈现出线性通道的特性	0.4～1.5				对比与对话；石质的西式围墙、砖式的中式围墙；石材的冷色调和红砖的暖色调相对比	街巷空间的围合感强、线性感强；地段中有坡度，但不大；尺度适宜，街巷空间孕育着悠闲宁静的气息（适合拍婚纱照）
福建路	商住型街道 （建筑临街，底层为商铺）	0.2～0.6				建筑风格较为复杂，有闽南、厦门装饰等，界面中亦有围墙。色彩上有相对跳跃的红色和绿色	靠近道路交会的空间节点；街巷的围合感较强，街廓比较小，适合商业和通行
漳州路	本为生活型巷道，但现在称为交通型的功能巷道	0.2～0.4				建筑风格，主要材质为砖石和抹灰；色彩上以浅灰、暖灰、砖红为主	街巷较窄，较短，路径感不强，但适合做交通型支路和内部创意交流空间（附属作用）
漳州路	交通型巷道 （两侧是院墙，两侧分别为独立庭园的院墙和大院的院墙）	0.8～1.3				外廊风格建筑一侧及其围墙是街巷中的景观点；色彩上以浅灰、暖灰、砖红为主	街巷空间围合感强，尺度适宜；既渗透着独立庭园的“高贵气息”，又在绿树光影的点映下，闲适宁静（适合拍婚纱照）

续表

街道名称	主要功能	街巷特征				街道界面特点（环境、色彩、风格）	空间环境特征评述
		街廓比	平面位置	典型断面	空间特征（现状图）		
晃岩路	商住型街巷（一侧为特色商铺，一侧为音乐厅及其广场）	1.3～2	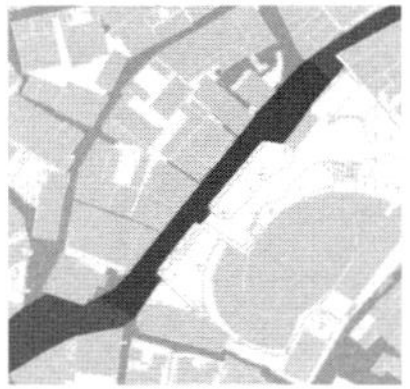	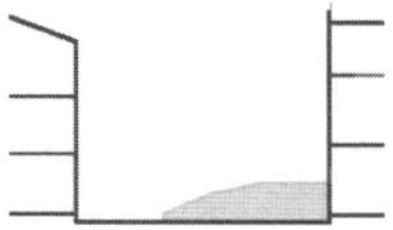		建筑为窄面宽、长进深的商铺建筑。建筑材质较为混杂，有烟炙砖，有抹灰；色彩上以暖灰为主	街巷的围合感较弱，开放性较强。应与音乐厅的前广场形成互动。但现状的商业业态比较低端，街巷空间较为混乱
	商住型街巷（一侧为特色商铺，一侧为休闲空间或居住围墙）	0.5～0.8	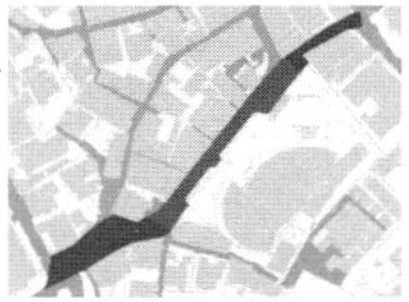	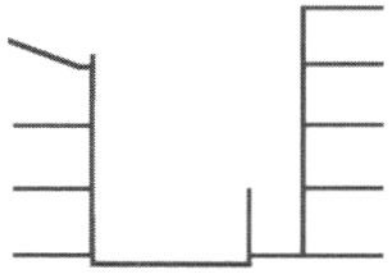		建筑风格为厦门装饰风格；建筑材质为较为统一的烟炙砖和石质；界面一侧为建筑，另一侧为休息节点	靠近道路交会处的节点空间，街巷感较弱，但具有引导和吸引人流的作用，应当注意挖掘和设计
复兴路	交通型街巷（两侧都是围墙，且一侧的建筑紧邻围墙）	0.3～0.7		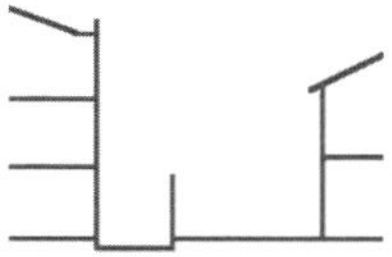		两侧界面为围墙；装饰性较弱，景观性也较弱。一侧为灰泥抹墙，另一侧为拉毛抹灰，并结合烟炙砖，较有闽南传统风格	街巷空间的围合感较强，线性感强，街巷较窄，流动感强；地段内有坡度且较大；适合做引导性的设计，作为交通型的街巷

（资料来源：王绍森工作室）

神话中拥有天籁般迷人嗓音的塞壬有同质联想。

音乐是天使们迎接贝雅特丽齐的欢唱：让白昼充满美丽的百合花……

——《神曲·炼狱篇》

塞壬的歌词，就是鼓浪屿传奇的注解：

“请停止前进，来倾听我的歌声！从我优美的歌声里得到快乐与智慧，然后再平安地航海前行。因为我们完全知道，在特洛亚的旷野，神祇使特洛亚人和阿开亚人所遭遇到的辛苦，此外，我们明澈而睿智，在丰饶的大地上深知一切所发生的事情……”

鼓浪屿的“音乐奥德赛”，主要通过音乐媒介，讲述厦门1842年被迫开埠，经过千辛万苦，走向胜利新时代的历史，是中华民族伟大复兴之路的一个缩影。换言之，即鼓浪屿从1842年以来的中西合璧的音乐传奇，是一座美丽城市的历史传奇。今天，鼓浪屿中西音乐的追溯、复兴，就是走向新时代胜利的厦门、中国文化自信的体现。

2）适应性目标策略

（1）发展思路：细胞单元修复、社区联动发展

将基地视为鼓浪屿“细胞单元”，以鼓浪屿音乐文化为灵魂，以音乐厅社区改造为核心示范，联动鼓浪屿其他社区单元提升改造，通过“空间形态微整治”“建筑形态轻干预”“商业业态缓升级”“文化特质慢激活”等更新策略及相关手段，最终达到鼓浪屿总体人居环境和人文环境的提档升级和联动复兴，全方位再现鼓浪屿“音乐之乡”和国际人文社区风貌。

（2）目标定位：重塑人文社区、回归音乐殿堂

重塑承载岛屿历史记忆、延续音乐文化传统和创新现代文化风貌的人文社区，推动国际音乐艺术交流、共享国际顶级音乐盛宴、集结国际顶级音乐大师的音乐殿堂。

（3）提升策略：“形态”+“业态”+“文态”

形态整治方面：以音乐为触媒，系统改造社区细胞单元；以音乐厅改造升级为核心，凸显音乐主题元素；以人为本，增强音乐厅及前广场的公共性与开放性；周边街巷界面的调整更新、建筑改造；街巷空间疏通、街头巷口空间景观改善，提升人居环境品质；周边区域文化主题和遗存的挖掘再现，提升社区人文品质。

业态升级方面：以音乐艺术为主题，整治、扭转低端商业；文化事业和文化产业联动发展，激活音乐艺术空间；定向招商引资，提升社区商业业态。

文化激活方面：挖掘社区历史文化资源，激活优秀传统文化；修复社区人文生态，提升社区人文生活品质；再现鼓浪屿人文荟萃、音乐之乡的人文景观。

3．设计：规划干预与机制管理

1）空间形态微整治

以有机更新为理念，系统整治社区细胞单元。对现状消极、不协调的空间要素进行微整治，对基地特有的空间肌理进行微疏通和微还原。规划结构上，以“一心、两轴、五片”，串联基地内“音乐演艺中心、音乐集市、音乐主题院落、音乐家工坊、音乐培育基地”五个

图6-6　音乐厅片区功能结构图
（图片来源：王绍森工作室）

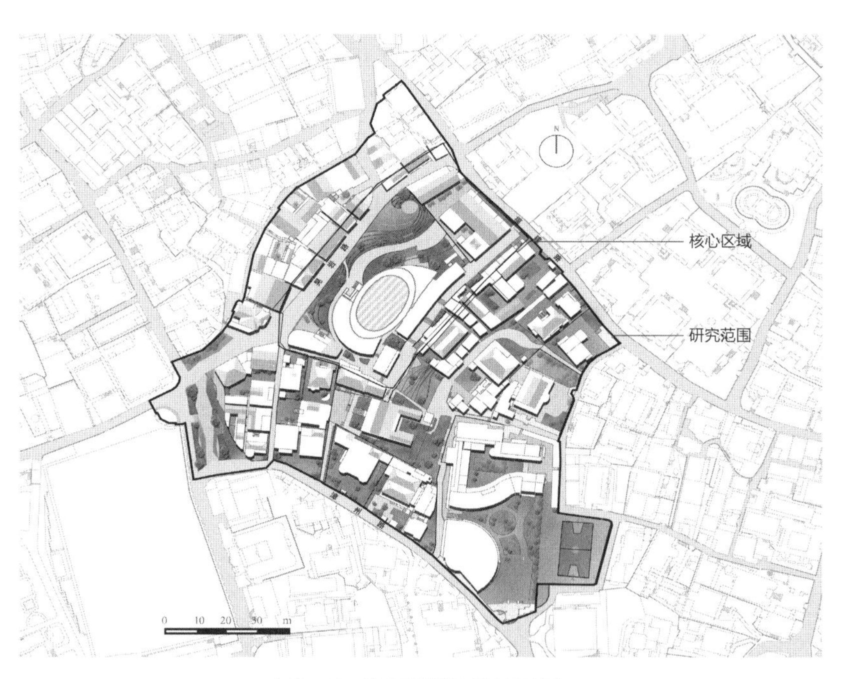

图6-7　音乐厅片区总平面图
（图片来源：王绍森工作室）

功能板块，突出音乐主题的同时，使基地内音乐功能得以互补（图6-6、图6-7）。道路交通上，通过空间句法分析，优化街巷“毛细血管”，疏通晃岩路街道界面、音乐厅与音乐学校串联路线、音乐家工坊片区街巷、音乐学校西侧道路，以及音乐厅后巷整治，增强社区的开放性与可达性（图6-8～图6-10）。景观节点上，通过闲散空地整合、绿化景观设计，形成通过对区域内现有道路的梳理、打通，在原有院巷空间内遵循鼓浪屿现有空间格局肌理衍生出的空间。

用空间句法对路网的集成度进行分析，改造后的道路集成度Average值提高了5%，说明该区域更加通达。

从图中可以看出，越靠近粗线位置，单元节点的可达性、便捷性越强，分解原有闭塞的消极空间，从而吸引更多人流，分散主路压力，提升空间品质。

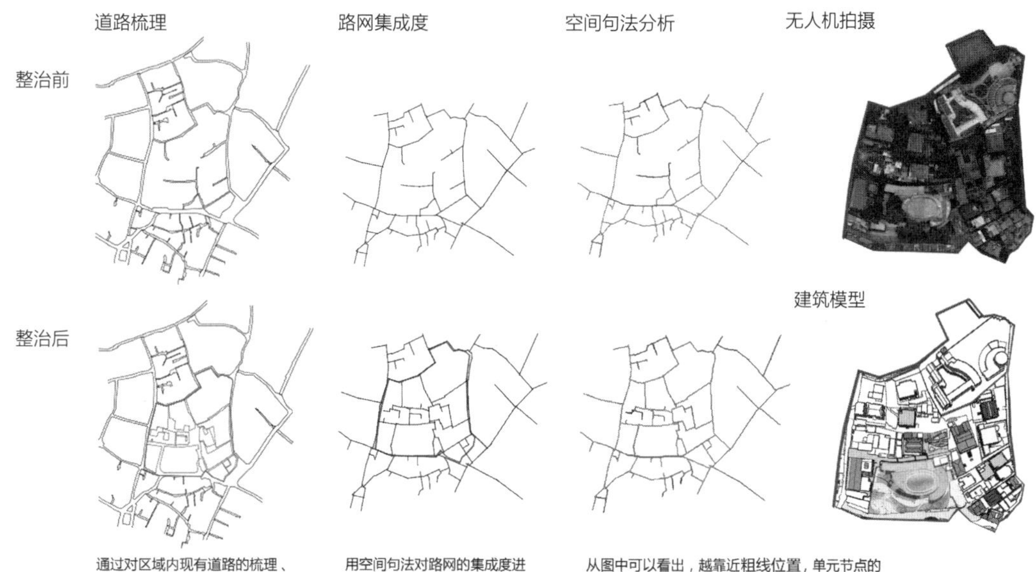

图6-8　音乐厅片区空间句法分析
（图片来源：王绍森工作室）

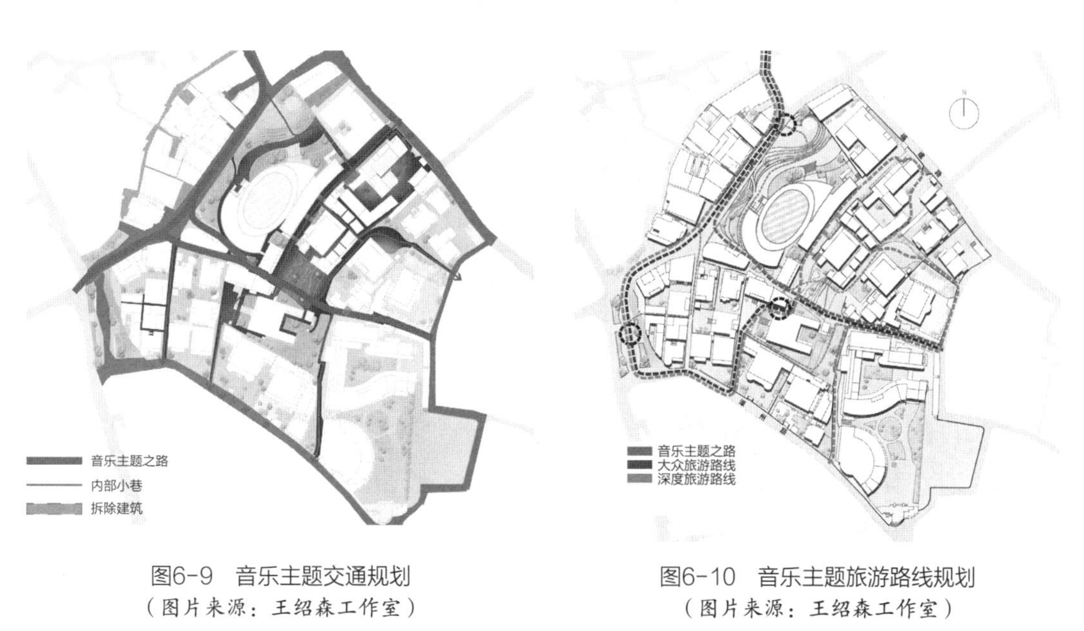

图6-9　音乐主题交通规划
（图片来源：王绍森工作室）

图6-10　音乐主题旅游路线规划
（图片来源：王绍森工作室）

以户外音乐展演、大众音乐文化交流、地方音乐展示的音乐演艺广场、音乐后花园广场、南音广场，全面提升社区整体环境和空间品质（图6-11）。

街巷整治中，通过梳理问题、提出操作细则，进行风貌整治引导。例如，音乐厅南侧通往廖家别墅后院小巷，现状情况及主要问题：可以通向廖家别墅和音乐厅，并通向区域中面积较大的开放空间，路面完整，为大理石铺地，但小巷的围合感很强，一侧为音乐厅，另一侧为风貌保护建筑，保护现状较差。

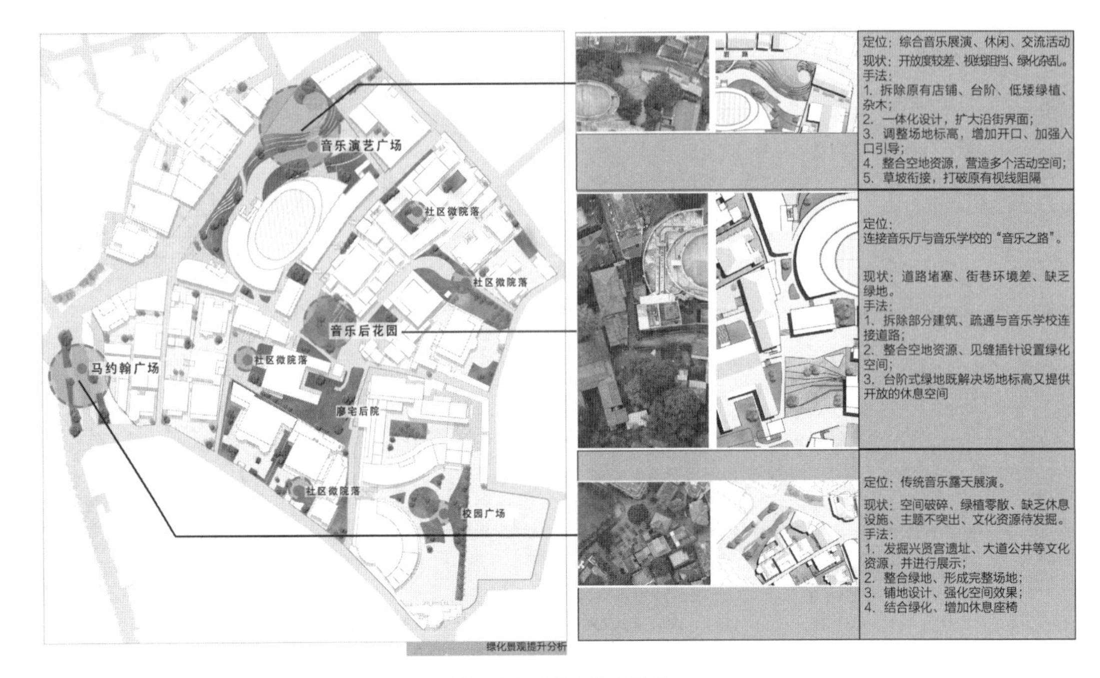

图6-11　景观节点优化
（图片来源：王绍森工作室）

相应提出的整治措施为：

①水电管线：重新梳理，尽量藏于墙后或者隐蔽的角落。

②水表电箱：涂色处理（与周边配色相协调），或者采用木格栅遮挡。

③空调机位：重新安放，尽量藏于行人看不到的地方。

④墙面：有污渍的地方重新粉刷，对墙体表面生长的植物进行清除。

图6-12　音乐厅东侧小巷整治
（图片来源：王绍森工作室）

⑤墙体：有倾覆隐患的部位统一进行加固或重新建造。

再如，音乐厅东侧小巷的界面，是沟通基址内部、外部的一条横向小路，但现状属于堵塞状态，周围分布有加建建筑，景观性较差。相应提出的整治措施为：拆除音乐厅后墙，并拆除后方违章棚屋；高差处设台阶，开敞处形成小片绿化；拆除封堵院墙，使路线通往福建路；面向福建路的门头及院墙保留原貌（图6–12）。

2）建筑形态轻干预

建筑改造上，以轻干预、可逆性、可操作为基本原则，对音乐厅、周边街巷及建筑进行风貌整治。音乐厅立面改造以突出音乐特质为构思来源，以与周边环境协调、体现文化特征为依据。规则排列的圆管，形成统一的表皮覆盖于音乐厅表面。建筑主体下部，采用落地大玻璃，达到降低建筑的密实感，取得轻盈、通透的效果。长短不一的圆管形成波浪起伏、层叠多变的效果，体现音乐的律动、韵律。圆管表面进行砖红色烤漆处理，在色调上与周边环境一致，隐喻闽南民居色彩。铝制圆管自重轻，与原有建筑表面采用弹性连接的方式，施工难度小，可操作性强（图6-13）。

原音乐厅前广场只有一个大台阶和一个残疾人坡道可以进入，与周边街道联系和互动较少，开放性较差。广场提升改造设计构图以流线型为主，形似五线谱，隐喻律动的音乐旋律，同时与音乐厅弧形形体相呼应。在保留原有树木、拆除原有店铺、台阶、低矮绿植、杂木的基础上，充分考虑人的行为心理，采用一体化的设计手法，扩大沿街界面，调整场地标高，增加开口、加强入口引导，增强场地开放性，营造出音乐广场、露天演奏台、露天看台、休闲草地等不同的活动空间，创造互动、共享的氛围。改造后的音乐厅广场可以从多个方向和位置进入，整体打开，与周边街道互动增强，开放度、利用率提高（图6-14）。

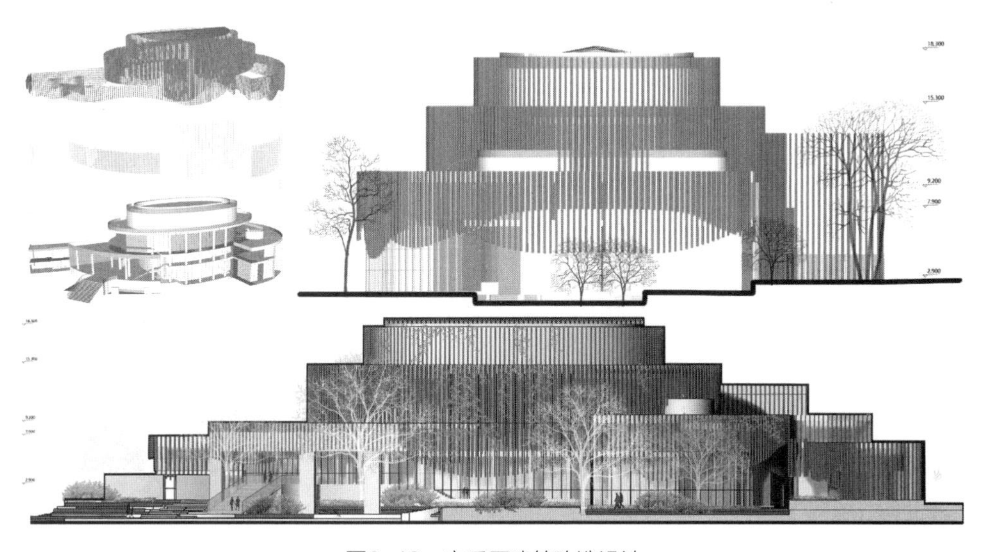

图6-13　音乐厅建筑改造设计
（图片来源：王绍森工作室）

图6-14　音乐厅前广场改造设计
（图片来源：王绍森工作室）

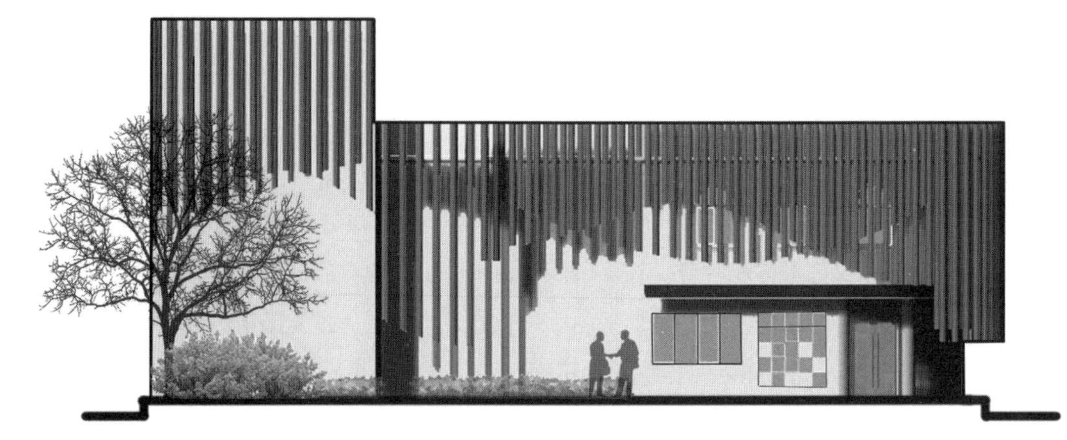

图6-15　音乐厅东侧音乐名人博物馆改造设计
（图片来源：王绍森工作室）

晃岩路1号定位为音乐名人博物馆，作为音乐厅主功能的延伸，参观者在得到听觉享受的同时可以拓展相关音乐文化的学习。因此，其建筑立面的改造也按照与音乐厅一致的原则，以求得整体统一的效果（图6–15）。

3）商业业态缓升级

以音乐为触媒，文化事业和文化产业联动发展，激活音乐艺术空间；以音乐艺术为主题，整治、扭转低端商业；定向招商引资，提升社区商业业态。例如，音乐家工坊通过人居环境的改善和专业音乐创作环境的营造，吸引国内外音乐大师的回归、造访、巡演，打造国际一流的音乐家聚落。音乐主题院落，通过引进国际知名的音乐主题酒店、音乐主题餐厅、音乐基金会等相关机构，打造独一无二、品质高尚、环境优雅的鼓浪屿音乐院落。音乐培育基地，设置鼓浪屿音乐研究中心、青少年音乐营地等，适当开放、共享音乐学校资源，通过举办国际青少年、儿童音乐培训，游客音乐赏析等，加强国际音乐交流和大众音乐普及。音乐集市，用音乐禅茶馆、音乐咖啡屋、音乐酒吧、音乐黑胶书店、CD淘淘馆、乐器制作体验馆、音乐制作体验馆、南音研习馆、传统乐器体验馆等音乐主题业态置换现有低端业态，让街区富有音乐特质，提升文化、艺术氛围（表6–3）。最终，通过商业业态的升级，吸引高端、文化人群的回归，进而改善社区人口结构，提高社区整体文化水平。

基地业态升级策略　　表6-3

板块		打造目标	典型业态	项目位置	项目意象
1	音乐演艺中心	通过音乐厅及前广场的升级改造和365天天天音乐精品的上演，打造最亲民、最人性、最开放的音乐艺术中心	（1）音乐会； （2）鼓浪屿音乐名人纪念馆		

续表

板块		打造目标	典型业态	项目位置	项目意象
2	音乐家工坊	通过人居环境的改善和专业音乐创作环境的营造，吸引国内外音乐家的回归、造访，打造国际音乐家聚落	（1）音乐家公社； （2）音乐家工作坊		
3	音乐主题院落	通过引进国际知名的音乐主题酒店、主题餐厅及音乐相关机构，打造品质高尚、环境优雅的音乐主题院落	（1）音乐主题酒店； （2）音乐主题餐厅； （3）国际音乐基金会； （4）国际音乐主题拍卖中心	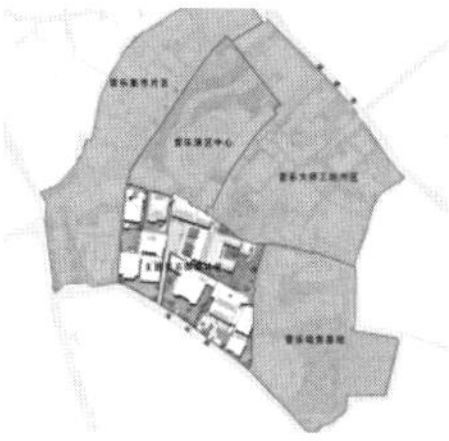	
4	音乐培育基地	适当开放、共享音乐学校资源，通过举办国际青少年、儿童音乐培训、游客音乐赏析等，加强国际音乐交流和大众音乐普及	（1）鼓浪屿音乐研究中心； （2）音乐营地	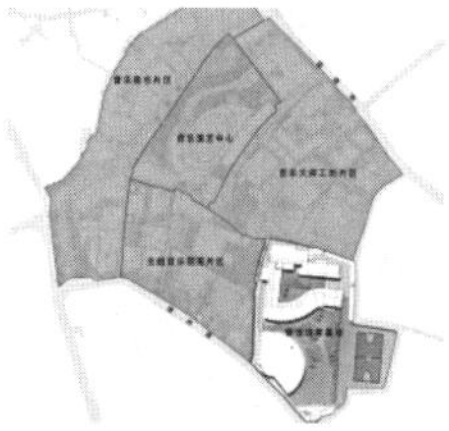	
5	音乐集市	以音乐为主题，植入音乐文化创意等业态，提升街巷内商业业态，营造社区高雅的音乐文化生态	（1）音乐主题餐饮； （2）音乐黑胶书店、CD馆； （3）乐器制作体验馆、音乐制作体验馆、南音研习馆		

4）文化特质慢激活

在社区发展中，“我们”是鼓浪屿社区发展的主体。19世纪中叶~20世纪初，那时的“我们”接受了新思想、新礼仪、新音乐和新生活，推动了社会、经济、文化的发展和进步。那么当下的“我们”，作为社区更新、社区营造和社区发展主体，“我们”有责任延续历史文脉，并用创新思维推动社区的社会生态修复与可持续发展。历史与现实总是“双向行动”“双向增强”。对历史记忆越强烈，在现实中越能产生强大的反作用力，这种反向作用力，往往能够在现实的惯性中拉上一把，促使人们行动起来，有意识地去厘清矛盾，解决问题，进而激发文化遗产的生命活力和文化创造。因此，在本项目中，“我们”主要逐渐挖掘社区历史文化资源，激活优秀传统文化；修复社区人文生态，提升社区人文生活品质；再现鼓浪屿人文荟萃、音乐之乡的人文景观。例如，文化教育方面，鼓浪屿可以从幼稚园、小学、初中，继续引进了中西融合的办学模式，引进了科学教育机制，包括体育、美育、音乐教育等。特别在音乐教育中，设置歌唱班，学习合唱、器乐演奏等。家庭音乐会、读书会，是鼓浪屿上富有特色的传统文化活动，反映了鼓浪屿的音乐及文化传统。在社区活力激活过程中，鼓浪屿应积极鼓励家庭音乐会、读书会等社区文化活动开展，让音乐和文化成为社区居民的一种生活方式。

在这个案例中，我们可以进一步看到：鼓浪屿是一个社会生命体，音乐就是它的生命琴弦。通过拉动鼓浪屿的生命之弦，不仅能够恢复其历史记忆，激活文化现场，甚至能够以点带面，激发文化活力和创造力，展现历史国际社区与现实世界的生命力和文化魅力。因此，我们认为，尊重并且审慎地行动是对待文化遗产的基本原则。基于这一原则，我们的行动才能使文化遗产还原、赋能。还原就是沟通历史与现实，通过激活文化记忆，修复其社会生态；赋能就是在修复社会生态的基础上，赋予文化遗产的文化创造、人居营造、社会创新等可持续发展的应有功能，从而逐渐从文化遗产上打开“观念枷锁”，不再把文化遗产作为文化标本和城市盆景，而是真正使文化遗产地能够得以还原修复、赋能创新，实现可持续发展。[①]

6.3.2 ART HUB：福州大学厦门工艺美术学院鼓浪屿校区文化提升工程

福州大学厦门工艺美术学院鼓浪屿校区位于世界文化遗产地——鼓浪屿西北沿海，南侧为浪荡山体，西侧为墓前礁海域，景观资源良好。校园占地面积近50亩（约3.33公顷），地形高低错落，植被保留状况良好，草木茂盛，景观环境优美，小品雕刻艺术氛围浓厚，院落层次分明，营造出清幽雅致的校园环境。2010年，学院搬离鼓浪屿，校园空置，打破了社区生态平衡。同时，在当代社会发展中，该校区作为鼓浪屿的一个“细胞单元”，其遗产管理和未来发展面临选择。因此，充分辨识校园的遗产价值，并为其保护与可持续发展提供了战略指导与设计支持，成为厦门工艺美术学院鼓浪屿校区改造提升工程的工作重点。[②]

1．从平衡到失衡：遗产辨识及当代诉求

1）无形的教育文化遗产

“美院精神”的塑造和“教育品牌”的积淀是学校无形的文化遗产。“不畏困难、勇于争先”成为学校办学初期的精神体现。福州大学厦门工艺美术学院鼓浪屿校区的前身是1950年经厦门市教育局批准的“厦门美术研究班”。1951年，在物质困难、设施不全、人才紧缺等重重困境之下，杨夏林、孔继昭、李其铮三位爱国教育家于鼓浪屿八卦楼创立了私立鹭

① 王绍森，全峰梅，严何，等．世界文化遗产地社会生态修复与可持续发展——以厦门鼓浪屿音乐厅片区改造为例［J］．城市建筑，2018（16）：108-112.

② 全峰梅，镡旭璐，王绍森．基于适应性平衡的遗产地保护与规划干预研究——以厦门工艺美术学院鼓浪屿校区为例［J］．规划师，2022，38（2）：102-107.

潮美术学校，由于当时八卦楼长期荒废、损毁严重，需要整修，创办者除自己筹措办学经费外，还动员社会力量捐资助学。1956年，学校经历了第一次有意义的转型，正式开办工艺美术班，包括工艺雕塑、工艺绘画、陶瓷美术、商业美术四个专业科，展开竹编、木偶头、泥偶头、彩塑、瓷塑、木雕等十几种工艺课程。这期间，学校传统的工艺美术教育优势逐步凸显，并在全国处于领先地位。1958年，学校更名为厦门工艺美术学校（中专），由私立转为公办。1963年，学校更名为福建工艺美术学校，推动了福建工艺美术产业的蓬勃发展，并在全国工艺美术界崭露头角。1966年学校停办，1978年复办。20世纪80年代后，学校在保持并发扬传统工艺美术教育优势的基础上，发展对当前文化与经济建设有着重大推动作用的现代设计专业，力争把学校建设成为具有全国影响力的海峡西岸著名的艺术设计院校。2002年，福建工艺美术学校、福州大学工艺美术学院完成建制并入福州大学，后更名为“福州大学厦门工艺美术学院”。在长达半个世纪的办学历程中，三位创办人及后续的校园管理者对中国美术教育的一腔热血滋养了鼓浪屿的艺术土壤，孕育了鼓浪屿生生不息的人文情怀。学院工艺美术等专业蓬勃发展，为福建省培养大量社会急需的美术和设计人才，优秀作品层出不穷，成为“福建美术界的黄埔军校”“海上花园鼓浪屿上璀璨的艺术明珠”。直至2010年，学院主体由鼓浪屿搬迁至厦门集美文教区大学城，至此，鼓浪屿校区空置。

2）有形的建筑文化遗产

福州大学厦门工艺美术学院鼓浪屿校区位于鼓浪屿西北角，距离内厝澳码头约150米，南侧为西苑路，西北侧为康泰路和鼓声路，东侧为鸡山路，西侧、北侧的人流较多。校园总建筑面积约2.2万平方米，有教学主楼、教学副楼、综合楼、雕塑工作室、图书馆、陈列馆、食堂、礼堂、宿舍、校办工厂等教学设施。校园整体空间布局规整，校区景观优美，艺术氛围浓厚。

校园建筑根据地形分布，空间布局规整，流线合理。至今留存有教学主楼、教学副楼、综合楼、雕塑工作室、图书馆、陈列馆、食堂、礼堂、宿舍、校办工厂等教学设施，总建筑面积约2.2万平方米。建筑风格有20世纪90年代欧陆风、六七十年代风貌建筑。典型的如男生宿舍，建于1963～1965年，砖混结构，水刷石饰面，外观风貌年代特征明显；礼堂建于1963年，底层空间作为漆画教室、食堂餐厅等功能利用，外立面石板既是遮阳构件又是造型元素，极具亚热带气候特征；教学主楼建于1976年，混凝土结构条石饰面，比例优美、细节讲究，风貌特色突出；综合楼于1997年落成，框架结构，瓷砖饰面，是典型的折中主义建筑风貌。不同的建筑风貌特征承载了校园的历史记忆（表6-4）。

基地主要建筑文化遗产　表6-4

主要建筑	建设年代	层数/面积（m^2）	建筑现状	主要建筑	建设年代	层数/面积（m^2）	建筑现状
教学主楼	1963年	四层/2800		综合楼	1998年	四层/5000	
教学副楼	1960年	三层/1700		阶梯教室	1985年	一层/400	
雕塑工作室	1986年	三层/350		男女生宿舍	1976年	四层/2600	
食堂	1985年	一层/1600		雕塑教室	1980年	一层/200	
礼堂	1985年	一层/1200		校办工厂	1991年	三层/700	
实验室	1981年	一层/48		原篮球场	1960年	室外/2000	

3）问题与发展诉求

学校于2010年迁出鼓浪屿后，校园旧址静止至今，并以六十余载的工艺美术教育积淀和岁月积累，思考和选择新的时代方向。世界的鼓浪屿，从来不缺乏关注。然而，现实中的鼓浪屿在喧闹中有些失落。正如我们意识到的，鼓浪屿的优雅和从容正在远去，她的呼吸被来去匆匆的步伐打乱，她的气质似乎不再从容淡定，音乐、艺术、诗歌、人文……一切与美好相关的联想渐渐模糊。静置的时空蠢蠢欲动地蛰伏着，像这里的一草一木，冬去春来，静默生长。游人依然穿梭，喧嚣也未曾远去，一切都在等待，等待一个时机，等待昔日的鼓浪屿归来。

2017年7月，鼓浪屿以“历史国际社区”的身份再次走进人们的视野，来自世界的关注，让我们再次思考：遗失在时光里的鼓浪屿人文精神和艺术风采，何时重回鼓浪屿？

2017年7月，鼓浪屿以“历史国际社区”的丰厚底蕴，跃升于世界文化遗产的殿堂，2017年10月，福州大学、建发集团、联发集团三方携手共建，选择了通过文化提升与艺术重塑，在充分尊重旧校区历史人文，最大限度保留校园风貌的同时，围绕艺术主题规划四大功能，为来自世界各地的艺术家、艺术界人士、艺术爱好者和艺术消费者，打造出匹配世界遗产高度的“以艺术为主题的国际化复合型文旅生态圈”，努力实现“用艺术连接美好”的崭新愿景。

基于此，“福州大学厦门工艺美术学院（鼓浪屿校区）文化提升与艺术重塑工程”项目需要聚焦思考的几个核心问题有：

（1）战略发展问题：项目发展如何与鼓浪屿国际人文岛、创意厦门的战略发展相一致？如何以艺术为触媒，以创意为手段，推进基地的蝶变升级，促进项目的快速、持续发展？

（2）空间活化问题：工艺美术学院搬迁后校区已空置8年，如何挖掘建筑遗产的历史文化价值，如何活化基地各功能空间，如何提升基地景点特色环境？使鼓浪屿建成文化遗产还原、赋能？

（3）产业聚合问题：如何在原有单一学校功能中链接地块特有的历史文化、如何植入现代艺术相关产业业态，如何聚合国际相关资源，打造真正的标杆文旅产业生态圈？

（4）社区发展问题：基地为鼓浪屿社会生态中不可分割的“细胞单元”，如何赋予社区单元文化创造、人居营造、社会创新，通过“人”的发展激活社区活力，促进社区的可持续发展？

2．目标适应性：面向未来的愿景

1）ART HUB的战略思路

基于鼓浪屿的国际地位、厦门城市的发展战略和工艺美术学院的艺术根基，我们认为本项目应该打造成为一个地缘上链接世界的艺术中心、体验上链接各种艺术门类的艺术中心，即一个厦门的ART HUB、闽台的ART HUB、中国的ART HUB、世界的ART HUB，一个集工艺、美术、建筑、音乐等文化艺术于一体的艺术体验中心。

2）总体目标

以艺术为主题，以“用艺术连接美好”为核心理念，打造一个集国际艺术交流展览、国际艺术研学创作、文化艺术融合体验、艺术家生活栖居于一体的全球化、复合型、具有鼓浪屿地域特色的国际艺术中心，以及一个集结全球艺术家、艺术院校师生、艺术产业精英、艺术爱好者的标杆性文旅产业生态圈。

3）分项目标

国际艺术家聚落：通过国际艺术交流计划、优惠的入园政策和国际化、现代化的园区设施配套，吸引国内外知名艺术家驻地创作、交流，打造厦门首个国际艺术家聚落，促进厦门与国际的文化艺术交流。

国家文化产业示范基地：通过艺术创作、艺术教育、艺术研学、艺术博览、艺术交流、艺术体验、艺术消费、艺术金融等环节，创建国家文化产业示范基地，打造艺术文化产业链，形成鼓浪屿艺术产业生态圈。

国际艺术研学中心：通过国际工艺美术高阶研修、国际艺术游学营地等艺术教育培训，打造厦门国际艺术研学中心，同时创建鼓浪屿“中国研学旅游目的地”和“全国研学旅游示范基地”。

鼓浪屿社区营造中心：通过社区营造，让园区成为一个开放、自由的空间，让艺术落实在社区居民生活里，让社区居民享受文学、艺术、音乐等文化飨宴，提高居民艺术素养，提升社区艺术氛围和文化品质。

3．空间适应性：传统与现代的共生

由于引起当今城市空间变化的机制背景与历史环境形成的机制背景完全不同，HUL方法并不拒绝在历史环境中介入当代的建筑与空间元素，也不排除历史环境中的当代功能，而是力求寻找建立两者之间平衡关系的方法和路径。这种平衡关系的建立需要针对不同历史环境的具体特征及其形成机制，对当代元素介入历史环境的程度和介入方式开展规划研究并进行适应性管理。

1）总体构思与创意

在遗产空间活化上，规划采取了“发掘、再现”“串联、融合”“生态、园林”“活化、利用”“消解、重构”五位一体的设计方法，以达到建筑保护、景观优化、文化提升和空间激活的设计目标。设计创意上，通过构建一个立体、洄游的体验环以加强园区结构，以此整合校园建筑，串联公共空间、屋顶花园、建筑庭院等，这个洄游体验环就像一个隐藏的导航线路，穿行于不同的校园区域，营造出活力、丰富的艺术体验空间（图6-16、图6-17）。

2）景观优化与品质提升

HUL方法将历史城市作为一个整体来看待，成为一种认识历史城市价值的新思维，通过“景观”在遗产保护和城市发展之间搭建起重要的桥梁。[1]因此，本项目试图通过景观优化提升校园品质，搭建历史与未来的联系。首先是活化空地，对现有空地资源进行激活，结合艺术体验活动，体现环境价值；其次是边界重塑，通过拆除围墙、增加出入口等方式，打

① 张松，镇雪锋．从历史风貌保护到城市景观管理——基于城市历史景观（HUL）理念的思考［J］．风景园林，2017（6）：14-21.

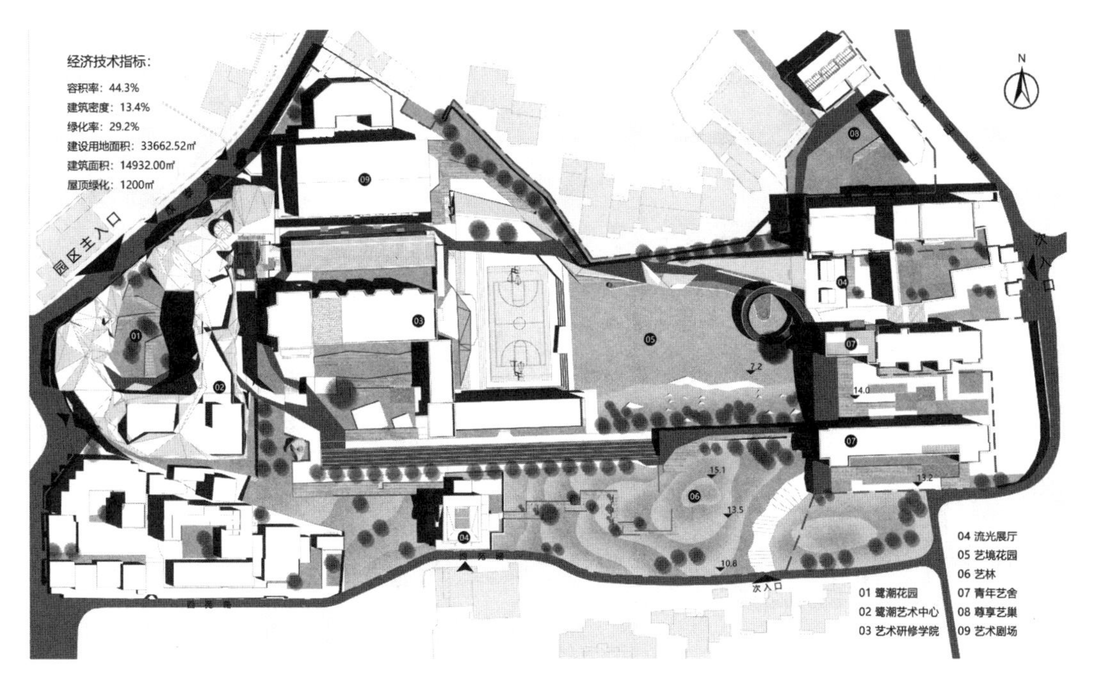

图6-16　规划总平面图
（图片来源：王绍森工作室）

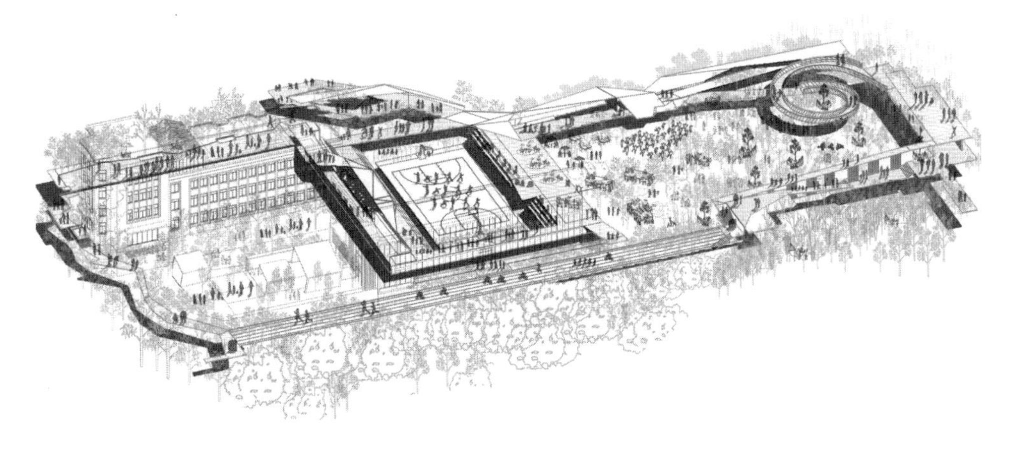

图6-17　立体洄游交通分析图
（图片来源：王绍森工作室）

破旧有边界，将艺术与日常生活联结，拉近与大众的联系；最后是构建叙事主线，以叙事主题为核心，通过有效地改造介入，提升校园公共空间品质。在此策略下，形成“空间叙事下的文化景观”和“场所空间下的体验景观”，前者即将校园历史文化、发展历程及鼓浪屿特色等文本信息转译到细节设计中，形成会“讲故事”的文化景观，后者即充分考虑多元活动需求，通过多样围合，形成层次丰富的空间效果和体验景观。如此，景观不再是“只能观赏”的对象，还能成为开展文化展示、艺术交流和生产生活的高品质“场所”（图6-18～图6-20）。

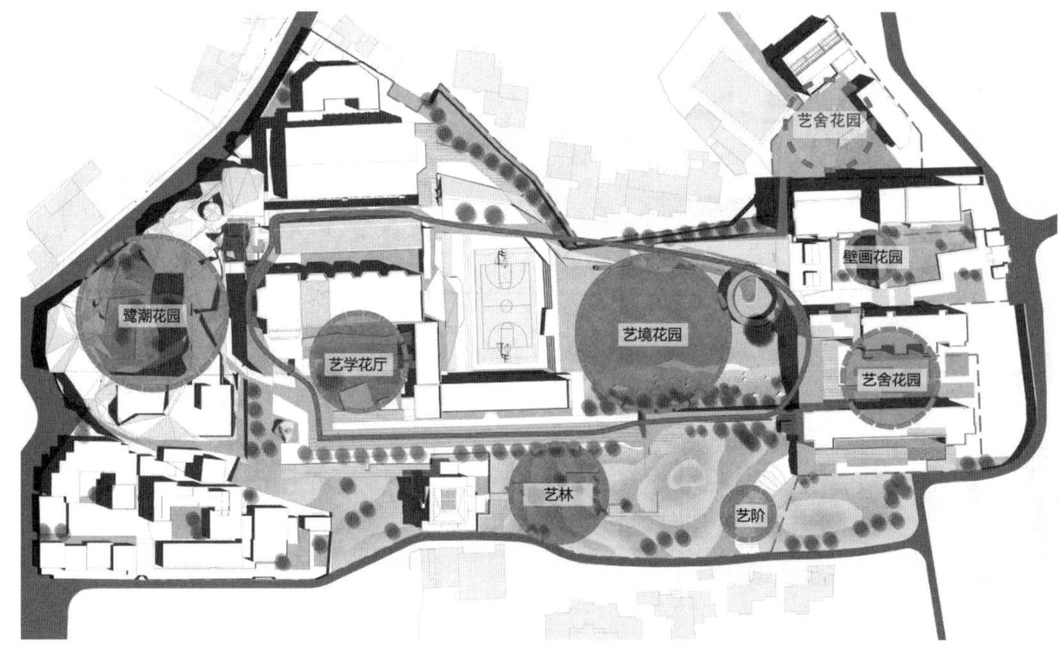

图6-18　景观结构分析图
（图片来源：王绍森工作室）

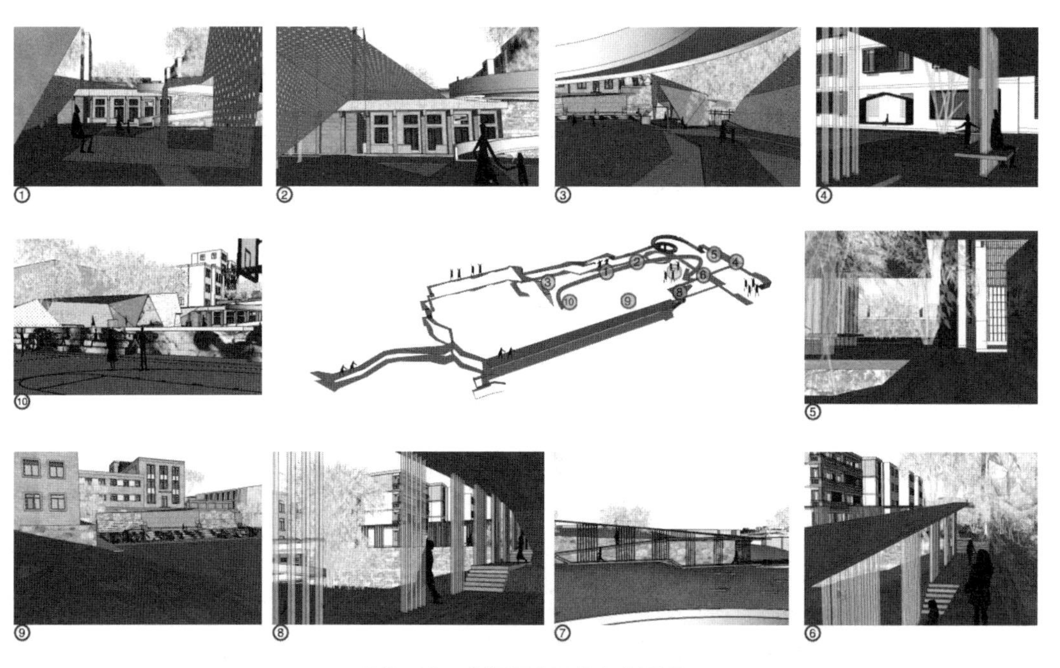

图6-19　空间叙事下的文化景观
（图片来源：王绍森工作室）

图6-20　场所空间下的体验景观
（图片来源：王绍森工作室）

3）建筑改造与提升设计

建筑改造遵循整体性、原真性、轻干预、可逆性和可操作性原则。“整体性”，即强调改造风格、手法的贯穿性，使校园景观结构完整、有机融合；“原真性”，即总体上保持校园生态与建筑原貌，反映校园历史文化；同时，对建筑的修复、改建、加建部分要遵循“轻干预”“可逆性”原则，易于拆除还原，反对大拆大建；最后，规划设计还要切合实际，既要有创新性，又要可操作、易实施。方案提出了校园内遗存建筑的改造目标、改造策略及改造设计，作为实施指引。

（1）综合楼改造

在建筑元素提取和原型分析基础上，提出对建筑立面形式采取“消解”的处理和改造方式，进而生成语言同构、形式消解、立体绿化三个改造方案和措施，提高校园主体建筑的艺术表现力（图6-21～图6-23）。建筑功能改造上，结合目标定位，对建筑功能进行重新配置布局，增设电梯等基本配套服务设施，对建筑的室内空间功能进行适应性改造，增设开放式社区书店、游客中心、生活美学中心等功能，满足实际发展需求。此外，方案还充分发掘出建筑屋顶的景观价值，对第五立面进行创意化处理，对屋顶空间进行充分利用。建筑与环境界面采取“开放、引导、互动”的处理方式，打破综合楼前院校园围墙，增加开放性，多入口引导人流，并与架空层结合，形成开放式艺术院落（图6-24）。

（2）主楼和副楼改造

现有室内空间形式单一，走廊昏暗封闭，缺乏公共交流空间和艺术活力，但建筑风貌尚佳。因此，建筑立面尽量采取轻干预的策略，在强化主楼、副楼之间的连接，增加艺术交流空间（如公共大厅），基础配套服务设施（如厕所、电梯），屋顶立体绿化的同时，注意建筑结构的稳定性（图6-25、图6-26）。

图6-21　综合楼改造方案一：语言同构
（图片来源：王绍森工作室）

图6-22　综合楼改造方案二：形式消解
（图片来源：王绍森工作室）

图6-23　综合楼改造方案三：立体绿化
（图片来源：王绍森工作室）

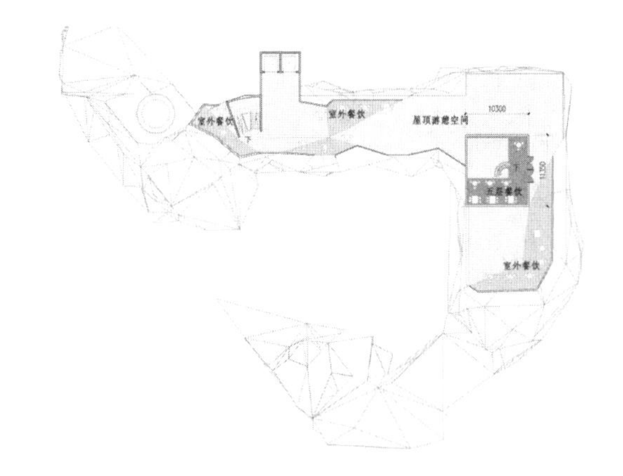

综合楼屋顶平面图1：400

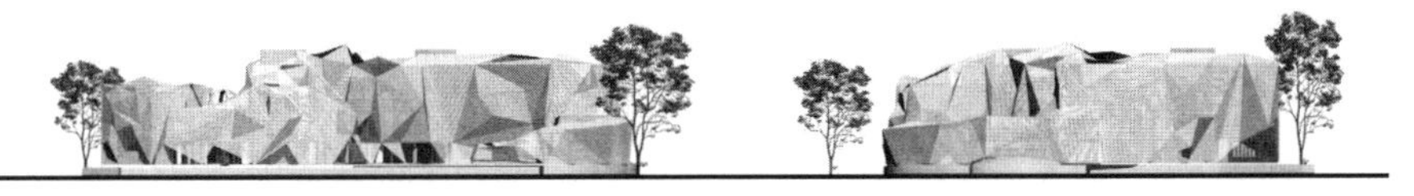

综合楼南立面图　　综合楼西立面图

图6-24　综合楼改造方案一的平面图、立面图
（图片来源：王绍森工作室）

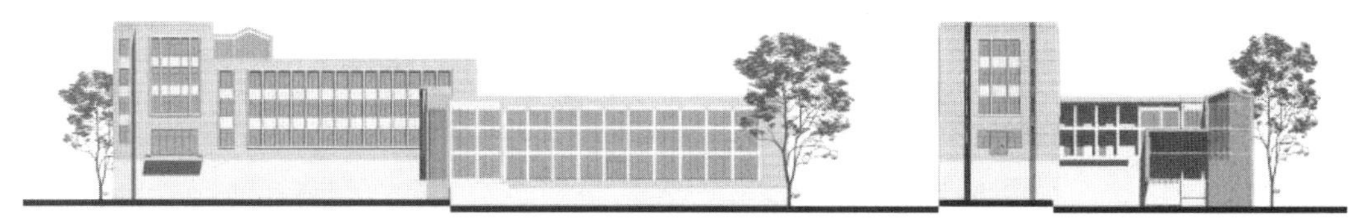

图6-25 主楼、副楼改造立面图、剖面图
（图片来源：王绍森工作室）

图6-26 主楼、副楼改造设计效果图
（图片来源：王绍森工作室）

（3）男生、女生宿舍楼改造

建筑主要是功能的适应性改造，需要满足时代下生活的基本需求，增加电梯，增加开放公共空间，增加卫生间，增设空调等，适应园区的艺术氛围。因此，在建筑改造中，改造的重点在于立面处理，提取蒙德里安冷抽象的艺术概念来处理建筑外立面，进行室内空间设计，同时将底层开放，并打通男生、女生宿舍之间的庭院，增加开敞空间（图6–27、图6–28）。

（4）雕塑工作室改造

雕塑工作室的大空间保存十分完好，光影效果突出，可作为空间引爆点和展厅；应适应现有空间特点，坚持轻干预和可逆性的原则。因此，在建筑改造中，增加楼梯，四周为参观回廊，中间为展览装置；展览装置可根据不同艺术家，不同展览主题更换，打造具有生命力和艺术性的空间焦点（图6–29）。

4．发展适应性：产业赋能

《关于历史性城镇景观（HUL）的建议书》指出，遗产干预政策“应提供在短期和长期平衡保护与可持续发展的机制”“公共和私营部门的利益攸关者应通过例如伙伴关系开展合作”“应有效利用财务手段来促进市场投资”“支持根植传统的，又能创造收入的创新发展模

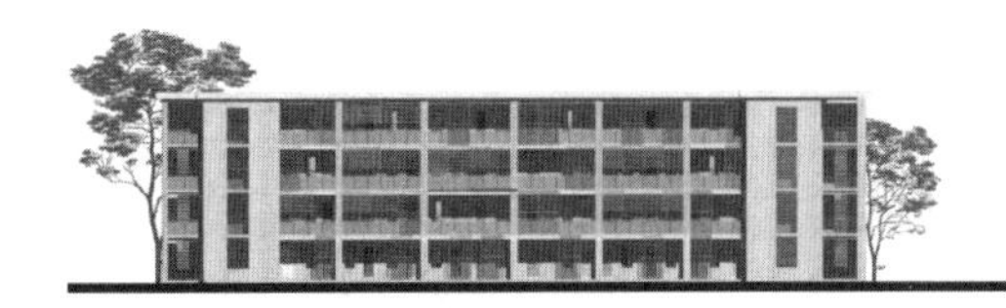

男生宿舍楼南立面图

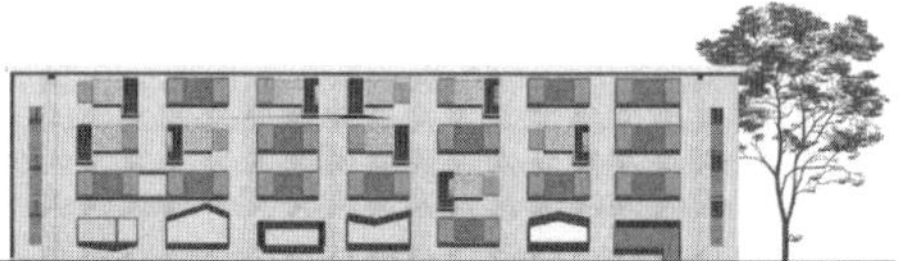

男生宿舍楼北立面图

女生宿舍楼南立面图

女生宿舍楼北立面图

女生宿舍楼西立面图

图6-27　男生、女生宿舍楼改造立面图、剖面图
（图片来源：王绍森工作室）

图6-28　男生、女生宿舍楼改造设计效果图
（图片来源：王绍森工作室）

图6-29　雕塑工作室改造设计效果图
（图片来源：王绍森工作室）

式”，以确保历史性城镇景观方法的成功实施。[①]因此，本项目在政府指导下，引入市场资本和力量，由福州大学、建发集团、联发集团三方携手共建，试图通过文化提升与艺术重塑，在充分尊重旧校区人文历史的基础上，最大限度保留校园风貌的同时，围绕艺术主题规划现代城市功能，聚合文化创意和艺术产业，为来自世界各地的艺术家、艺术界人士、艺术爱好者和艺术消费者，打造匹配世界遗产高度的“以艺术为主题的国际化复合型文旅生态圈”，努力实现“用艺术连接美好”、提升空间生产效能、促进社区社会经济的可持续发展。

在产业发展上，方案提出链式发展、文化IP打造和国际化运作策略。“链式发展”，即以艺术IP为核心，形成“1+X”的艺术产业衍生产品开发模式，形成“艺术+教育+文创+旅游+金融+互联网”的产业发展模式，搭建艺术产业生态链。“文化IP打造”即结合历史文化，同时面向国际，将“鹭潮”与“ART HUB（艺术链）”等基地文化IP化表达，并贯穿于基地

① 班德林，吴瑞梵．城市时代的遗产管理——历史性城镇景观及其方法［M］．裴洁婷，译．上海：同济大学出版社，2017.

各层级、各产品的标识与品牌营销中。“国际化运作”即与鼓浪屿国际社区相匹配，立足国内、对接国际，以智力和管理为核心，以资源整合为手段，通过引进或与国际艺术机构交流合作等形式，从产品、人、资金等方面进行国际化开发运作。

在产业目标上，方案提出三个目标：一是通过国际艺术交流计划、优惠的入园政策和国际化、现代化的园区设施配套，吸引国内外知名艺术家驻地创作、交流，打造厦门首个国际艺术家聚落，促进厦门与国际的文化艺术交流；二是通过艺术创作、艺术教育、艺术研学、艺术博览、艺术交流、艺术体验、艺术消费、艺术金融等环节，创建国家文化产业示范基地，打造艺术文化产业链；三是通过国际工艺美术高阶研修、国际艺术游学营地等艺术教育培训，打造厦门国际艺术研学中心。

基地业态策划中，本项目结合校园历史文化遗产，设置新艺潮、新艺院、新艺境、新艺墅四个功能板块，植入与文化艺术相关的业态。

（1）新艺潮：国际艺术交流展售区，含鹭潮游客服务中心、鹭潮图书馆、鹭潮美学馆、鹭潮艺术馆、鹭潮国际艺术基金会、鹭潮艺术馆、鹭潮艺术花园、流光展厅。

（2）新艺院：国际艺术研学创作区，含鹭潮艺术研修学院、鹭潮艺术工坊、鹭潮艺术剧场、鹭潮艺术秀场。

（3）新艺境：文化艺术融合体验区，含校史廊桥、艺术森林、艺术舞台、艺术草坪。

（4）新艺墅：艺术家聚落区，含私享艺墅、青年艺舍。用创意激活文化经济。

因此，本项目方案试图通过让艺术介入当地公共空间和公共活动的艺术审美建设，整合区域景观与生态规划，培养社区居民的民主意识以及公共活动的参与意识。同时通过社区营造，建设社区书屋、美学馆、艺术馆、艺术花园等，使基地成为一个开放、共享的文化艺术空间，让艺术落实在社区居民的生活里，复兴社区交往文化，激活社区艺术经济，提高社区居民生活品质，促进社区可持续发展。

6.4 小结：文化激活与空间再造

基于复杂系统理论和针对遗产地建成环境设计的复杂语境，构建“遗产地建成环境设计复杂适应系统”模型，该模型由“顶层设计+结构分析+实操应用”三位一体的复杂适应系统组成。目的在于试图廓清遗产地建成环境设计，以及其复杂的面貌，探讨其基本要素、复杂结构、相互适应信息运行逻辑，力求这一复杂思维过程结构化、模型化，以得到一种指导遗产地建成环境适应性设计的范型。

鼓浪屿是一个独特的历史国际社区，但随着历史的变迁和现代社会的发展，鼓浪屿文化遗产的持续复苏和保护利用面临极大挑战，其空间格局、建筑形态、文化特质、社会生态等如何在新的现实条件下得以历史性尊重和可持续更新，成了一个重要命题。在鼓浪屿音乐厅片区及周边地区的改造项目中，提出文化遗产地“细胞单元”联动复兴理念，并以发掘和激活鼓浪屿“音乐基因”为主线，以“空间形态微整治”“建筑形态轻干预”“商业业态缓升级”“文化特质慢激活”等更新策略为手段，为当代鼓浪屿音乐厅片区的遗产保护、文化传承、现代创新和可持续发展提供了一个实验性探索。

在逐渐认识到遗产地是一个复杂的社会生态系统后，遗产地建成环境适应性设计的范型为当今城镇文化遗产保护和活化提供了新的思路，旨在创新性地将适应性设计作为推动遗产地社会、经济、文化、生态可持续发展的重要工具，因而具有重要的当代意义。福州大学厦门工艺美术学院鼓浪屿校区作为遗产地鼓浪屿的重要组成部分，为鼓浪屿艺术气息的营造及社会生态发展做出了应有的积淀，在当代社会变革和机制变化中，因势利导，在历史性城镇景观及其方法的指引下，充分发掘和甄别出其遗产价值，并通过规划设计、产业机制管理等当代干预，强化其遗产特征、活化遗产空间、提升生产效能，使遗产保护和社会经济发展达成新的适应性平衡，是遗产地可持续发展的一次有益实践。

第 7 章　结论与展望

7.1 研究结论

自然是复杂的，社会是复杂的，世界也是复杂的。

城市也不例外。恰如简·雅各布斯所说：城市碰巧就是有组织的复杂错综的事务中的问题，它们如同生命科学一样……存在着许多变量，但并不是匆忙而混乱的；它们存在内在的相互关联性并称为有机的整体……促成城市和区域可持续发展的是城市的复杂性和多样性。[①]

城市是21世纪最大的挑战之一，它是一个可持续的世界的起点。[②]本书中的世界文化遗产地，作为城市中历史城镇景观的重要组成部分，自然而然也成了城市“可持续性”特性与“可持续发展”目标的一个原点。从本书的综述中可见，为了迎接这一挑战，许多国家和国际社会在世界文化遗产地保护方面已经逐步构建了相关保护理论，取得了丰富的实践成果。但随着城市这个“巨系统”以及遗产地这个“复杂系统”问题的凸显，我们有必要进一步厘清城市中世界文化遗产地的系列复杂性问题。沃伦·韦弗将科学思想的发展分为三个阶段：①处理简单性问题；②处理无序复杂性问题；③处理有序复杂性问题。在科学范式已经发生重大转移的今天，遗产地问题就属于沃伦所说的第三阶段“有序复杂性”问题。

沿着“有序复杂性”这一思路，“社会生态系统”理论及其方法为本书提供了一个新视角，得以从社会生态可持续发展角度去平衡世界文化遗产地生态—文化—社会—经济多重属性、历史—当下—未来多维空间时段等复杂性问题。特别又以备受国际社会关注的“鼓浪屿：历史国际社区”作为特殊的研究对象，将社会生态复杂系统理论植入鼓浪屿的社会生态观察与适应性修复、适应性治理、适应性设计等可持续发展问题中。

因而，本书得出如下结论：

1．将社会生态系统相关理论方法运用于世界文化遗产地的结构观察、机制探寻与规律揭示当中，是遗产地社会生态可持续发展的新视角和新进路

运用社会生态系统相关理论和方法，研究认识世界文化遗产地是一种复杂的社会生态系统，是一个“增长、成熟、停滞、萎缩和重生”动态发展的生命有机体，具有适应性修复、适应性治理能力和适应性循环等复杂系统特征。在遗产地动态发展过程中，社会背景的改变、人口成分的改变、利益群体的改变、人类需求的改变，以及不同频率、不同层次、不同规模的遗产地社会生态变化，使得遗产保护和遗产发展成为一个动态的目标。21世纪后，几乎在全球范围内，各种与既有保护原则相矛盾和相冲突的情况越来越频繁地出现，无论是发

① 雅各布斯．美国大城市的死与生［M］．金衡山，译．南京：译林出版社，2005.

② 罗德威尔．历史城市的保护与可持续性［M］．陈江宁，译．北京：电子工业出版社，2015.

达国家还是发展中国家和地区的政府在遗产保护领域都面临着新的挑战，希望能找到更适用于遗产地社会生态平衡与可持续发展的解决办法。

运用复杂系统论和社会生态学的相关理论和方法，揭示遗产地社会生态系统动态稳定和有序演化的复杂性突现机制，揭示和把握遗产地复杂系统的适应性循环以及动态演化机制并加以适当的系统干预，使社会生态系统朝着可持续性方向发展，将为世界文化遗产地的保护发展提供一个独特的视角，是遗产地社会生态修复与可持续发展的新进路。

2．基于复杂社会生态系统的理论视野，鼓浪屿动态演化和自适应发展的特点及其社会生态价值更为凸显

鼓浪屿之所以成为“鼓浪屿”的百年生成史，是鼓浪屿复杂社会生态系统的生成过程。鼓浪屿在19世纪中叶到20世纪中叶的百年建设中，经历了国际社区的发展与演变，形成了由华人华侨、多国侨民共同参与管理和营造，具有突出文化多样性与生活品质的国际社区，展现出东西方多元文化经过接触、碰撞和交融的过程，见证了亚太地区传统社会在社会文化、教育医疗、公共生活、城镇建设、经济商贸、社会治理等多个层面寻求近代革新的尝试和实践，是中国文明近代化转变的缩影，是亚太地区近代国际社区的独特实例，也为当今世界不同文化间价值观的相互理解与共同发展提供了宝贵的历史经验。

鼓浪屿从乡土渔村到国际社区，再到城区和景区，之后是世界文化遗产，这些是鼓浪屿定位的认知变迁历程。中华人民共和国成立后，鼓浪屿作为厦门城区，有了工业化及相应设施配套，但破坏了自然生态环境，人口结构失衡，社区逐步平民化；1980年后风景名胜区的定位转变，给鼓浪屿带来了空间挤压和生活干扰，人口结构的失衡使得社区结构几近瓦解。与此同时，鼓浪屿在复杂的社会生态系统中也在进行着困境的适应性修复，特别是在21世纪后，政策、规划、经济等多方面的综合干预，使得鼓浪屿在“社区+景区”的动态演化中得以自我修复和适应性调整。同样是亚太地区，经历过西方文化的冲击和影响的一些地区，如菲律宾维干历史城镇、马来西亚马六甲和槟城、中国澳门历史城区、老挝琅勃拉邦古城等都早于鼓浪屿进入《世界遗产名录》，而鼓浪屿：历史国际社区最终在2017年被列入《世界遗产名录》，获得更为系统的遗产保护，传承历史文明，将推动遗产地生态、社会、经济、文化的全面可持续发展，也成为基于复杂社会生态系统进行“适应性文化遗产保护”的实践样本。

3．构建一种世界文化遗产地社会生态可持续发展的理论模型，将为遗产地生命有机体的修复重生提供一种新方法和新路径

遗产地也具有系统发展的脆弱性，如环境退化与气候问题、城市发展与建设性破坏、经济发展与原生态破坏、社区变异与人文衰落等，进而威胁文化遗产安全。但通过构建一种世界文化遗产地社会生态可持续发展的理论模型，可以为遗产地生命有机体的修复重生提供一种新方法和新路径。本书构建的理论模型从遗产地的认识论出发，承认遗产地社会生态系统是一个由生态系统和社会系统耦合而成的复杂巨系统，具有复杂性、稀缺性、脆弱性和普世价值；方法论上注重遗产地复杂社会生态系统的动态性、开放性、自组织性、适应性平衡和协同发展论，同时关照遗产地复杂社会生态系统的整体性、多样性、存同求异和可持续发展的价值观和效益观。

模型指出，遗产地生命有机体具有自然和社会双重法则。在遗产地社会生态系统发生萎缩并需要修复重生的进程中，要注重“生态流”和“社会流”两个“流向”的适应性改造和自适应发展。生态流向的可持续发展需要遵循自然法则，要做好生态适应性修复，包含对自然生态的护持、公园绿地等韧性景观营造，其目标是打造韧性生态空间；同时要做好空间适应性修补，则包含结构形态等网络空间、社区街巷等单元空间以及建筑院落等细胞空间多维、立体的遗产地微设计、微整治和微改造，其目标是再造遗产地品质空间场所。社会流向的可持续发展需要遵循社会法则，要做好规划管理的适应性干预、服务供给的适应性完善、社区秩序的适应性治理、城镇经济的适应性发展以及传统文化的适应性传承。总体目标在于，在促进遗产保护的同时，寻找传统与现代、保护与发展、经济与文化、城市与社区、人与社会、物质与非物质、有形与无形等遗产地社会生态的整体可持续发展和适应性平衡，力求社区生产效能的提高，社会经济高质量的发展，社区居民满足感和幸福感的提升，人与社区共同繁荣的发展。

4．空间适应社会，社会促成新的空间发展。后申遗时代，鼓浪屿需要正视文化遗产的复杂社会生态语境，整体性、系统化、分层次构建鼓浪屿社会生态可持续发展的创新解决方案

鼓浪屿是一个独特的历史国际社区，但在现代化、城市化与全球化进程中，鼓浪屿遗产保护和社会生态发展也面临危机和病态困境，如人口结构失衡、居住环境恶化、旅游发展问题、商业业态低俗、空间品质破坏、场所精神遗失等，鼓浪屿文化遗产的持续复苏和保护利用面临着极大的挑战，其空间格局、建筑形态、文化特质、社会生态等如何在新的现实条件下得以被历史性地尊重和可持续更新，成了一个重要命题。

鼓浪屿遗产地是一个以社区整体形态为核心的复杂系统，它来源于历史上社区群体的创造积累，又要将当代社区的保护、传承给未来，这就要求遗产地的保护与发展要整体关注鼓浪屿：历史国际社区在社会、经济、文化、技术、环境等多向度的复杂变化，既要从规划管理、服务供给、韧性治理、机制保障、文化服务五个方面系统构建鼓浪屿社会生态可持续发展的社会法则，又要从“环境—网络—单元—细胞”立体多维空间，整体性、系统化、分层次构建鼓浪屿社会生态可持续发展的自然法则。研究还针对遗产地建成环境设计的复杂语境，构建了一种指导“遗产地建成环境适应性设计”的范型。目的在于在鼓浪屿“后遗产时代”，为其社会生态可持续发展提出创新解决方案，促进鼓浪屿有形文化遗产的保护利用和无形文化遗产的传承发展，讲好中国现代的故事，讲好鼓浪屿人的故事，讲好鼓浪屿文化的故事，进而激发文化遗产的生命活力和文化创造，为世界文化遗产的多样性保护理论与方法提供地方探索和中国经验。

7.2 研究展望

1．继续深化对遗产地保护的复杂范式研究

对复杂科学范式的研究并不是一件简单的事。本书试图以社会生态理论为视角、以复杂系统理论为基础，将哲学、社会学、历史学、生态学、管理学等学科理论方法与建筑学、规划学和遗产保护学有机融合，系统之大、理论方法之多、融会贯通之难显而易见。对于世界文化遗产地社会生态系统的研究，需要综合上述学科理论和方法，不可避免地会出现一些理论解读的偏差，在解决当下复杂的遗产地社会生态问题时，也不可避免地会疏漏一些问题，解决问题的方法也不是唯一和尽善尽美的。

本书对遗产地社会生态可持续发展的研究只是遗产保护复杂范式研究的一个开始。与其他相关保护理论和工具的探索一样，我们的研究均是现代需求和现代理念自然发展的结果，同时也根植于遗产保护的历史渊源之中，研究并不是要替代现有的社会准则和保护方法，而是一个被设想的用来保护建成环境的各类政策和实践进行整合的工具。从这个角度而言，当下的探索都应该是由累积的、多元化、复合化的观点和方法论所组成，从过去几个世纪的遗产保护观点和方法传承而来的，目的是寻找出能够确保遗产保护的模式，用以尊重不同文化背景的价值、传统和环境为实施原则，推动城镇建成遗产的空间发展、文化发展和人的发展协同并进的发展路径。21世纪的前两个十年是遗产保护工作者思索的二十年，未来遗产保护的道路将面临更为复杂的挑战。在这个变化产生的主要因素和全球化的经济文化现象有着重要联系的时代，遗产保护者、城市规划师、建筑师等所制定的管理遗产地的工具并不一定能完全理解和推动遗产保护的进程，也不能确保遗产价值像在漫长的思想和实践历史进程中所得出的定义一样得以延续。当今的遗产保护从古典保护范式向现代化治理和管理变化的范式愈发显现。

因此，本书的后续研究将沿着几个复杂交错的方向开展：一是对“可接受的变化的界限”研究，希望对应予以保护的价值和支撑这些价值的物质与非物质的遗产之间的关系进行更为清晰的解读；二是继续把遗产地保护作为一种环境可持续发展过程进行研究，凸显既有遗产地可持续治理的价值和意义；三是对遗产新的价值和阐释研究，包括物质与非物质遗产的现代和未来价值的创造；四是对遗产地管理过程的整合以及在规划管理过程中对主体核心“人”的发展的设计和理解。这些内容将涉及城市未来发展的一系列根本问题，如可持续发展、流动性和移民、生活品质、场所精神、社会公平、公民权益、文化创造、技术创新、经济发展等。

2．东南亚地缘文化圈世界文化遗产研究

费孝通先生曾说，对社会的调查研究不仅要“进得去”，还得“出得来”。[①]也就是说，我们传统的社会调查方法一般是在一个社区通过参与观察，获取研究社区的详细材料，并对这一社区进行精致的雕琢，从而获得一个完整的社区报告和问题解决方案；其难度在于，对社区的参与和观察不仅是描述所调查对象的社会和文化生活，更应关注社会文化生活后面的思想以及这一社会文化在整体社会中的位置，还要进入与不同文化的比较中去。因此，很多专家学者用尽毕生的智慧和创造去研究一两个社区，费孝通先生、傅衣凌先生就是如此。而作者对当下鼓浪屿社会生态问题的调查研究，仅限于常规的田野调查，缺乏长期而深入的社会观察和生活体验。弗里德曼先生在研究中国社会时也提出了一个重要命题，即如何才能超越社区，进入区域研究，也就是扩展传统研究的界限，做出研究视角和方法论的拓展。

本书对鼓浪屿的社会生态可持续发展研究也是一个开端，让我将本书与十五年前提出的“东南亚地缘建筑学说”的假设联系起来。未来对遗产地的研究也将沿着费孝通先生的“出得来”和弗里德曼先生的“超越社区”的思路拓展研究区域视角。东南亚建筑文化非常复杂，从共时的角度看，建筑呈现出多样性，从历时的角度看，建筑文化的层累性非常明显，建筑文化的多样性与层累性在空间上的联系纽带就是因地理空间的不同而产生的地缘关系。因为建筑文化的发展，东南亚建筑还呈现出动态的复杂性，地缘关系带动的本土建筑文化与外来建筑文化相互影响、相互融合，东南亚建筑文化中呈现出特有的“景观旅行”面貌，如宗教建筑的“旅行”、南洋建筑的“旅行”、现代建筑的“旅行”等。[②]而处于其中的世界文化遗产地复杂性与代表性也逐渐显现。特别是在全球化过程中，不同的文明之间如何共生，如何与周边和边缘进行对话，在国家“一带一路”倡议的背景下显得尤为重要。如果说，20世纪是一个“被毁坏”的世纪，[③]那么21世纪将是一个文化自觉被发现、被传承、被创造的世纪，也是中国作为重要的世界单元与世界民族和睦相处，创造和而不同的民族全球话语权的世纪。

① 麻国庆．山海之间：从华南到东南亚［M］．北京：社会科学文献出版社，2014.

② 全峰梅，侯其强．居所的图景：东南亚民居［M］．南京：东南大学出版社，2008.

③ 安东尼·滕．世界伟大城市的保护：历史大都会的毁灭与重建［M］．郝笑丛，译．北京：清华大学出版社，2014.

附录　鼓浪屿居民与游客满意度调查

附录一：鼓浪屿居民满意度调查问卷

尊敬的女士/先生：

您好！非常感谢您能抽出宝贵时间填写本问卷。本问卷是厦门大学关于“世界文化遗产地可持续发展”的研究内容，目的在于更好地为地方居民服务，改善鼓浪屿社会生态环境，提高社区治理水平，促进世界文化遗产地的可持续发展。问卷实行匿名制，所有调查数据仅供学术研究使用。谢谢您的支持！

Q1基本信息

Q1.1 您的性别：A. 男　B. 女

Q1.2 您的年龄：A. 18~30岁　B. 31~45岁　C. 46~60岁　D. 61岁以上

Q1.3 教育程度：A. 高中及以下　B. 中专/大专　C. 本科　D. 硕士及以上

Q1.4 您的职业：

A. 与旅游有关（旅馆、餐馆、商铺、导游、旅游活动经营，或者是______）

B. 与旅游无关（公务员、教师、医生、公司员工、个体户，或者是______）

Q1.5 您的年收入：

A. 1万元以下　B. 1万~3万元　C. 3万~5万元　D. 5万~8万元　E. 8万元以上

Q1.6 您的鼓浪屿居民性质：A户籍人口　B流动人口

Q1.7 您在鼓浪屿居住时间：

A. 1~5年　B. 6~10年　C. 11~20年　D. 21~30年　E. 31年以上

Q2您对鼓浪屿总体社会生态环境的指标评价

类别	评价指标	满意度
基础设施配套/服务	岛屿内外交通设施	A. 非常满意　B. 很满意　C. 满意　D. 一般　E. 不满意　F. 不清楚
	岛屿生态景观绿化	A. 非常满意　B. 很满意　C. 满意　D. 一般　E. 不满意　F. 不清楚
	住房条件、修建保障	A. 非常满意　B. 很满意　C. 满意　D. 一般　E. 不满意　F. 不清楚
	社区文化体育设施	A. 非常满意　B. 很满意　C. 满意　D. 一般　E. 不满意　F. 不清楚
	社区商业服务设施	A. 非常满意　B. 很满意　C. 满意　D. 一般　E. 不满意　F. 不清楚
	社区卫生服务设施	A. 非常满意　B. 很满意　C. 满意　D. 一般　E. 不满意　F. 不清楚
	社区供水、供电设施	A. 非常满意　B. 很满意　C. 满意　D. 一般　E. 不满意　F. 不清楚
	社区网络通信设施	A. 非常满意　B. 很满意　C. 满意　D. 一般　E. 不满意　F. 不清楚

续表

类别	评价指标	满意度
公共服务	基础教育	A. 非常满意　B. 很满意　C. 满意　D. 一般　E. 不满意　F. 不清楚
	医疗服务	A. 非常满意　B. 很满意　C. 满意　D. 一般　E. 不满意　F. 不清楚
	养老服务	A. 非常满意　B. 很满意　C. 满意　D. 一般　E. 不满意　F. 不清楚
	社会治安保障	A. 非常满意　B. 很满意　C. 满意　D. 一般　E. 不满意　F. 不清楚
社区参与/治理	邻里关系	A. 非常满意　B. 很满意　C. 满意　D. 一般　E. 不满意　F. 不清楚
	社区活动	A. 非常满意　B. 很满意　C. 满意　D. 一般　E. 不满意　F. 不清楚
	居委会日常管理	A. 非常满意　B. 很满意　C. 满意　D. 一般　E. 不满意　F. 不清楚
	社区管理中对居民权益的争取	A. 非常满意　B. 很满意　C. 满意　D. 一般　E. 不满意　F. 不清楚
	参与基层公共决策	A. 非常积极　B. 很积极　C. 经常　D. 很少　E. 不积极　F. 从来不
	社区活动参与	A. 非常积极　B. 很积极　C. 经常　D. 很少　E. 不积极　F. 从来不
	反映意见的渠道	A. 非常畅通　B. 很畅通　C. 畅通　D. 一般　E. 不畅通　F. 不清楚
	政府补贴/补偿	A. 非常满意　B. 很满意　C. 满意　D. 一般　E. 不满意　F. 不清楚

Q3您对鼓浪屿旅游的感知与相关指标评价

类别	评价指标	指标评价				
		非常同意	同意	中立	反对	非常反对
旅游对社会文化的影响	旅游发展增强了社区居民对鼓浪屿的保护意识					
	社区居民（原住民）在遗产保护中很重要					
	旅游发展有利于塑造良好的文化氛围					
	旅游发展有利于地方文化传统的保护传承					
	旅游使社区居民的思想更加开放					
	社区居民愿意与外来游客交流互动					
	旅游破坏了鼓浪屿的文化传统					
	旅游影响了当地社会治安					
	游客影响了当地居民生活					
	旅游迫使很多当地人迁出、外来人迁入					
	外来人的迁入破坏了当地居民形象					

续表

类别	评价指标	指标评价				
		非常同意	同意	中立	反对	非常反对
旅游对经济环境的影响	旅游增加了社区居民的收入					
	旅游为社区居民提供了更多就业机会					
	旅游促进了当地居民生活水平提高					
	旅游导致了当地物价的上涨					
	旅游收益大部分被外地人挣走了，只有少数本地人从旅游中获益					
	商业业态雷同、品质低，影响了地方形象					
旅游对环境的影响	游客过多使社区拥挤不堪					
	旅游发展使岛屿生态环境遭到破坏					
	旅游使岛屿环境质量下降（环境污染、噪声污染）					

Q4您对鼓浪屿的自我认知与总体评价

类别	评价指标	指标评价
认知度	对鼓浪屿历史文化的了解	A. 非常了解 B. 很了解 C. 了解 D. 了解不多 E. 不了解
	对鼓浪屿保护发展的关注度	A. 非常关注 B. 很关注 C. 关注 D. 关注不多 E. 不关注
黏合度	作为鼓浪屿居民的自豪感	A. 非常自豪 B. 很自豪 C. 自豪 D. 说不清楚 E. 自卑
	您是否会搬离鼓浪屿	A. 会 B. 不会 C. 不确定

您对鼓浪屿的社会生态可持续发展有何意见和建议？

再次感谢您的支持！

附录二：鼓浪屿游客满意度调查问卷

尊敬的女士/先生：

您好！非常感谢您能抽出时间填写本问卷。本问卷是厦门大学关于“世界文化遗产地可持续发展”的研究内容，问卷实行匿名制，所有调查数据仅供学术研究使用。谢谢您的支持！

Q1游客基本信息

Q1.1 您的性别：A. 男 B. 女

Q1.2 您的年龄：A. 18岁以下 B. 18～30岁 C. 31～45岁 D. 46～60岁 E. 61岁以上

Q1.3 教育程度：A. 高中及以下 B. 中专/大专 C. 本科 D. 硕士及以上

Q1.4 您的职业：

A. 政府机关/事业单位公务员 B. 科研/教师/医生等专业人员

C. 公司/企业人员 D. 个体劳动者/自由职业者 E. 农民/进城务工人员

F. 学生 G. 军人 H. 离退休人员 I. 其他

Q1.5 您来自:______省______市

Q1.6 您来鼓浪屿的组织方式：

A. 旅行社组织 B. 单位组织 C. 自助游

Q1.7 您来鼓浪屿的目的是：

A. 体验世界文化遗产的魅力 B. 休闲度假 C. 探亲访友

D. 商务/会议/交流 E. 拍婚纱照/旅拍 F. 让孩子增长知识 G. 其他

Q1.8 您获取鼓浪屿相关信息的渠道：

A. 网络 B. 电视广播 C. 图书资料 D. 朋友推荐 E. 其他

Q1.9 您的月收入水平（元）：

A. 1500以下 B. 1500～3000 C. 3001～5000 D. 5001～8000 E. 8001以上

Q1.10 您在鼓浪屿的消费金额（元）：

A. 200以下 B. 201～500 C. 501～1000 D. 1001～3000 E. 3000以上

Q1.11 您在鼓浪屿停留的时间：

A. 1天 B. 2～3天 C. 4～5天 D. 5天以上

Q2您在到访鼓浪屿之前，对鼓浪屿的认识和旅行预期

编号	认知与问题	预期评价
Q2.1	您对鼓浪屿的总体印象如何	A. 非常好 B. 很好 C. 满意 D. 一般 E. 不清楚
Q2.2	您对旅游服务的预期如何	A. 非常好 B. 很好 C. 满意 D. 一般 E. 不清楚

续表

编号	认知与问题	预期评价
Q2.3	您认为鼓浪屿的知名度如何	A. 非常高　B. 很高　C. 一般　D. 不高　E. 不清楚
Q2.4	您认为鼓浪屿的美誉度如何	A. 非常高　B. 很高　C. 一般　D. 不高　E. 不清楚

Q3您到访鼓浪屿之后，对鼓浪屿的具体指标评价

类别	具体评价指标	满意度
景区吸引物	景区的地方特色	A. 非常满意　B. 很满意　C. 满意　D. 一般　E. 不满意　F. 不清楚
	景区的真实性、原真性	A. 非常满意　B. 很满意　C. 满意　D. 一般　E. 不满意　F. 不清楚
	景区保护的完整性	A. 非常满意　B. 很满意　C. 满意　D. 一般　E. 不满意　F. 不清楚
	社区文化	A. 非常满意　B. 很满意　C. 满意　D. 一般　E. 不满意　F. 不清楚
	名人轶事	A. 非常满意　B. 很满意　C. 满意　D. 一般　E. 不满意　F. 不清楚
	节庆活动	A. 非常满意　B. 很满意　C. 满意　D. 一般　E. 不满意　F. 不清楚
公共服务/设施	交通设施	A. 非常满意　B. 很满意　C. 满意　D. 一般　E. 不满意　F. 不清楚
	交通成本	A. 非常满意　B. 很满意　C. 满意　D. 一般　E. 不满意　F. 不清楚
	住宿便利程度	A. 非常满意　B. 很满意　C. 满意　D. 一般　E. 不满意　F. 不清楚
	住宿环境、特色	A. 非常满意　B. 很满意　C. 满意　D. 一般　E. 不满意　F. 不清楚
	住宿价格	A. 非常满意　B. 很满意　C. 满意　D. 一般　E. 不满意　F. 不清楚
	餐饮便利程度	A. 非常满意　B. 很满意　C. 满意　D. 一般　E. 不满意　F. 不清楚
	餐饮环境、特色	A. 非常满意　B. 很满意　C. 满意　D. 一般　E. 不满意　F. 不清楚
	餐饮价格	A. 非常满意　B. 很满意　C. 满意　D. 一般　E. 不满意　F. 不清楚
	日常需求的便利店	A. 非常满意　B. 很满意　C. 满意　D. 一般　E. 不满意　F. 不清楚
	公共厕所便利整洁度	A. 非常满意　B. 很满意　C. 满意　D. 一般　E. 不满意　F. 不清楚
	银行、医院、邮政	A. 非常满意　B. 很满意　C. 满意　D. 一般　E. 不满意　F. 不清楚
	休憩广场、设施	A. 非常满意　B. 很满意　C. 满意　D. 一般　E. 不满意　F. 不清楚
	游客服务中心	A. 非常满意　B. 很满意　C. 满意　D. 一般　E. 不满意　F. 不清楚
	无障碍服务设施	A. 非常满意　B. 很满意　C. 满意　D. 一般　E. 不满意　F. 不清楚
旅游服务	旅游信息化服务	A. 非常满意　B. 很满意　C. 满意　D. 一般　E. 不满意　F. 不清楚
	交通标识与引导系统	A. 非常满意　B. 很满意　C. 满意　D. 一般　E. 不满意　F. 不清楚
	咨询服务	A. 非常满意　B. 很满意　C. 满意　D. 一般　E. 不满意　F. 不清楚
	当地居民友好程度	A. 非常满意　B. 很满意　C. 满意　D. 一般　E. 不满意　F. 不清楚
	路线安排、导游解说	A. 非常满意　B. 很满意　C. 满意　D. 一般　E. 不满意　F. 不清楚

续表

类别	具体评价指标	满意度
旅游服务	服务态度	A. 非常满意　B. 很满意　C. 满意　D. 一般　E. 不满意　F. 不清楚
	游览项目丰富程度	A. 非常满意　B. 很满意　C. 满意　D. 一般　E. 不满意　F. 不清楚
	参与性、互动性活动	A. 非常满意　B. 很满意　C. 满意　D. 一般　E. 不满意　F. 不清楚
	特色购物体验	A. 非常满意　B. 很满意　C. 满意　D. 一般　E. 不满意　F. 不清楚
环境	自然气候	A. 非常满意　B. 很满意　C. 满意　D. 一般　E. 不满意　F. 不清楚
	地方文化氛围	A. 非常满意　B. 很满意　C. 满意　D. 一般　E. 不满意　F. 不清楚
	卫生整洁	A. 非常满意　B. 很满意　C. 满意　D. 一般　E. 不满意　F. 不清楚
	游客密度	A. 非常满意　B. 很满意　C. 满意　D. 一般　E. 不满意　F. 不清楚
	社会管理服务水平	A. 非常满意　B. 很满意　C. 满意　D. 一般　E. 不满意　F. 不清楚

Q4您到访鼓浪屿之后，对鼓浪屿的总体评价

编号	认知与问题	评价
Q4.1	您对此次鼓浪屿旅行的总体印象	A. 非常好　B. 很好　C. 满意　D. 一般　E. 有点差
Q4.2	您认为鼓浪屿的实际情况与它的知名度和美誉度相比，差距	A. 非常大　B. 有点大　C. 相符　D. 更好　E. 说不清
Q4.3	您是否会再来鼓浪屿	A. 会　B. 不会　C. 不确定
Q4.4	您是否会推荐亲朋好友来鼓浪屿	A. 会　B. 不会　C. 不确定
Q4.5	您旅行中是否有抱怨或投诉	A. 有　B. 无

您对鼓浪屿的旅游服务和地方建设有何意见和建议？

再次感谢您的支持！

附录三：鼓浪屿游客满意度调查问卷报告

一、鼓浪屿游客满意度调查情况

（一）问卷设计及调研情况

本报告结合实证遗产地的具体情况，在问卷设计上主要分为四个部分：鼓浪屿游客的基本情况（11项）、游客对鼓浪屿的认识和旅行预期（4项）、游客对鼓浪屿的旅游体验（34项）和游客对鼓浪屿的总体评价（5项），此外附加了游客对鼓浪屿旅游服务和地方建设的意见建议调查。为了确保调查问卷内容的原真性、完整性和科学有效性，以及调研所获数据的客观有效性，本报告在设计好调查问卷之后征询了相关专家和导师的指导意见。

笔者于2020年9～10月在鼓浪屿对游客进行调查问卷的调查和访谈。在调查过程中得到了受访游客的大力支持。本次调查问卷在鼓浪屿游客中进行发放，共发出322份，收回322份，问卷回收有效率达100%。在对调查问卷进行回收之后，又对部分参与者进行了深度访谈，加深了对此次调查内容的可信度。并借助excel等软件工具对回收问卷进行统计分析。

（二）问卷的有效性分析

信度和效度是用来反映问卷有效性情况的常用指标。信度表示数据的可靠性和一致性，主要反映集中程度；效度表示测量工具的准确性，主要反映数据测量实际目标的准确程度。信度和效度分析主要针对问卷中的量表数据，本次调查问卷中涉及的题目共有34项。

信度分析的常用指标为Cronbach's α系数，如α系数在0.5以下，则问卷信度不可靠；如α系数在0.5～0.7之间，则需要进一步修订问卷；如α系数在0.7以上，则问卷信度在可以接受的范围内；如α系数在0.8以上，则问卷信度相对较高。用R软件计算Cronbach's α系数，得出α系数值为0.983（附表1），表明问卷设计的可信度相当可靠。

问卷的效度分析通常借鉴因子分析方法思路，对问卷的结构效度进行测量，常用的统计量为KMO值和Bartlett球形检验值。对于KMO值，如大于0.8，则表明效度较高；如在0.7～0.8之间，则表明效度较好；如在0.6～0.7之间，则表明效度在可以接受的范围内；如小于0.6，则表示效度不佳。同时，如Bartlett球形检验值通过，则表明问卷量表中各项问题间存在显著相关性，在结构上是有效的。经计算，本次调查问卷的*KMO*值为0.968，且Bartlett球形检验值显著通过检验，表明问卷效度水平较高。

问卷信度和效度分析相关统计量结果 **附表1**

项目	统计量	统计量值
信度分析	Cronbach's α系数	0.983
效度分析	KMO值	0.968
	Bartlett球形检验值	12746***

注：表中“***”表示在0.01置信水平下显著。

二、受访游客的基本情况

（一）游客基本信息

根据调查情况（附表2），鼓浪屿游客的男女比例基本均衡，女性游客的占比略大于男性游客，男性游客和女性游客的占比分别为41.30%和58.70%。年龄分布显示鼓浪屿游客以中青年为主，30岁及以下人群的占比达到60.87%，31～45岁游客占比为26.71%，46岁及以上人群占较少数，占比为12.42%。从受教育程度分布的情况看，鼓浪屿游客中绝大多数为受过本科及以上教育人群，占比达94.41%；受过职业教育的人群较少，占比为4.97%；高中及以下基础教育学历的人群占极少数，占比仅为0.62%。

鼓浪屿游客基本信息表　　附表2

项目	类别	频数（人）	占比（%）
性别	男	133	41.30
	女	189	58.70
年龄	18岁以下	2	0.62
	18～30岁	194	60.25
	31～45岁	86	26.71
	46～60岁	37	11.49
	61岁以上	3	0.93
教育程度	高中及以下	2	0.62
	中专/大专	16	4.97
	本科	160	49.69
	硕士及以上	144	44.72

从游客的职业分布情况看（附图1），受访游客中占最大比例的群体为公司或企业职员，占比达36.96%；其次为学生群体，占比为34.78%；职业为科研、教师、医生等专业人员的游客占比排在第三，占比也远低于公司或企业职员和学生游客群体，占比为13.66%。

如附图2所示，在受访的游客中，东部省份游客占比超过半数，322人中共有173人来自东部省份，占比达53.72%，其中又以福建省本地游客为主，占游客总数比例达到32.30%，约占东部地区游客总数的60.12%；西部地区游客占比其次，322人中共有102人来自西部省份，占比达31.68%；中部地区的游客占比相对较少，占游客总数的14.60%。

（二）鼓浪屿游客旅游意图基本情况

根据本次问卷的调查结果，鼓浪屿游客以短期休闲自助旅游为主。如附表3所示，来鼓浪屿旅游的游客以自助游的形式为主，受访的322名游客中，有305名游客以自助的形式来到

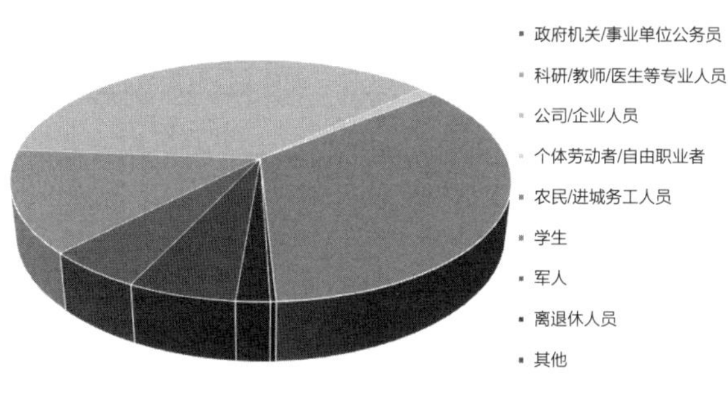

附图1 鼓浪屿游客职业分布情况图

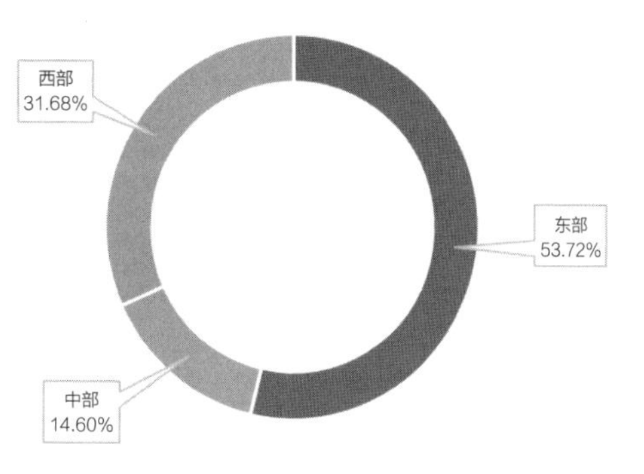

附图2 游客来源区域分布

鼓浪屿旅游，占比94.72%。受访游客中，有较大部分人群来鼓浪屿休闲度假（占64.60%），还有相对较多的一部分是被鼓浪屿的世界文化遗产魅力所吸引（占23.60%），还有部分游客是出于商务会议（占2.17%）、让孩子增长知识（1.86%）、探亲访友（占1.55%）等目的来到鼓浪屿。

从停留时间上看，大多游客仅在鼓浪屿上停留3天以内，这部分游客总数达304人，占比达94.41%。其中，有绝大部分为自助游旅客，约有298人，占游玩期在3天以内的游客总数的98.03%。仅有少部分游客会停留4天及以上时间，占比5.59%。

鼓浪屿游客旅游意图基本信息表 **附表3**

项目	类别	频数（人）	占比（%）
组织方式	旅行社组织	5	1.55
	单位组织	12	3.73
	自助游	305	94.72
旅游目的	体验世界文化遗产的魅力	76	23.60
	休闲度假	208	64.60
	探亲访友	5	1.55
	商务/会议/交流	7	2.17
	拍婚纱照/旅拍	1	0.31
	让孩子增长知识	6	1.86
	其他	19	5.91
停留的时间	1天	208	64.60
	2～3天	96	29.81
	4～5天	11	3.42
	5天以上	7	2.17

续表

项目	类别	频数（人）	占比（%）
获取信息渠道	网络	177	54.97
	电视广播	14	4.35
	图书资料	21	6.52
	朋友推荐	59	18.32
	其他	51	15.84

对于鼓浪屿的旅游信息，游客们的获取渠道来源较多来自互联网，322名受访游客中有177名表示从网上获取鼓浪屿旅游信息，占比54.97%；还有一部分游客接受朋友推荐来鼓浪屿旅游，该部分游客占比为18.32%；此外，还有一部分游客从电视广播、图书资料以外的渠道获取鼓浪屿旅游信息，占比为15.84%。

（三）鼓浪屿游客消费情况

超半数鼓浪屿游客的总体收入水平达到5000元以上，但在鼓浪屿消费的意愿总体不高。从调查情况看，月收入达5000元以上的游客有168人，占比52.18%；月收入5000元及以下的游客有154人，占比47.82%。游客消费情况看，在鼓浪屿消费500元及以下的游客占比56.52%，消费501～1000元的游客占比15.22%，消费1001～3000元的游客占比16.46%，消费3000元以上的游客占比11.80%（附表4）。

根据游客收入及消费的数据初步计算，游客的月收入情况虽与在鼓浪屿上的消费情况存在一定的正相关关系，但相关程度不高，月收入与游客日均消费的相关系数仅为约0.4，表明鼓浪屿对游客的消费吸引力不高，游客的消费意愿总体偏低。

鼓浪屿游客旅游意图基本信息表 **附表4**

项目	类别	频数（人）	占比（%）
月收入水平（元）	1500以下	71	22.05
	1501～3000	42	13.04
	3001～5000	41	12.73
	5001～8000	63	19.57
	8001以上	105	32.61
消费金额（元）	200以下	108	33.54
	201～500	74	22.98
	501～1000	49	15.22
	1001～3000	53	16.46
	3000以上	38	11.80

三、鼓浪屿游客的总体感受

通过问卷调查发现，游客赴鼓浪屿旅游之前均对岛上的旅游持有较高的预期，且后期总体旅游体验情况良好。

（一）鼓浪屿游客的旅行预期

旅客对鼓浪屿旅游的总体心理预期水平较高。根据本次调查结果，共有81.99%的旅客对鼓浪屿印象良好，15.53%表示心理预期一般，2.48%的旅客没有清晰表态。对于鼓浪屿当地旅游服务，有75.15%的旅客抱有较好的心理预期，21.74%的旅客表示怀着一般的心态来到鼓浪屿旅游（附图3）。

游客对鼓浪屿的知名度和美誉度均有较好的认知水平。对鼓浪屿的知名度，有77.33%的游客在来岛旅游前表示鼓浪屿有较高的知名度，15.53%表示鼓浪屿知名度一般，仅有7.14%的游客持有知名度不高或不清楚的态度。对鼓浪屿的美誉度，有62.11%的游客在来岛旅游前表示鼓浪屿有较高的美誉度，22.05%的游客表示鼓浪屿知名度一般，有15.84%的游客认为其知名度不高或不清楚（附图4）。

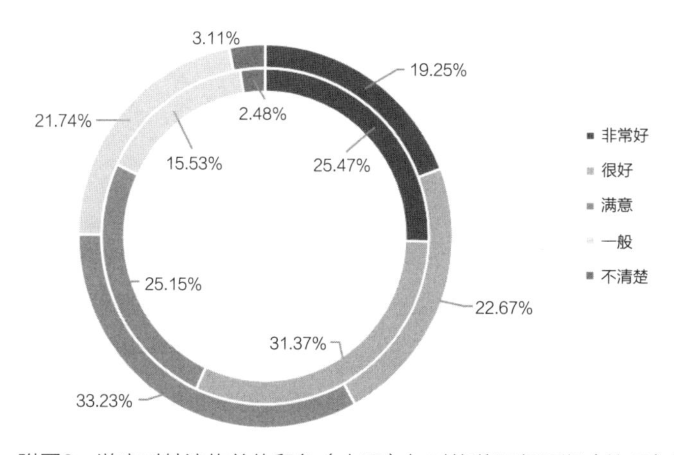

附图3　游客对鼓浪屿总体印象（内环）与对旅游服务预期（外环）情况

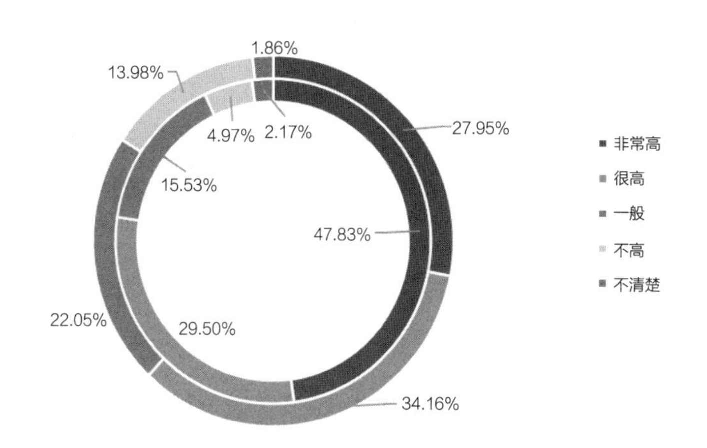

附图4　游客对鼓浪屿知名度（内环）和美誉度（外环）感受情况

（二）游客对鼓浪屿旅游的总体评价

游客在鼓浪屿上的旅游体验较好，总体满意程度较高。对于鼓浪屿旅行的总体感受，有79.81%的游客表示较为满意，17.39%的游客表示一般，仅有2.80%的游客表示有点差。在旅游前怀有较高预期的264名游客中，有233名游客在旅行后仍持有相对较为满意的感受，占比达88.26%。对于鼓浪屿知名度和美誉度的旅游体验，有55.59%的游客表示在旅游后的认知有所保持或提升。其中，在认为鼓浪屿有较高知名度和美誉度的194名游客中，有126名游客认为与鼓浪屿实际旅游体验相符，或更优于已有认知水平，占比达64.95%（附表5）。

游客对鼓浪屿的总体旅游体验情况（%） 附表5

问题	选项/占比				
您对此次鼓浪屿旅行的总体感受	非常好	很好	满意	一般	有点差
	18.94	32.92	27.95	17.39	2.80
您认为鼓浪屿的实际情况与它的知名度和美誉度相比差距如何	非常大	有点大	相符	更好	说不清
	8.70	28.88	54.04	1.55	6.83

但总体而言，鼓浪屿仍需进一步提升对游客的吸引力。在受访游客中，虽有59.32%的游客表示还会再来，有72.67%的游客表示会推荐亲朋好友来旅游；但仍有40.68%的游客表示不会来或不确定是否会再来鼓浪屿旅游，有27.33%的游客表示不会或者不确定会推荐亲朋好友来鼓浪屿旅游，有32.30%的游客在旅行过程中有抱怨或投诉的事件发生（附表6）。

游客对鼓浪屿的总体旅游体验情况 附表6

问题	选项	频数（人）	占比（%）
您是否会再来鼓浪屿	会	191	59.32
	不会	52	16.15
	不确定	79	24.53
您是否会推荐亲朋好友来鼓浪屿	会	234	72.67
	不会	41	12.73
	不确定	47	14.60
您旅行中是否有抱怨或投诉	有	104	32.30
	无	218	67.70

四、鼓浪屿游客的满意度情况

按照李克特量表的设计思路，将游客的满意程度分为非常满意、很满意、满意、一般、不满意5个层级，分值依次设为5、4、3、2、1分，则每个项目的相应得分*score*可通过以下公式计算：

$$score=5\times p_1+4\times p_2+3\times p_3+2\times p_4+1\times p_5$$

式中，$p_1\sim p_5$分别表示非常满意、很满意、满意、一般、不满意5个层级选择人数占比，综合分值越高，则满意程度水平越高。

从各个分项满意度的综合水平来看，鼓浪屿游客对岛上旅游体验整体表示较为满意。根据问卷调查结果，受访游客中，有68.73%的游客对鼓浪屿旅游体验表示满意，25.86%表示体验一般，5.41%表示不满意，综合得分3.15分，与游客对鼓浪屿的总体评价结果相符。

（一）对景区吸引物的满意情况

游客对鼓浪屿景区吸引物的各具体指标满意水平均较高，各项具体指标得分均在3分以上。总体上看，受访游客中，有74.40%的游客表示满意，21.88%的游客表示一般，3.73%的游客表示不满意，综合分值3.31分。其中，游客们最为满意的是景区的地方特色和景区保护的完整性，两项指标均有80%以上的游客表示出较满意的态度，得分依次为3.44分和3.45分。分值最低的为节庆活动指标（3.07分），有38.58%的游客表示岛上的节庆活动仍有待丰富（附表7）。

游客对鼓浪屿景区吸引物的满意情况（%） **附表7**

具体评价指标	非常满意	很满意	满意	一般	不满意	评分（分）
景区的地方特色	21.81	23.05	35.51	16.82	2.80	3.44
景区的真实性、原真性	19.06	20.31	37.81	19.06	3.75	3.32
景区保护的完整性	19.06	28.75	33.75	14.69	3.75	3.45
社区文化	15.77	24.61	29.34	26.18	4.10	3.22
名人轶事	18.30	24.61	32.81	20.82	3.47	3.33
节庆活动	14.47	21.22	25.72	34.08	4.50	3.07
合计	18.10	23.77	32.53	21.88	3.73	3.31

（二）对公共服务及设施的满意情况

公共服务及设施的满意水平在各分项中得分相对偏低，综合分值为3.05分，平均65.61%的游客表示满意，27.60%的游客表示一般，6.79%的游客表示不满意。

受访游客表示相对最不满意的为鼓浪屿的餐饮价格和住宿价格，两项评价指标综合分值依次为2.63分和2.72分。其中，对于餐饮价格，有35.42%的游客表示一般，16.30%的游客表示不满意；对于住宿价格，有37.12%的游客表示一般，12.04%的游客表示不满意。结合游客消费水平偏低的调查结果，推测因较多游客认为岛上住宿、餐饮等价格相对偏高而导致满意度偏低（附表8）。

游客对鼓浪屿公共服务及设施的满意情况（%）

附表8

具体评价指标	非常满意	很满意	满意	一般	不满意	评分（分）
交通设施	15.36	23.20	29.15	26.02	6.27	3.15
交通成本	15.36	20.06	32.92	25.71	5.96	3.13
住宿便利程度	12.96	22.92	31.56	26.25	6.31	3.10
住宿环境、特色	14.90	27.48	32.45	21.85	3.31	3.29
住宿价格	9.70	14.05	27.09	37.12	12.04	2.72
餐饮便利程度	12.89	22.96	30.82	25.16	8.18	3.07
餐饮环境、特色	12.19	19.69	30.94	30.63	6.56	3.00
餐饮价格	8.15	15.05	25.08	35.42	16.30	2.63
日常需求的便利店	11.71	17.09	35.13	28.16	7.91	2.97
公共厕所便利整洁度	11.94	19.35	37.74	26.77	4.19	3.08
银行、医院、邮政	12.67	16.78	36.30	28.08	6.16	3.02
休憩广场、设施	16.56	18.75	40.31	20.63	3.75	3.24
游客服务中心	14.10	18.69	38.03	25.57	3.61	3.14
无障碍服务设施	13.45	19.31	33.79	29.31	4.14	3.09
合计	13.00	19.68	32.93	27.60	6.79	3.05

公共服务及设施的满意情况调查中，游客较为满意的为“住宿环境、特色”和“休憩广场、设施”，这两项评价水平在满意及以上的游客占比分别为74.83%和75.62%，综合分值分别为3.29分和3.24分。

（三）对旅游服务的满意情况

游客对鼓浪屿旅游服务的满意度综合分值为3.11分，处于较为满意的水平。其中，有66.93%的游客表示满意及以上态度，28.50%的游客表示一般，4.57%的游客表示不满意。

其中，满意度综合得分较高的指标项目是当地居民友好程度（3.28分）和交通标识与引导系统（3.22分），分别有71.48%和73.04%的游客对鼓浪屿“当地居民友好程度”和“交通标识与引导系统”表示满意及以上态度。满意度综合得分较低的为岛上特色购物体验，有10.13%的受访游客持有不满意态度（附表9）。

游客对鼓浪屿旅游服务的满意情况（%）

附表9

具体评价指标	非常满意	很满意	满意	一般	不满意	评分（分）
旅游信息化服务	14.10	21.15	33.01	27.88	3.85	3.14
交通标识与引导系统	15.67	20.69	36.68	23.51	3.45	3.22

续表

具体评价指标	非常满意	很满意	满意	一般	不满意	评分（分）
咨询服务	14.24	21.36	32.69	28.16	3.56	3.15
当地居民友好程度	17.63	23.08	30.77	26.60	1.92	3.28
路线安排、导游解说	13.61	20.07	34.01	28.57	3.74	3.11
服务态度	15.64	19.87	33.22	28.99	2.28	3.18
游览项目丰富程度	14.15	17.30	36.79	26.73	5.03	3.09
参与性、互动性活动	12.78	17.25	29.07	33.87	7.03	2.95
特色购物体验	12.03	15.82	29.75	32.28	10.13	2.87
合计	14.43	19.61	32.89	28.50	4.57	3.11

（四）对旅游环境的满意情况

鼓浪屿旅游环境的满意度水平总体较高，综合分值达3.29分，与景区吸引物的满意水平基本相当。其中，有73.54%的游客表示满意及以上态度，21.26%的游客表示一般，5.19%的游客表示不满意。

在旅游环境的5个分项评价指标中，鼓浪屿的“自然气候”和“地方文化氛围”最受到游客们青睐，均有80%以上的受访游客表示出满意及以上态度，综合分值依次达到3.55分和3.51分。最不满意的为“游客密度”指标，有16.82%的游客表示不满意，占比在各项具体满意度评价指标中达到最高，该项目综合评分为2.78分，表明鼓浪屿在游客分流上仍需加以改进（附表10）。

游客对鼓浪屿旅游环境的满意情况（%） 附表10

具体评价指标	非常满意	很满意	满意	一般	不满意	评分（分）
自然气候	22.74	28.35	32.71	13.71	2.49	3.55
地方文化氛围	23.05	26.17	31.15	18.07	1.56	3.51
卫生整洁	19.63	25.86	33.33	19.31	1.87	3.42
游客密度	13.40	13.71	27.10	28.97	16.82	2.78
社会管理服务水平	16.51	20.32	33.65	26.35	3.17	3.21
合计	19.07	22.89	31.58	21.26	5.19	3.29

附录四：鼓浪屿居民满意度问卷调查报告

一、鼓浪屿居民满意度调查基本情况

（一）问卷设计及调研情况

本报告结合实证遗产地的具体情况，在问卷设计上主要分为四个部分：鼓浪屿居民基本情况（7项）、居民对鼓浪屿总体社会生态环境的满意度评价（20项）、居民对鼓浪屿旅游的感知（20项）和居民对鼓浪屿的自我认知与总体评价（4项），此外附加了鼓浪屿居民对社会生态可持续发展的意见建议调查。为了确保调查问卷内容的原真性、完整性和科学有效性，以及调研所获数据的客观有效性，本报告在设计好调查问卷之后征询了相关专家和导师的指导意见。

笔者于2020年9月在鼓浪屿对居民进行问卷调查和访谈。在调查过程中，基本上以户为单位，并得到了鼓浪屿居民的广泛支持。本次调查问卷在鼓浪屿街道和民居进行发放，共发出180份，收回170份，问卷回收有效率达94.44%。在对调查问卷回收之后，对部分参与人进行了深度访谈，加深了对此次调查内容的可信度。借助excel等软件工具对回收问卷进行统计分析。

（二）鼓浪屿居民基本信息情况

从调查情况看，鼓浪屿居民的男女性别比例基本均衡，男性居民和女性居民的占比分别为49.41%和50.59%。年龄分布显示鼓浪屿居民主要集中在中老年阶段，46岁及以上人群占比达到67.06%，30岁以下和31～45岁居民的占比分别为15.29%和17.65%（附表1）。

鼓浪屿居民基本信息表　　附表1

项目	类别	频数（人）	占比（%）
性别	男	84	49.41
	女	86	50.59
年龄	30岁以下	26	15.29
	31～45岁	30	17.65
	46～60岁	50	29.41
	61岁以上	64	37.65
教育程度	高中及以下	108	63.53
	中专/大专	36	21.18
	本科	20	11.76
	硕士及以上	6	3.53

续表

项目	类别	频数（人）	占比（%）
年收入	1万元以下	8	4.71
	1万～3万元	20	11.76
	3万～5万元	66	38.82
	5万～8万元	56	32.94
	8万元以上	20	11.76

从受教育程度分布情况看，鼓浪屿居民中较多为受过高中以下基础教育人群，占比63.53%；其次为受过职业教育人群，占比为21.18%；有少部分人群接受过本科及以上高等教育，拥有本科大学学历和研究生学历的人群占比分别为11.76%和3.53%。

从年收入分布情况看，鼓浪屿居民年收入大多集中在3万～8万元之间，占比达71.76%；年收入在3万元以下的人群有28人，占比16.47%；年收入在8万以上的有20人，占比11.76%。

（三）鼓浪屿居民居住性质分布情况

鼓浪屿居民以本地人为主。在接受调查的鼓浪屿居民中，有81.18%为当地户籍人口，有18.82%为非本地的流动人口。其中，有128名接受调查的鼓浪屿居民在岛上居住了21年及以上，占比达75.29%；有20名鼓浪屿居民居住时间为6～20年，占比为11.76%；22名居住时间在1～5年之间，占比12.94%（附表2）。

鼓浪屿居民居住性质分布表 **附表2**

项目	类别	频数（人）	占比（%）
鼓浪屿居民性质	户籍人口	138	81.18
	流动人口	32	18.82
鼓浪屿居住时间	1～5年	22	12.94
	6～10年	10	5.88
	11～20年	10	5.88
	21年及以上	128	75.29
职业	与旅游有关	32	18.82
	与旅游无关	138	81.18

本次调查发现，鼓浪屿上从事旅游相关工作的人员主要为外地流动人口。样本调查数据显示，鼓浪屿居民性质与职业性质高度相关：流动人口的样本占比与从事与旅游相关职业的人数占比相当，样本频数同为32人，占比同为18.82%。

（四）居民对鼓浪屿的总体感知情况

鼓浪屿居民对鼓浪屿的整体认同程度较高。对鼓浪屿的历史文化，有41.18%的居民表示了解，44.70%的居民表示较为熟知；对鼓浪屿的保护和发展，有39.29%的居民表示关注，40.48%的居民持有较高关注度。较高的认同感使居民对当地有较高的黏合度。有62.35%的受调查居民为身为鼓浪屿居民表示自豪及以上感知；同时，有62.35%的居民表示不会选择离开鼓浪屿（附表3）。

鼓浪屿居民总体感知情况表（%）　　附表3

项目	问题	选项及占比			
认知度	对鼓浪屿历史文化的了解	非常了解	很了解	了解	了解不多
		15.29	29.41	41.18	14.12
	对鼓浪屿保护发展的关注度	非常关注	很关注	关注	关注不多
		15.48	25.00	39.29	20.24
黏合度	作为鼓浪屿居民的自豪感	非常自豪	很自豪	自豪	说不清楚
		10.59	15.29	36.47	37.65
	您是否会搬离鼓浪屿	会	不会	不确定	—
		17.65	62.35	20.00	—

二、鼓浪屿居民对社会生态环境的满意情况

笔者采用李克特量表方法，从基础设施及配套服务、公共服务、社区治理三个角度对鼓浪屿居民的满意度进行调查。将居民的满意程度分为非常满意、很满意、满意、一般、不满意5个层级，分值依次设为5、4、3、2、1分，则每个项目的相应得分*score*可通过以下公式计算：

$$score=5\times p_1+4\times p_2+3\times p_3+2\times p_4+1\times p_5$$

式中，$p_1\sim p_5$——表示非常满意、很满意、满意、一般、不满意5个层级选择人数占比。

根据本次调查结果（附图1），64.69%的鼓浪屿居民表示满意及以上的态度，22.35%的居民表示一般，12.96%的居民表示不满意，综合满意度得分为2.95分，表明鼓浪屿居民对岛上社会生态环境基本满意。

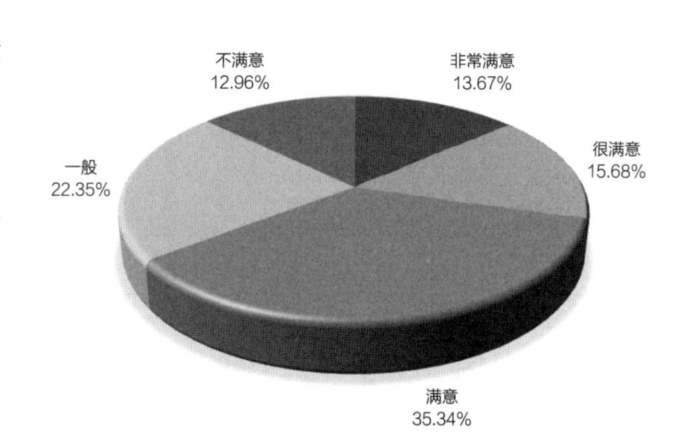

附图1　鼓浪屿居民对社会生态环境的总体满意程度分布情况

（一）居民对鼓浪屿基础设施及配套服务满意度情况

鼓浪屿居民对岛上的基础设施及配套服务基本满意，总体满意度分值为2.97（附表4）。其中，有67.06%的居民表示满意及以上态度，19.91%的居民表示一般，13.03%的居民表示不满意。

从各项基础设施及配套服务上看，鼓浪屿居民满意程度较高的分别为岛屿生态景观绿化和社区供水、供电设施两项，综合满意得分依次为3.70分和3.45分；居民满意程度偏低的分别为社区商业服务设施，住房条件、修建保障，社区文化体育设施三项，综合满意得分依次为2.54分、2.62分和2.62分。表明鼓浪屿偏向于强化岛上与旅游业相关的基础设施及配套服务建设，但在与岛民相关的基础配套方面仍有待加强。

基础设施及配套服务满意度（%） 附表4

评价指标	非常满意	很满意	满意	一般	不满意	分值（分）
岛屿内外交通设施	8.24	23.53	27.06	21.18	20.00	2.79
岛屿生态景观绿化	22.49	34.32	35.50	6.51	1.18	3.70
住房条件、修建保障	7.06	12.94	30.59	34.12	15.29	2.62
社区文化体育设施	7.06	12.94	30.59	34.12	15.29	2.62
社区商业服务设施	8.24	10.59	34.12	21.18	25.88	2.54
社区卫生服务设施	13.10	15.48	44.05	15.48	11.90	3.02
社区供水、供电设施	15.48	22.62	53.57	8.33	0.00	3.45
社区网络通信设施	15.66	19.28	32.53	18.07	14.46	3.04
小计	12.14	18.95	35.97	19.91	13.03	2.97

（二）居民对鼓浪屿公共服务满意度情况

总体上看，鼓浪屿居民对岛上的公共服务满意程度达到了基本满意的水平，综合分值为2.93分。其中，64.12%的居民表示满意及以上态度，21.26%的居民表示一般，14.62%的居民表示不满意。

在各项公共服务中，鼓浪屿居民最为满意的是社会治安保障，满意度得分达到3.88分，所有受访岛民均表示满意。但居民们对鼓浪屿的医疗服务、基础教育、养老服务等方面满意程度较低，满意度分值依次为2.45分、2.57分、2.69分。其中，超过半数（56.10%）的居民对医疗服务表示一般及不满意，说明鼓浪屿在教育、医疗、养老等基本公共服务方面仍有待加强（附表5）。

公共服务满意度（%） 附表5

评价指标	非常满意	很满意	满意	一般	不满意	分值（分）
基础教育	4.48	10.45	38.81	29.85	16.42	2.57
医疗服务	7.32	7.32	29.27	35.37	20.73	2.45
养老服务	14.93	8.96	29.85	22.39	23.88	2.69
社会治安保障	24.71	38.82	36.47	0.00	0.00	3.88
小计	13.29	17.28	33.55	21.26	14.62	2.93

（三）居民对鼓浪屿社区治理满意度情况

鼓浪屿居民对岛上的社区治理水平基本满意，综合分值为2.93分。其中，62.20%的居民表示满意及以上态度，25.78%的居民表示一般，12.02%的居民表示不满意。

在各项社区治理的相关项目中，邻里关系的满意水平最高，满意度分值达到3.61分，有89.33%的居民满意水平较高，10.67%的居民表示一般，没有居民表示出不满意的态度。满意度最低的是政府补贴/补偿，36.92%的居民表示对政府补贴/补偿不满意，27.96%的居民表示政府补贴及补偿水平一般，35.39%的居民的满意度达到满意及以上水平，该项目满意度得分仅有2.14分（附表6）。

社区治理满意度（%） 附表6

评价指标	非常满意	很满意	满意	一般	不满意	分值（分）
邻里关系	24.00	24.00	41.33	10.67	0.00	3.61
社区活动	13.33	17.33	36.00	26.67	6.67	3.04
居委会日常管理	13.75	10.00	55.00	15.00	6.25	3.10
社区管理中对居民权益的争取	14.08	9.86	40.85	19.72	15.49	2.87
参与基层公共决策	15.94	7.25	24.64	43.48	8.70	2.78
社区活动参与	18.18	7.79	25.97	36.36	11.69	2.84
反映意见的渠道	20.97	3.23	32.26	29.03	14.52	2.87
政府补贴/补偿	4.62	6.15	24.62	27.69	36.92	2.14
小计	15.68	10.98	35.54	25.78	12.02	2.93

三、居民对鼓浪屿旅游的感知情况

从社会文化、经济氛围和社会环境三个角度考察居民对鼓浪屿旅游发展的感知情况，共设立20项问题，其中正向问题9项，负向问题11项，根据受访居民的回答情况判断居民们是否对鼓浪屿旅游发展具有积极态度。

（一）居民对鼓浪屿旅游的总体感知情况

采用李克特量表方法，对每项问题分别设非常同意、同意、中立、反对、非常反对5个选项。对于正向问题，5个选项的分值依次设为5、4、3、2、1分，相应的分数*score*通过以下公式计算：

$$score=5\times p_1+4\times p_2+3\times p_3+2\times p_4+1\times p_5$$

式中，$p_1\sim p_5$——表示非常同意、同意、中立、反对、非常反对5个选项选择人数占比。

对于负向问题，5个选项的分值依次设为1、2、3、4、5分，相应的分数*score*通过以下公式计算：

$$score=1\times p_1+2\times p_2+3\times p_3+4\times p_4+5\times p_5$$

式中，$p_1\sim p_5$——表示非常同意、同意、中立、反对、非常反对5个选项选择人数占比。

据此计算，得到的分值越高则表明居民对鼓浪屿旅游有着较为积极的态度，得分越低则表明居民的态度相对消极。

根据本次调查结果，从总体上看，鼓浪屿居民对鼓浪屿旅游的态度相对消极（附图2）。其中，30.52%的居民持有相对积极的态度，40.31%的居民持有相对消极的态度，比积极态度的居民多9.78个百分点，29.17%的居民保持了中立态度。鼓浪屿居民对鼓浪屿旅游感知的综合得分为2.87，态度偏向于消极。

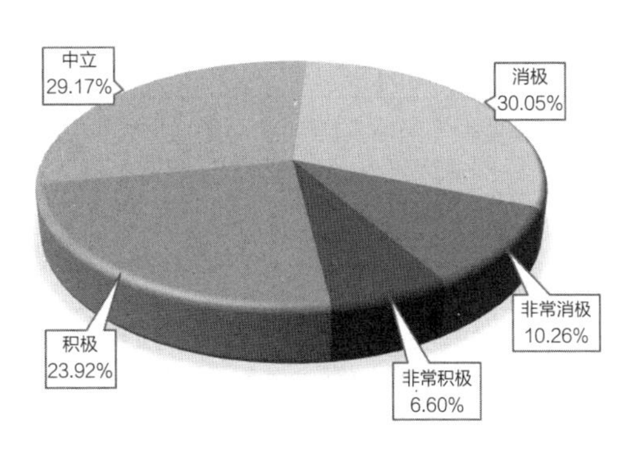

附图2　鼓浪屿居民对鼓浪屿旅游的总体感知情况

（二）居民对鼓浪屿旅游社会文化影响的感知情况

本次调查显示，鼓浪屿居民认为旅游对鼓浪屿社会文化具有一定积极的影响，旅游对社会文化影响的居民感知综合得分为3.13分。其中，有38.93%的居民持有相对积极的态度，28.35%的居民持有相对消极的态度，比积极态度的居民少10.58个百分点。

居民普遍表示旅游激发了大家对鼓浪屿社会文化的保护意识。居民对"社区居民（原住民）在遗产保护中很重要""旅游发展增强了社区居民对鼓浪屿的保护意识"等问题的认同度分别达到了3.92分和3.53分，对这两项问题表示赞同的居民占比均达到60%或以上（附表7）。

旅游对社会文化影响的居民感知（%）　　附表7

评价指标	非常同意	同意	中立	反对	非常反对	分值（分）
旅游发展增强了社区居民对鼓浪屿的保护意识	9.41	50.59	25.88	11.76	2.35	3.53
社区居民（原住民）在遗产保护中很重要	22.35	49.41	25.88	2.35	0.00	3.92

续表

评价指标	非常同意	同意	中立	反对	非常反对	分值（分）
旅游发展有利于塑造良好的文化氛围	10.59	37.65	34.12	14.12	3.53	3.38
旅游发展有利于地方文化传统的保护传承	10.59	37.65	32.94	16.47	2.35	3.38
旅游使社区居民的思想更加开放	9.41	35.29	42.35	9.41	3.53	3.38
社区居民愿意与外来游客交流互动	12.94	29.41	42.35	12.94	2.35	3.38
旅游破坏了鼓浪屿的文化传统	10.59	30.59	35.29	18.82	4.71	2.76
旅游影响了当地社会治安	5.88	28.24	29.41	29.41	7.06	3.04
游客影响了当地居民生活	15.29	34.12	31.76	12.94	5.88	2.60
旅游迫使很多当地人迁出、外来人迁入	18.82	43.53	23.53	11.76	2.35	2.35
外来人的迁入破坏了当地居民形象	5.88	37.65	36.47	15.29	4.71	2.75
小计	9.09	29.84	32.73	21.93	6.42	3.13

但是，也有居民表示，旅游对当地居民的生活环境造成了不良影响。“旅游迫使很多当地人迁出、外来人迁入”“游客影响了当地居民生活”“外来人的迁入破坏了当地居民形象”“旅游破坏了鼓浪屿的文化传统”等问题的综合得分依次为2.35分、2.60分、2.75分、2.76分。

（三）居民对鼓浪屿旅游经济氛围影响的感知情况

鼓浪屿居民认为旅游对鼓浪屿经济氛围的影响相对消极，旅游对经济氛围影响的居民感知综合得分为2.52分。其中，有18.54%的居民态度相对积极，56.21%的居民态度相对消极，比积极态度的居民多37.67个百分点（附表8）。

旅游对经济氛围影响的居民感知（%） **附表8**

评价指标	非常同意	同意	中立	反对	非常反对	分值（分）
旅游增加了社区居民的收入	8.24	23.53	25.88	38.82	3.53	2.94
旅游为社区居民提供了更多就业机会	8.24	25.88	17.65	40.00	8.24	2.86
旅游促进了当地居民生活水平提高	7.06	27.06	28.24	31.76	5.88	2.98
旅游导致了当地物价上涨	32.94	44.71	20.00	2.35	0.00	1.92

续表

评价指标	非常同意	同意	中立	反对	非常反对	分值（分）
旅游收益大部分被外地人挣走了，只有少数本地人从旅游中获益	21.95	47.56	21.95	8.54	0.00	2.17
商业业态雷同、品质低，影响了地方形象	12.94	49.41	37.65	0.00	0.00	2.25
小计	3.94	14.60	25.25	42.01	14.20	2.52

导致鼓浪屿居民认为旅游对岛上经济氛围产生消极影响的原因主要为，旅游导致了鼓浪屿当地物价上涨，极少有本地人能够从旅游中获利。受访居民中，有77.65%的人认为“旅游导致了当地物价上涨”，有69.51%的人认为“旅游收益大部分被外地人挣走了，只有少数本地人从旅游中获益”，62.35%的人认为“商业业态雷同、品质低，影响了地方形象”，这3项问题的综合分值依次低至1.92分、2.17分、2.25分。

调查结果显示“旅游增加了社区居民的收入”和“旅游促进了当地居民生活水平提高”的居民占相对少数。其中，赞同“旅游增加了社区居民的收入”的居民占比31.77%，比持反对意见的居民少10.58个百分点；赞同“旅游促进了当地居民生活水平提高”的居民比例为34.12%，比持反对意见的居民少3.52个百分点。

（四）居民对鼓浪屿旅游生态环境影响的感知情况

鼓浪屿居民认为旅游对鼓浪屿生态环境的影响相对消极，旅游对经济氛围影响的居民感知综合得分为2.57分。其中，有23.53%的居民持有相对积极的态度，52.55%的居民态度相对消极，比积极态度的居民多29.02个百分点（附表9）。

旅游对生态环境影响的居民感知（%） **附表9**

评价指标	非常同意	同意	中立	反对	非常反对	分值（分）
游客过多使社区拥挤不堪	15.29	37.65	31.76	14.12	1.18	2.48
旅游发展使岛屿生态环境破坏	15.29	35.29	18.82	27.06	3.53	2.68
旅游使岛屿环境质量下降（环境污染、噪声污染）	18.82	35.29	21.18	21.18	3.53	2.55
小计	2.75	20.78	23.92	36.08	16.47	2.57

主要问题在于，居民普遍认为过多游客来到岛上使社区拥挤不堪，而且对环境质量和岛屿生态造成了不利影响。其中，有52.94%的受访居民认为“游客过多使社区拥挤不堪”，有50.59%的居民认为“旅游发展使岛屿生态环境破坏”，54.11%的居民认为“旅游使岛屿环境质量下降”。这三项问题的分值依次为2.48分、2.68分、2.55分，这表明较多鼓浪屿居民认为旅游对岛上的生态环境造成了相对消极的影响。

参考文献

[1] 迈因策尔. 复杂性中的思维——物质、精神和人类的复杂动力学[M]. 曾国屏，译. 北京：中央编译出版社，1999.

[2] 克拉默. 混沌与秩序——生物系统的复杂结构[M]. 柯志阳，吴彤，译. 上海：上海科技教育出版社，2000.

[3] 海德格尔. 存在与时间[M]. 陈嘉映，王庆节，译. 北京：生活·读书·新知三联书店，2006.

[4] 扎哈维. 胡塞尔现象学[M]. 李忠伟，译. 北京：商务印书馆，2022.

[5] 韦伯. 经济与社会（第一卷）[M]. 阎克文，译. 上海：上海人民出版社，2019.

[6] 艾伯特. 世界遗产与社区发展[M]. 张柔然，译. 天津：南开大学出版社，2020.

[7] 萧伊. 建筑遗产的寓意[M]. 寇庆民，译. 北京：清华大学出版社，2013.

[8] 尤基莱托. 建筑保护史[M]. 郭旃，译. 北京：中华书局，2011.

[9] 雅各布斯. 城市经济[M]. 项婷婷，译. 北京：中信出版社，2007.

[10] 雅各布斯. 城市与国家财富：经济生活的基本原则[M]. 金洁，译. 北京：中信出版社，2018.

[11] 雅各布斯. 集体失忆的黑暗年代[M]. 姚大钧，译. 北京：中信出版社，2014.

[12] 雅各布斯. 经济的本质[M]. 刘君宇，译. 北京：中信出版社，2018.

[13] 哈维. 叛逆的城市：从拥有城市权利到城市革命[M]. 叶齐茂，译. 北京：商务印书馆，2014.

[14] 培根. 城市设计[M]. 黄富厢，朱琪，译. 北京：中国建筑工业出版社，2003.

[15] 拉普卜特. 宅形与文化[M]. 常青，译. 北京：中国建筑工业出版社，2004.

[16] 拉普卜特. 建成环境的意义：非言语表达方法[M]. 黄兰谷，译. 北京：中国建筑工业出版社，2003.

[17] 穆尔塔夫. 时光永驻：美国遗产保护的历史和原理[M]. 谢靖，译. 北京：电子工业出版社，2012.

[18] 布鲁斯通. 建筑、景观与记忆：历史保护案例研究[M]. 汪丽君，舒平，王志刚，译. 北京：中国建筑工业出版社，2015.

[19] 詹姆逊. 文化转向[M]. 胡亚敏，译. 北京：中国人民大学出版社，2016.

[20] 诺伯舒兹. 场所精神：迈向建筑现象学[M]. 施植明，译. 武汉：华中科技大学出版社，2010.

[21] 比尼亚斯. 当代保护理论[M]. 张鹏，译. 上海：同济大学出版社，2012.

[22] 哈耶克. 自由秩序原理[M]. 邓正来，译. 北京：生活·读书·新知三联书店，1997.

[23] 约翰斯顿. 人文地理学词典[M]. 柴彦威，译. 北京：商务印书馆，2004.

[24] 哈维. 后现代的状况——对文化变迁之缘起的探究[M]. 阎嘉，译. 北京：商务印书馆，2013.

[25] 泰勒. 利物浦城市中心区的更新[M]. 韦飚，译. 北京：中国建筑工业出版社，2016.

[26] 布兰迪. 修复理论[M]. 陆地，译. 上海：同济大学出版社，2016.

[27] 米切尔，等. 世界遗产文化景观保护和管理手册[M]. 张柔然，译. 天津：南开大学出版社，2021.

[28] 光井涉. 历史建筑的重生：日本文化遗产的保护与活用[M]. 张慧，译. 北京：社会科学文献出版社，2023.

[29] 吴国盛. 科学的历程[M]. 长沙：湖南科学技术出版社，2018.

[30] 吴彤. 自组织方法论研究[M]. 北京：清华大学出版社，2001.

[31] 吴彤. 生长的旋律——自组织演化的科学[M]. 济南：山东教育出版社，1996.

[32] 沈小峰，吴彤，曾国屏. 自组织的哲学——一种新的自然观和科学观[M]. 北京：中共中央党校出版社，1993.

[33] 马武定. 城市美学[M]. 北京：中国建筑工业出版社，2005.

[34] 沈玉麟. 外国城市建设史[M]. 北京：中国建筑工业出版社，2016.

[35] 张庭伟. 城市读本（中文版）[M]. 北京：中国建筑工业出版社，2013.

[36] 林源. 中国建筑遗产保护基础理论[M]. 北京：中国建筑工业出版社，2012.

[37] 国家文物局. 国际文化遗产保护文件选编[M]. 北京：文物出版社，2007.

[38] 联合国教科文组织世界遗产中心. 国际文化遗产保护文件选编[M]. 北京：文物出版社，2007.

[39] 董鉴泓，阮仪三. 名城文化鉴赏与保护[M]. 上海：同济大学出版社，1993.

[40] 陈志华. 建筑遗产保护文献与研究[M]. 北京：商务印书馆，2021.

[41] 陆地. 建筑的生与死——历史性建筑再利用研究[M]. 南京：东南大学出版社，2004.

[42] 阮仪三. 中国历史文化名城保护规划[M]. 上海：同济大学出版社，1995.

[43] 阮仪三. 历史环境保护的理论与实践[M]. 上海：上海科学技术出版社，2000.

[44] 阮仪三．城市遗产保护论［M］．上海：上海科学技术出版社，2005.
[45] 王红军．美国建筑遗产保护历程研究：对四个主体性事件及其背景的分析［M］．南京：东南大学出版社，2009.
[46] 邵甬．城市遗产研究与保护［M］．上海：同济大学出版社，2004.
[47] 邵甬．法国建筑·城市·景观遗产保护与价值重现［M］．上海：同济大学出版社，2010.
[48] 阳建强．西欧城市更新［M］．南京：东南大学出版社，2012.
[49] 王建国．城市设计［M］．南京：东南大学出版社，1999.
[50] 王景慧，阮仪三，王林．历史文化名城保护理论与规划［M］．上海：同济大学出版社，1999.
[51] 张松．城市文化遗产保护国际宪章与国内法规选编［M］．上海：同济大学出版社，2007.
[52] 朱晓明．当代英国建筑遗产保护［M］．上海：同济大学出版社，2007.
[53] 周俭，张恺．在城市上建造城市：法国城市历史遗产保护实践［M］．北京：中国建筑工业出版社，2003.
[54] 周超．日本文化遗产保护法律制度及周日比较研究［M］．北京：中国社会科学出版社，2017.
[55] 林志宏．世界文化遗产与城市［M］．上海：同济大学出版社，2012.
[56] 彭兆荣．联合国及相关国家的遗产体系［M］．北京：北京大学出版社，2018.
[57] 李六三，赵云，燕海鸣．中国世界文化遗产保护状况报告（2021–2022）［M］．北京：社会科学文献出版社，2022.
[58] 史晨暄．世界遗产四十年——文化遗产突出普遍价值评价标准的演变［M］．北京：科学出版社，2015.
[59] 陈曦．建筑遗产保护思想的演变［M］．上海：同济大学出版社，2016.
[60] 戴代新，董楠楠．城市景观遗产保护与再生［M］．上海：同济大学出版社，2019.
[61] 徐进亮．整体思维下建筑遗产利用研究［M］．南京：东南大学出版社，2020.
[62] 吴瑞炳等主编．鼓浪屿建筑艺术［M］．天津：天津大学出版社，1997.
[63] 费成康．中国租界史［M］．上海：社会科学院出版社，1991.
[64] 洪明章．百年鼓浪屿［M］．福州：福建美术出版社，2010.
[65] 靳维柏．鼓浪屿地下历史遗迹考察［M］．厦门：厦门大学出版社，2014.
[66] 刘永峰．西学东渐：鼓浪屿教育的昨日风华［M］．福州：福建人民出版社，2015.
[67] 毛剑杰．理想年代：鼓浪屿建筑的融合之美［M］．福州：福建人民出版社，2015.
[68] 刘育梅．鼓浪屿重点风貌建筑及其特色植物资源［M］．厦门：厦门大学出版社，2020.
[69] 王绍森．当代闽南建筑的地域性表达研究［M］．厦门：厦门大学出版社，2022.
[70] 王绍森．若建筑［M］．北京：中国城市出版社，2021.
[71] 陈志宏．闽南近代建筑［M］．北京：中国建筑工业出版社，2012.
[72] 刘杰．文昌近现代华侨住宅［M］．北京：生活·读书·新知三联书店，2023.
[73] 李颖科．中国文化遗产保护新论［M］．北京：科学出版社，2023.
[74] 朱祥贵．文化遗产保护法研究：生态法范式的视角［M］．北京：法律出版社，2007.
[75] 全峰梅．模糊的拱门：建筑性的现象学考察［M］．北京：知识产权出版社，2006.
[76] 王群，陆林．旅游地社会——生态系统恢复力研究［M］．北京：科学出版社，2018.
[77] 俄罗斯圣彼得堡国立列里赫家族博物馆（研究院）．H. K. 列里赫的文化遗产保护探索之路［M］．北京：科学出版社，2020.
[78] 刘保山．走向新遗产：价值为本的文化遗产保护理念与实践［M］．北京：中国建材工业出版社，2020.
[79] 李家莲，方善平．论自然法则作为国家治理原则的有效性［J］．马克思主义哲学研究，2018（2）：274–281.
[80] 黄生财．论李约瑟对自然法则观念与科学发展的研究［J］．科学技术与辩证法，2001（4）：61–65.
[81] 仇保兴．复杂科学与城市规划变革［J］．城市规划，2009，33（4）：11–26.
[82] 曹康，谢莹．叛逆的反射：弗里德曼的规划冥想与当代规划理论发展［J］．国际城市规划，2012，27（2）：73–79.
[83] 吕舟．面向新世纪的中国文化遗产保护［J］．建筑学报，2001（3）：58–60.
[84] 吕舟．中国文化遗产保护三十年［J］．建筑学报，2008（12）：1–5.
[85] 吕舟．论遗产的价值取向与遗产保护［J］．城市与区域规划研究，2009，2（1）：44–56.
[86] 吕舟．中国1949年以来关于保护文物建筑的法规回顾［J］．建筑史论文集，2003，17（1）：152–162+276–277.
[87] 吕舟．20世纪中国文物建筑保护思想的发展［J］．建筑师，2018（4）：45–55.
[88] 吕舟．鼓浪屿和中国世界遗产三十年［J］．世界遗产，2017（5）：141.

[89] 李季. 探讨老城核心区改造对社区型绿道的内在驱动——以合肥市为例 [J]. 河北工程大学学报 (社会科学版), 2018, 35 (4): 34-36.
[90] 孙施文. 解析中国城市规划: 规划范式与中国城市规划发展 [J]. 国际城市规划, 2019 (4): 1-7.
[91] 朱力, 孙莉. 英国城市复兴: 概念、原则和可持续的战略导向方法 [J]. 国际城市规划, 2007 (4): 1-5.
[92] 曲凌雁. 更新、再生与复兴——英国1960年代以来城市政策方向变迁 [J]. 国际城市规划, 2011, 26 (1): 59-65.
[93] 任国岩. 巴黎塞纳河左岸地区改造规划与建设 [J]. 国外城市规划, 2004 (5): 92-96.
[94] 杨涛. 美国城市设计思想谱系索引: 1956年之后 [J]. 国际城市规划, 2009, 24 (4): 80-84.
[95] 游巍斌, 等. 世界双遗产地生态安全预警体系构建及应用——以武夷山风景名胜区为例 [J]. 应用生态学报, 2014, 25 (5).
[96] 张松, 镇雪锋. 从历史风貌保护到城市景观管理——基于城市历史景观 (HUL) 理念的思考 [J]. 风景园林, 2017 (7): 14-21.
[97] 张晓霞, 杨开忠. 理想城市的建构与城市的人文关怀 [J]. 山东师范大学学报 (人文社会科学版), 2006 (3): 96-101.
[98] 张庭伟. 规划理论作为一种制度创新——论规划理论的多向性和理论发展轨迹的非线性 [J]. 城市规划, 2006 (8): 9-18.
[99] 张庭伟. 从城市更新理论看理论溯源及范式转移 [J]. 城市规划学刊, 2020 (1): 9-16.
[100] 王治君. 基于陆路文明与海洋文化双重影响下的闽南“红砖厝”——红砖之源考 [J]. 建筑师, 2008 (1): 86-92.
[101] 卢求. 德国历史城镇的保护与更新 [J]. 北京规划建设, 2020 (6): 167-175.
[102] 史蒂文·布朗, 韩锋, 程安祺. “连接自然与文化”: 西方哲学背景下的全球议题 [J]. 中国园林, 2020, 36 (10): 11-17.
[103] 邵甬. 中国世界遗产城市的价值及其保护与发展的借鉴意义 [J]. 城市规划学刊, 2018 (1): 5-6.
[104] 肖竞, 李和平, 曹珂. 文化景观、历史景观与城市遗产保护——来自美国的经验启示 [J]. 上海城市管理, 2018, 27 (1): 73-79.
[105] 艾莎·帕梅拉·罗杰斯, 顾心怡. 建成遗产与发展: 应对亚洲变化的遗产影响评估 [J]. 建筑遗产, 2018 (1): 13-21.
[106] 曹新. 遗产地与保护地综论 [J]. 城市规划, 2017, 41 (6): 92-98, 115.
[107] 黄欣荣. 复杂性科学的方法论研究 [D]. 北京: 清华大学, 2005.
[108] 邱慧. 科学知识社会学中的科学合理性问题 [D]. 杭州: 浙江大学, 2004.
[109] 郭元林. 复杂性科学知识论 [D]. 北京: 中国社会科学院, 2003.
[110] 赵万里. 建构论与科学知识的社会建构 [D]. 天津: 南开大学, 2000.
[111] 程佳佳. 基于复杂性的文化遗产保护范式 [D]. 南京: 东南大学, 2019.
[112] 李将. 城市历史遗产保护的文化变迁与价值冲突 [D]. 上海: 同济大学, 2006.
[113] 冷天翔. 复杂性理论视角下的建筑数字化设计 [D]. 广州: 华南理工大学, 2011.
[114] 汝军红. 历史建筑保护导则与保护技术研究 [D]. 天津: 天津大学, 2007.
[115] 孙允铖. 新马克思主义城市政治理论的源流变 [D]. 天津: 天津师范大学, 2014.
[116] 史晨暄. 世界遗产“突出的普遍价值”评价标准的演变 [D]. 北京: 清华大学, 2008.
[117] 肖彦. 复杂性视角下城市空间解析模型的耦合优化研究 [D]. 大连: 大连理工大学, 2015.
[118] 应臻. 城市历史文化遗产的经济学分析 [D]. 上海: 同济大学, 2008.

后记

本书的出版是对作者近五年研究成果的一个总结。从下决心攻读博士，到最后博士毕业，花了五年多的时间。如今在本书即将付梓出版之际，我要感谢的人很多。

人生有很多个五年，这五年发生了很多的变化，最大的变化是学术心态上的变化。导师王绍森教授，治学严谨，为人和蔼，鼓励学生的多样化发展和学术旨趣的自由选择与探索，为学生创造了自由宽松和积极有序的学术环境，学术研究、为人处世的言传身教以及平日里家人般的关心关怀，让我深为感动。王老师鼓励、支持我参加国际学术会议，2018年我到伊朗参会，看到了美国、欧洲不一样的遗产文明，我被深深地震撼了，在会议期间有限地体验了当地的生活，也使我感受到面向事实、面向未来、面向遗产保护行动的意义，这使我对遗产背后的社会系统的复杂性有了进一步理解。

在厦门大学期间，马武定教授、王量量老师、韩洁老师、李苏豫老师、洪世键教授等都给予我热情的指导帮助，我都记在心里。特别感谢李渊教授在我做鼓浪屿调研时给予的帮助以及论文各个阶段给予的学术建议。同时，感谢在热浪灼人的暑假里不辞辛劳，对我的论文答辩给予修改意见和建议的刘宇波教授、陈志宏教授、李立新教授、石峰教授、李渊教授、张燕来教授、贾令堃老师。

攻读博士期间，与同门胡璟、陈宏、杨华刚、杨佳麟、张可寒、贾婧文、吴帆、祖武、闫树睿、刘佳、雷雯、徐一晴、孙玲潇、周静、刘阳等师兄、师妹一起讨论、一起做项目的时光是快乐的。特别是结合项目，我们一起在鼓浪屿上进行调研访谈、头脑风暴，以后也许很难再有这样合作的机会了，特别珍惜。特别感谢学弟王长庆，对于我不在校期间所需要处理的各种文件，他都给予了无私的帮助；感谢学妹镡旭璐，在我论文写作最艰苦的阶段，是她在我身边给予鼓励，并在烦琐的排版阶段提供了快捷而高效的帮助。感谢在厦门大学相遇的老同学黄翠瑶、新同学蔡浪，在我带着母亲和孩子在校期间给予的住房支持、生活上的照顾和每次调换宿舍后的帮助。感谢鼓浪屿国际研究中心、《鼓浪屿研究》编辑部主任詹朝霞女士，在我调研期间所给予的热情访谈接待，其执着而身体力行的对鼓浪屿的研究和自觉的文化传播让我心生感佩。

在上一个二十年的学术之路上，我要感谢我学术道路上的两位导师。硕士生导师罗汉军教授，在我攻读博士期间也经常给予我哲学方法上的引导，使我能在问题探讨和论文写作中继续保持哲学思辨。美国访学时的导师张庭伟教授，其学术风范和开阔的国际视野，一直影响着我对城市规划领域的思考和探索。

同时，我要感谢十八年工作历程中给予我栽培、呵护、宽容和支持的几位领导。董事长雷翔博士，在我工作的前五年，就带领我将科研从广西做到东南亚，增强了我的科研能力和学术积累。总规划师徐兵，不管是做科研还是做项目，他的专业指导和信任鼓励，让我能够坦然而自信地面对每一项工作挑战。总建筑师徐洪涛，他的专业和专注，一直是我的楷模。

工作之外，也非常感谢他们对我生活上的帮助和精神上的支持，让我在遇到困难的时候倍感温暖。

图书的出版离不开本人所在单位广西艺术学院建筑艺术学院多位领导的关心和支持，他们是伏虎教授、林海教授、冯凤举书记、陶雄军教授、莫媛媛副教授，学校、学院的资金和平台支撑，让我得以安心教学、潜心科研。

图书出版还得到了出版社老朋友唐旭主任、张华编辑的专业指导和热心服务，在此一并感谢。

在我更多的生命时间里，我要感谢我的父母，是他们无私的付出和默默的鼓励，我才有力量读完博士。虽然他们已经在另一个世界安息，但他们生前对女儿的支持，特别是刚读博士的第一年，是母亲陪伴我带着才刚满四个月的幼儿来到厦门大学校园学习、生活，那些场景至今还历历在目……女儿唯有做得更优秀才是对他们最好的告慰。

我要感谢我的先生，从中学、大学时代的学术伴读，到2004年第一次博士研究生报考；从工作中的科研立著，到不惑之年再次重返校园；从博士论文的选题到论文写作的每一个艰苦阶段，一直都有他的鼓励相伴，是他支撑着我完成了我人生的梦想。我还要感谢我的两个孩子，虽然成长中有诸多烦恼，但这并不阻碍我成为一个更合格的妈妈，伴随他们健康快乐的成长。

施恩于我的人还有很多，虽不能一一致谢，但大家对我的好，我都一一记在心里。本书只是这个阶段的一个总结，纸短情长，又怎么能够把我的感谢表达完全，因此，请大家接受我此时此刻发自内心诚挚的谢意！